中国城市科学研究系列报告

中国低碳生态城市发展报告2020

中国城市科学研究会　主编

中国城市出版社

图书在版编目（CIP）数据

中国低碳生态城市发展报告. 2020 / 中国城市科学研究会主编. —北京：中国城市出版社，2021.1
（中国城市科学研究系列报告）
ISBN 978-7-5074-3313-5

Ⅰ.①中… Ⅱ.①中… Ⅲ.①城市环境－生态环境建设－研究报告－中国－2020 Ⅳ.①X321.2

中国版本图书馆CIP数据核字(2020)第242753号

《中国低碳生态城市发展报告2020》以"高质量城市"为主题，从城市安全、公正、健康、便利、韧性、可持续等方面出发，向读者介绍2019—2020年中国低碳生态城市建设的现状、技术、方法以及实践进展。第一篇最新进展，主要综述了2019年度国内外低碳生态城市国际动态、政策指引、学术支持、技术发展、实践探索与发展趋势。第二篇认识与思考，主要探讨生态文明建设背景下的观念转型，高质量城市转型背景下城市发展面临的新挑战、新趋势和新使命。第三篇方法与技术，通过梳理国内外低碳生态城市发展的理论、目标、模式、结果等系统全面地总结国内外低碳生态城市建设已有和创新的方法与经验。第四篇实践与探索，通过持续跟踪生态城区示范项目，对2019—2020年低碳生态城市的重点建设实践案例进行介绍与反思。第五篇中国城市生态宜居发展指数（优地指数）报告（2020），继续延续特色，进行持续性研究，展示十年中国城市生态宜居指数背景与研究进展。

本书是从事低碳生态城市规划、设计及管理人员的必备参考书。

*　　*　　*

责任编辑：李天虹
责任校对：李美娜

中国城市科学研究系列报告
中国低碳生态城市发展报告2020
中国城市科学研究会　主编

*

中国城市出版社出版、发行（北京海淀三里河路9号）
各地新华书店、建筑书店经销
北京红光制版公司制版
天津翔远印刷有限公司印刷

*

开本：787毫米×1092毫米　1/16　印张：24½　字数：475千字
2021年1月第一版　　2021年1月第一次印刷
定价：**64.00元**
ISBN 978-7-5074-3313-5
　　　（904304）

版权所有　翻印必究
如有印装质量问题，可寄本社图书出版中心退换
（邮政编码 100037）

中国低碳生态城市发展报告组织框架

主 编 单 位：中国城市科学研究会

参 编 单 位：深圳市建筑科学研究院股份有限公司

支 持 单 位：能源基金会（The Energy Foundation）

学 术 顾 问：李文华　江　亿　方精云

编委会主任：仇保兴

副　主　任：何兴华　李　迅　沈清基　顾朝林　俞孔坚　吴志强
　　　　　　夏　青　叶　青

委　　　员：（按姓氏笔画排序）
　　　　　　干　靓　王雅捷　叶祖达　叶蒙宇　冯相昭　杨　秀
　　　　　　何凌昊　何淑英　余　刚　陈前利　明廷臻　孟庆禹
　　　　　　徐文珍　高莉洁　黄　淼　彭　翀　简海云

编写组组长：叶　青

副 组 长：李　芬　周兰兰

成　　　员：彭　锐　赖玉珮　史敬华　高楠楠　慈　海　李媛媛
　　　　　　李月雯　杨满场　张梦洁　王　波　HENG Chye Kiang
　　　　　　窦鸿文　石天豪　申峻霞　林晓蓉　潘　清　陆　滨
　　　　　　靳　猛　张英英　白明宇　李　军　文小丽　宋姣姣
　　　　　　郭成银　李维东　陈雨潇　蒋可威　陈　琳　冯运双
　　　　　　石龙宇　夏昕鸣　孙　巍　范钟琪　J·Alexander Schmidt
　　　　　　尹　瑞　于元博

代 序

中国城镇化下半场的挑战与对策

仇保兴

中国的城镇化经历了40年的快速发展，可以说是人类历史上规模最大的城镇化。在2020年，常住人口城镇化率首次超过60%。《2020年新型城镇化建设和城乡融合发展重点任务》中，提出了将推进以县城为重要载体的新型城镇化建设；促进大中小城市和小城镇协调发展，提升城市治理水平，推进城乡融合发展，实现1亿非户籍人口在城市落户目标和国家新型城镇化规划圆满收官，为全面建成小康社会提供有力支撑。为了配合中心城市提高经济和人口承载能力，不仅需要扩充城市建设用地，也需要提升城市发展质量。三个重要支点：一是改善城市公用设施；二是实施新型智慧城市；三是加快推进城市更新。在城镇化前半场，中国避免了先行国家和发展中国家四类严重的城市病：某些先行工业国家（如英国），在城市化初期基础设施严重不足，造成了疾病流行这样悲惨的历史；某些发展中国家（如阿根廷），令大量人口单向进入城市，但不能提供相应的就业岗位，经济系统脆弱化从而陷入"中等收入陷阱"；某些发达国家（如美国），在城镇化过程中造成城市病蔓延，城市能耗比全球平均能耗高出几倍；非洲等国的城镇化造成了贫民窟遍地，城市60%~70%的人口在贫民窟中居住。

当然，前半场的城镇化是伴随着工业化发展的，这个过程被称为"灰色"城镇化，表现为先污染后治理。展望城镇化的下半场，主要面临八个方面的挑战：

第一个挑战是我国在城镇化后半场面临着能源、水资源结构性短缺加剧的挑战。我国煤、石油、天然气的人均储量占全球平均比率为58.6%、7.7%、7.1%，我国实际上是一个缺气、少油、富煤的国家。在城镇化的后半场，需要对环境污染进行治理，需要进行能源结构的调整。我国已成为世界上最大的天然气进口国和世界上最大的石油进口国。在这种情况下，任何突然增加的用气都会造成气荒。

再从水的方面来看，我国人均水资源量约2100立方米，仅为世界平均水平的28%，是一个水资源缺乏的国家。2019年，全年水资源总量28670亿立方米。全年总用水量5990.9亿立方米，比上年下降0.4%。用水占比最大的产业为农业用水，其用水总量为3675亿立方米，占全国用水量的61.3%。其次是工业用水，其用水总量达到1237亿立方米，占全国用水量的20.6%。再次为生活用水，其用水总量达到877亿立方米，占全国用水量的14.6%。其中，生活用水增长1.9%，工业用水下降2.1%，农业用水下降0.5%。人均用水量为429立方米，比上年下降0.8%。但是根据国际上城镇化的规律，城镇化一旦越过中期进入到后半场，城镇的用水量会恒定，会慢慢减少，不会再增加，这是由用水价格的弹性及节水器具、水循环利用不断发展造成的。

不过，这样的好消息并不能带来很大安慰，因为中国存在两个巨大的用水方面的挑战。第一，由于极端气候出现，会突发性地造成大面积降雨或者大面积旱涝，极端天气的出现使许多旱情超过以往千年的记录。另一个更大的挑战是，大的化工厂出现事故会造成大面积、突发性的水体污染，这个时候，下游的城市就必须把供水关掉，大面积的缺水就会突然出现。

所以，应该有以下这些应对措施。第一，大力发展太阳能、风能、生物质能源等新能源。我国将成为这些新能源比值最高，且数量最大、发展潜力最大的国家。第二，清洁能源技术会大量拓展，煤转油、煤转气，或者煤层气的利用将是非常重要的方向。第三，国际能源合作共同体的建设，将是我国外贸的一个重要主题。第四，要启动西北新能源基地。比如青藏高原、塔里木盆地，这些广袤无边的高原、沙漠，太阳能资源非常丰富。如果能够把这些地方的太阳能开发出三分之一，就可以基本满足中国的能源需要。欧洲准备建立一个"撒哈拉沙漠计划"，就是把撒哈拉沙漠的太阳能输送到欧盟去，满足欧盟30%的需要。当然，这肯定是一个非常遥远的梦，但是中国在国内可以把更好的太阳能开发出来。可以启动深度的海绵城市规划和建设，使水在城市里N次循环利用，以水定城、以水定人。第五，大力发展节水型农业、节水型工业，使水耗大幅度下降，节水本身将成为一个巨大的产业。

第二个挑战是水体、空气、土壤这三大污染治理任务繁重。根据国际规律，每当一个国家的城镇化率达到50%以后，三大污染会扑面而来，达到最高峰，发达国家无例外。

更重要的是，当城镇化和经济发展到了现在的程度，我国的不平衡、不满意最大表现在解决温饱以后的人民群众对水体污染、空气污染、土壤污染最不能容忍，所以党中央明确提出污染防治是三大攻坚战之一。2020年的政府工作报告中指出，我国的污染防治持续推进，主要污染物排放量继续下降，生态环境总体改善，提高生态环境治理成效需要：

1. 突出依法、科学、精准治污；
2. 深化重点地区大气污染治理攻坚；

3. 加强污水、垃圾处置设施建设；
4. 加快危化品生产企业搬迁改造；
5. 壮大节能环保产业；
6. 严惩非法捕杀和交易野生动物行为；
7. 实施重要生态系统保护和修复重大工程，促进生态文明建设；
8. 编制黄河流域生态保护和高质量发展规划纲要。

政府工作报告中还强调，要打好蓝天、碧水、净土保卫战，实现污染防治攻坚战阶段性目标。

第三个挑战是小城镇人口萎缩，人居环境相对退化。当前我国城镇化留下来的一个遗憾是，大城市和中等规模城市不比发达国家逊色，基础设施可能比它们更好，建筑更光鲜，但是最大的差距是在小城镇。在发达国家，最宜居的城市是小城镇，而我国的小城镇人居环境退化、环境污染、就业不足、管理粗放四个毛病并存。

在这种挑战下，首先，应该把两万多个小城镇中的一部分进行特色小镇的改造，要在产业特色、形态特色、人文特色和服务特色上加以提升，更大比例地利用最新通信技术的发展引发的"多用信息，少用能源"的竞赛。其次，大城市应该定向兼并小城镇的卫生院和小城镇的中小学，把它们改造成为大城市名院的分院和名校的分校，快速地使这些小城镇的公共品质量得到提升。第三，应该把小城镇作为乡村振兴的总基地、总服务器，使得小城镇能够更好地为周边的农村、农民、农业服务。

第四个挑战是城市的交通拥堵正在加剧，已经从沿海城市扩展到内地城市，从城市早高峰的拥堵变成了全天候的拥堵，从大城市的交通拥堵向中小城市蔓延。

我国作为世界汽车制造大国和销售大国的情况还会继续存在。但是，这也带来了重大机遇。第一，旧城区要大力进行增加交通毛细管式的改造，减少步行交通和自行交通的阻力。第二，公共交通设施要进一步发展，特别是地铁的发展不仅有一定的经济效益，它更应该侧重于社会效益、生态效益和城市的防空安全效益。第三，应该利用5G时代，最快地实现共享汽车到无人驾驶的跨越，这样使得城市的实际用车量在未来若干年逐步减少。第四，可以增加城市的步行道和架空道，使交通更加畅通，要大力发展共享单车甚至共享电动单车，使自行车包括电动自行车使用者大幅增加，这将会在5G时代带来便利性。

第五个挑战是城市历史文化风貌修复难度正在增大，许多城市号称自己有2000年历史，但是找不到自己的本地风貌特色。城市化最悲哀的是在完成城市化之后，建筑风格多样，但是缺乏民族特色的建筑和本地建筑。一定要认识到城市的历史风貌是不可再生的、绿色的高等资源,只要保护好,它是不断增值的。

我们已经错过了城市大发展、大改造时期对历史街区、历史建筑保护的最好机会,如果再造历史建筑那就是"假古董"了,但是仍有一些机遇。第一,历史文化名城、名镇保护的投资战略将成为主要的、数量极其庞大的新投资领域;第二,修复历史文物、优秀近代建筑、历史名人故居将成为普遍的,而且是从下而上的行为;第三,倡导新地方建筑风格,比如黄山市提出了"新徽派",泉州提出了"新闽南派",使当地建筑的风貌,也就是几千年来与气候变化和社会人情能够结合的建筑形式能够延续和传承;第四,历史建筑要进行宜居节能的改造,保留建筑的风貌、符号和重要人文节点,同时应用一些新技术,使它们变得更宜居,使用起来更方便,居住起来更舒心。

第六个挑战,扼制住房的投机泡沫任重道远。在中国民众的资产中,70%以上沉淀在房产里面,而美国只有不到30%,这是一个客观的现实。所以可以看到,要扼制住房投机泡沫是一个长期艰巨的战役,第一,应该对房地产税进行分类,率先出台能够精准扼制住房投机的消费税、流转税、空置税,然后再从容地考虑物业税如何开展。第二,把房地产的调控从原来的中央调控为主转变为以地方为主,从行政手段调控为主变成以经济手段为主,从集中的统一调控、突击调控变为分散调控和经常调控,这样通过国民经济收入的增长,同时严格控制房价涨幅,逐渐"烫平"房地产泡沫,而不是一脚把它踢破。第三,土地供应应该和城镇人口变化同步挂钩,现在通过大数据分析可以实时地观察城镇人口的变化。第四,一线城市,特别是那些超大规模的城市应该推广合作建房和共有产权房,使房地产的波动逐步平缓。

第七个挑战就是我国的城市防灾减灾能力不足。一方面由于我国城市的人口密集度是全世界最高的,人口密度高、城市规模大就成了灾害的放大器。另一方面,城市的主要负责人任期短、交换频繁、以外地人为主,会造成城市建设重表面、轻基础,这些倾向就导致了城市有内伤。

在未来要注重以下几个方面:第一,许多城市管网陈旧,桥梁需要进行修复。第二,住宅小区的综合性能提升改造是当务之急。第三,要通过弹性城市来整合现在正在部署的绿色交通城市、智慧城市、新能源城市、园林城市、综合管廊城市和海绵城市,使这些新城市的发展模式整合在防灾减灾绿色发展这样一个总规划中。

最后,我国还将遇到的挑战是乡村振兴将会饱受"城乡一律化"的干扰。因为我国前半场城镇化发展得非常顺利,工业文明也带来了巨大财富,所以许多决策者不由自主地就产生了用城市的发展模式来取代乡村建设,用工业的发展模式来取代农村的乡土建设的想法,这些对乡村振兴的健康发展是不利的。因此,在乡村振兴的过程中，一定要弘扬"一村一品"，要大力发展有机农业、精品农业，一定要把村庄整治、村庄历史文化资产保护放在第一位，使它们成为永远有乡愁的乡村旅游基地。第二，通过乡村旅游再发现乡村传承了5000多年的一些独特的农副产品，提质提优多样化地进行发展。第三，传统村落的评比、美丽乡村的奖励应广泛推行，以激励的手段而不是包办的手段，通过农民觉悟的提升和提高，让他们自己动手建立文明的、有历史传承的幸福农村。第四，农村大量的宅基地和空置农房要建立稳定的流转政策，使得城乡能够更好融合。

总的来说，上半场城镇化我们取得了决定性的胜利，但是下半场任务仍然非常艰巨。

下半场我们要以城市群来引领城镇化的发展，应该启动大湾区战略迎接全球化的挑战；更多地使用5G、人工智能、智慧城市、物联网、无人驾驶等突破性的新技术来促使城市能够更加绿色、更加宜居；通过城乡的生态修复、人居环境修补、产业的修缮，使经济更加可持续、更平稳发展；通过国家中心城市建设，在全球化的进程中更多地聚集高等资源，发挥我国体制和文化的优势；在城镇化下半场这些已经提到的新的投资领域，将会涌现30多万亿元新的投资机会，这些新的投资机会是传统投资项目本里没有的，这是我国经济持久、快速而且抗波动发展的利器。

前　言

生态环境是人类生存和发展的根基，生态文明建设是关系中华民族永续发展的根本大计。党的十八大以来，中央明确提出"五位一体"的总体布局，将生态文明建设纳入全面建成小康社会的目标之一，提出"创新、协调、绿色、开放、共享"五大发展理念，指出绿色发展、循环发展、低碳发展的方向。党的十九大报告中提出要"加快生态文明体制改革，建设美丽中国"，连续八年全国两会，习近平总书记都强调了生态文明建设。新组建的生态环境部，整合原有七个部门的相关职责，实现了地上和地下、岸上和水里、陆地和海洋、城市和农村、一氧化碳和二氧化碳"五个打通"，以及污染防治和生态保护相互贯通。为落实绿水青山就是金山银山理念，解决自然资源所有者不到位、空间性规划重叠、部门职责交叉重复等问题，整合了八个部门和单位相关职能的自然资源部通过科学设置机构和配置人员，统筹山水林田湖草系统治理，为生态整体保护、系统修复和综合治理提供重要体制保障。

从国际上看，我国充分展示了作为"负责任大国"的形象。建设全球生态文明，需要各国齐心协力，共同促进绿色、低碳、可持续发展。2019年全球人居环境论坛年会中以"数字时代城市与人居环境的可持续发展"为主题，呼吁：数字技术应用与数字经济的发展应坚持以人为本，安全第一。城市总体规划应考虑绿色城市与智慧城市的融合，倡导紧凑型与多中心的城市形态，建设混合功能社区，强调便利宜居、环境清洁、资源循环、智慧高效、多产繁荣。社区与建筑的设计建设应充分适应数字时代的特点：创新、便捷、高效、绿色、包容。低碳生态城市发展和建设成为各国关注的焦点。

《中国低碳生态城市发展报告2020》第一篇最新进展，主要综述了2019年度国内外低碳生态城市国际动态、政策指引、学术支持、技术发展、实践探索与发展趋势，通过对国内外低碳生态城市发展的大事件或重点案例进行总结和梳理，加强对机构改革背景下产生的新的指导政策的解读，探讨低碳生态城市建设挑战、发展趋势、政策动向，为新常态、新形势下低碳生态城市的发展情况打开总体和全面的图景。第二篇认识与思考，主要探讨生态文明建设背景下的观念转型，高质量城市转型背景下城市发展面临的新挑战、新趋势和新使命，思考"韧性城市"建设如何应对城市未来发展问题,以明确低碳生态城市建设在促进城市经济、社会、环境等多维度可持续发展方面承担的重要功能与意义。第三篇方法与技术,通过梳理国内外低碳生态城市发展的理论、目标、模式、结果等系统全面的总结国内外低碳生态城市建设已有和创新的方法与经验。基于不同尺度的城市生态环境诊断与治理的方法,从整体上为生态城市建设现状评估提供技术支持。重点讨论能源、水资源、粮食等要素与城市的相互关系和城市系统间各要素的协同关系,研究新时代下城市规划的重要技术方法,为低碳生态城市建设过程中重点领域的未来发展提供可参考的技术指导。第四篇实践与探索,通过持续跟踪生态城区示范项目,对2019—2020年低碳生态城市的重点建设实践案例进行介绍与反思。第五篇中国城市生态宜居发展指数(优地指数)报告,继续延续特色,进行持续性研究,展示十年中国城市生态宜居指数背景与研究进展。在全国、城市群和城市等不同尺度对比分析中国城市生态宜居建设的行为与成果,考察生态城市子系统的发展效率与动态,分析各城市在宜居建设各维度和要素上的建设成效与进步空间。

《中国低碳生态城市发展报告2020》以"高质量城市"为主题,从城市安全、公正、健康、便利、韧性、可持续等方面出发,向读者介绍2019—2020年中国低碳生态城市建设的现状、技术、方法以及实践进展。与《中国低碳生态城市发展报告2019》相比,结合时代需要,更加突出建设以生态文明为纲、宜居人文为本、智慧精准为辅的高质量城市和可持续的人类住区。

由于低碳生态城市内涵和实践的多样性和复杂性、篇幅的限制以及编者的知识结构和水平限制,报告无法涵盖所有内容,难免有不当之处,望各位读者朋友不吝赐教。本系列报告将不断充实和完善,期待本书内容能够引起社会各界的关注与共鸣,共同促进中国低碳生态城市的发展。

本报告是中国城市科学研究系列报告之一,梳理了国际低碳生态城市相关的最新研究,吸纳了国内相关领域众多学者的最新研究成果,本报告得到国家重点研发计划政府间国际科技创新合作重点专项——"城市能源体系及碳排放综合研究关键技术与示范"(2017YFE0101700)课题支持,并由课题组与中国城市科学研究会生态城市研究专业委员会承担编写组织工作。在此向所有参与写作、编撰工作的专家学者致以诚挚的谢意!

目 录

代序　中国城镇化下半场的挑战与对策
前言

第一篇　最新进展 ……………………………………………………………… 1
Chapter Ⅰ　The Latest Development ………………………………………… 3

1　《中国低碳生态城市发展报告 2020》概览 …………………………………… 5
1　Overview of *China Low-Carbon Eco-City Development Report 2020* ……… 5
　　1.1　编制背景 ………………………………………………………………… 5
　　1.2　框架结构 ………………………………………………………………… 5
　　1.3　《报告 2020》热点 ……………………………………………………… 5

2　2019—2020 低碳生态城市国际动态 ………………………………………… 7
2　International Trends of Low-Carbon Eco-City from 2019 to 2020 ………… 7
　　2.1　宏观动态：全球共商净零排放 ………………………………………… 7
　　2.2　政策动态：明确气候行动计划 ………………………………………… 12
　　2.3　实践动态：建设可持续发展城市 ……………………………………… 15

3　2019—2020 中国低碳生态城市发展 ………………………………………… 20
3　Development of China Low Carbon Eco-City from 2019 to 2020 ………… 20
　　3.1　政策指引：推进生态环境保护工作 …………………………………… 20
　　3.2　学术支持：推动绿色高质量发展 ……………………………………… 35
　　3.3　技术发展：加快生态城市智慧化进程 ………………………………… 41
　　3.4　实践探索：示范引领生态文明建设 …………………………………… 43

4　实施挑战与发展趋势 …………………………………………………………… 51
4　Challenges and Trends ………………………………………………………… 51
　　4.1　实施挑战 ………………………………………………………………… 51
　　4.2　发展趋势 ………………………………………………………………… 54

第二篇　认识与思考 …………………………………………………………… 59
Chapter Ⅱ　Perspectives and Thoughts …………………………………… 61

1　智慧城市的建设骨架 …………………………………………………………… 63

1	Construction Framework of the Smart City	63
	1.1 数字化和城市是新旧动能转换最主要的战场	63
	1.2 智慧城市要有"四梁八柱"	64
2	现代健康城市（群）的发展趋势	66
2	Development Trend of Chinese Modern Healthy City	66
	2.1 中国需要更紧凑、更连通、更清洁的城镇化发展模式	66
	2.2 城市群协调发展要有"梯度"不能"断档"	67
	2.3 现代健康城市的三大新使命	68
	2.4 "韧性城市"是终极目标	70
3	疫情影响下的城市对策	72
3	Urban Countermeasures under the Influence of Epidemic Situation	72
	3.1 为后疫情时代的高质量增长注入清洁低碳能源	72
	3.2 促进"复工复产"、实现"疫后复兴"的对策建议	74
	3.3 中国的住房市场与制度会发生哪些变化？	78

第三篇　方法与技术 　85

Chapter Ⅲ　Method and Technology 　87

1	健康-韧性城市研究动态及展望	89
1	Research Trends and Prospects of Healthy and Resilient Cities	89
	1.1 健康-韧性城市研究文献分布	89
	1.2 国外健康-韧性城市研究动态	96
	1.3 国内健康-韧性城市研究动态	103
	1.4 思考与展望	107
	1.5 结语	111
2	城市对气候变化的适应	113
2	Adaptation of Climate Change in Cities	113
	2.1 适应气候变化与城市	113
	2.2 适应性规划：风险及脆弱性评估	118
3	城市建设管理适应气候变化：情景预测、风险评估、行动方案	125
3	Adaptation of Urban Construction Management to Climate Change：Scenario Prediction，Risk Assessment and Actions	125
	3.1 我国城市建设需要适应气候变化带来的不可逆转影响	125
	3.2 收集城市气候变化数据，预测未来气候变化对城市建设不同情景	126
	3.3 建立城市气候变化风险管理与评估工具	129
	3.4 《城市建设适应气候变化行动方案》的编制	133

3.5　总结 ·· 135
4　大气污染物与温室气体协同控制的术与道 ······························ 136
4　Coordinated Control of Air Pollutants and Greenhouse Gas ······ 136
　　4.1　国内外研究现状及对比 ·· 136
　　4.2　协同控制之"道" ··· 140
　　4.3　协同控制之"术" ··· 141
　　4.4　加强污染物与温室气体协同控制研究建议 ···························· 143
5　面向微气候环境健康的综合模拟方法及其应用 ······················· 144
5　Integrated Simulation Method for Microclimate Environmental
　　Health and Application ·· 144
　　5.1　健康微气候环境构成及研究方法 ······································ 145
　　5.2　面向微气候健康的仿真模拟技术流程 ································· 147
　　5.3　面向微气候健康的数值模拟技术应用 ································· 152
　　5.4　结语 ·· 156
6　复杂城市立体交通系统污染物传播规律研究 ·························· 157
6　Study on Pollutant Propagation Law of Complex Urban
　　Transportation System ··· 157
　　6.1　概述 ·· 157
　　6.2　转盘-隧道-高架立体交通系统几何模型 ····························· 158
　　6.3　风向风速的影响 ·· 158
　　6.4　讨论和小结 ·· 170
7　城市生物多样性与建成环境的关系——城市规划视角的研究与思考 ·· 171
7　The Relationship between Urban Biodiversity and Built Environment ······ 171
　　7.1　通过城市规划提升生物多样性的必要性 ······························ 171
　　7.2　我国城市规划领域生物多样性研究与实践的不足 ··················· 173
　　7.3　城市建成环境对生物多样性的影响要素与优化路径 ················ 175
　　7.4　结语与思考 ·· 180
8　EOD模式下昆明城市居住空间与价值分布初探——基于房价
　　大数据的视角 ··· 182
8　A Preliminary Study on the Distribution of Urban Residential Space and
　　Value in Kunming under EOD Model：Based on the Perspective of
　　Housing Price Big Data ·· 182
　　8.1　研究背景 ·· 182
　　8.2　城镇住宅的空间分布与价值分布的关系分析 ························ 184

    8.3 昆明的实证研究 …… 186

    8.4 结论与建议 …… 195

  9 从时空角度分析城市可再生能源潜力——以荆门为例 …… 199

  9 Analysis of Urban Renewable Energy Potential from the Perspective
    of Time and Space：A Case Study of Jingmen …… 199

    9.1 城市能源供应潜力评估方法 …… 199

    9.2 研究区域的可再生能源供应潜力评估 …… 202

    9.3 小结 …… 210

第四篇 实践与探索 …… 211
Chapter Ⅳ Practice and Exploration …… 213

  1 低碳生态城区规划实践案例 …… 215

  1 Low-Carbon Eco-City Planning Practice Cases …… 215

    1.1 上海市低碳发展实践区 …… 215

    1.2 江苏省绿色生态城区 …… 237

  2 中国低碳生态城市（区）专项实践案例 …… 250

  2 Special Practice Cases of Low-Carbon Eco-City (District) in China …… 250

    2.1 雄安新区低碳生态建设实践 …… 250

    2.2 乌鲁木齐市低碳生态城市建设实践 …… 270

  3 国内外绿色生态城市实践比较 …… 286

  3 Comparison of Green Eco-City Practice at Home and Abroad …… 286

    3.1 LEED城市与社区 …… 286

    3.2 中德低碳城市实践对比研究——以埃森和厦门为例 …… 311

第五篇 中国城市生态宜居发展指数（优地指数）报告（2020） …… 329
Chapter Ⅴ Report on China's Urban Eco-livable Development
    Index（UD Index）(2020) …… 331

  1 研究进展与要点回顾 …… 333

  1 Review of Research Progress …… 333

    1.1 方法概要 …… 333

    1.2 应用框架 …… 334

  2 城市评估与要素评价 …… 337

  2 Evaluation on Cities and Urban Elements …… 337

    2.1 中国城市总体分布（2020年） …… 337

    2.2 四类城市的要素特征 …… 341

  3 结果-过程指标的关联特征 …… 345

3　Correlation Characteristics of Result-Progress Indicators ·················· 345
　　3.1　结果-过程指标总体相关特征 ······························· 345
　　3.2　各类城市的结果-过程指标相关特征 ······················· 346
　　3.3　典型城市的 2008—2018 年结果-过程指标相关特征 ············ 351
4　城市疫情发展与各类型城市发展特征分析 ·························· 356
4　Analysis on the Urban Epidemic Development of COVID-19 and the Development Characteristics of Various Types of Cities ·················· 356
　　4.1　全国疫情趋势进展 ··· 356
　　4.2　不同类型城市的疫情趋势剖析 ······························· 357
　　4.3　疫情趋势的影响因素及相关性分析 ··························· 365
　　4.4　新冠肺炎疫情与城市发展特征关联探讨 ······················· 370
5　总结 ·· 371
5　Summary ··· 371
后记 ··· 372

第一篇 最新进展

本篇为《中国低碳生态城市发展报告 2020》的开篇总述，主要综述 2019—2020 年度国内外低碳生态城市发展情况，期望通过对国内外新的政策、技术、实践以及大事件的总结，分析该领域年度获得的经验，探讨低碳生态城市未来的挑战与发展趋势，为中国的低碳生态城市发展提供理论与实践支撑。

2019 年 12 月 2 日至 15 日，《联合国气候变化框架公约》第二十五届缔约方会议（COP25）在西班牙马德里举行，虽然与会各方最终通过折中协议，但在市场机制与资金等关键问题上缺乏共识。中国将一如既往地落实《巴黎协定》，百分之百兑现承诺，推动构建公平合理、合作共赢的全球气候治理体系，共同构建人类命运共同体。从不同角度全方位解读并分享中国生态文明建设经验和成果，是中国对全球应对气候变化、实现绿色发展作出的重要贡献。中国的"一带一路"倡议正在传递中国的绿色经验、讲中国绿色故事，同时也能够带动整个区域的绿色转型发展；中国的生态文明建设，对于推进全球可持续发展是一个重要之举。

2019 年 6 月，中共中央办公厅、国务院办公厅印发了《中央生态环境保护督察工作规定》，充分体现了党中央、国务院推进生态文明建设和生态环境保护的坚定意志和坚强决心，为依法推动督察向纵深发展、不断夯实生态文明建设政治责任、建设美丽中国发挥重要保障作用。同年7月，国务院印发了《国务院关于实施健康中国行动的意见》，加快推动从以治病为中心转变为以人民健康为中心，动员全社会落实预防为主的方针，实施健康中国行动，提高全民健康水平。

第一篇总结了国内外低碳生态城市建设的新动态。从宏观形势上来看，各国都积极推动节能减排措施和低碳发展理念，通过政策和法规的引导，理性客观地打造各具城市特色的低碳建设项目，为我国低碳生态城市的建设提供了借鉴意义。从具体实践上来看，各国依据城市发展自身特点分别制定战略方法，采取温室气体排放标准、建设智慧城市和开拓可持续发展之路等一系列具体措施，不断探索和实践适合城市生态文明和低碳绿色的建设和发展的道路。

生态文明建设已经纳入中国国家发展总体布局，建设美丽中国已经成为中国人民心向往之的奋斗目标，想要推动高质量发展，就必须坚定不移贯彻创新、协调、绿色、开放、共享的新发展理念。政府部门可以通过制定相关政策，促进形成生态环境保护治理体系，加快我国生态文明建设进度。同时，需要通过把脉城市问题，明确低碳生态城市建设方向，不断缩小我国与欧美在城市可持续性方面的差距。吸取国外智慧城市发展经验，结合本国国情，重视城市自身的发展规律，不断推进中国低碳生态城市建设。

Chapter I The Latest Development

This is the overview summary of the China Low-Carbon Eco-City Development Report 2020. It mainly reviews the domestic and foreign development of Low-Carbon Eco-City 2019 to 2020. Through the summary of new policies, technologies, practices and major events, this chapter has analyzed the annual experience in this field, and discussed the future challenges and development trends of the Low-Carbon Eco-City, in order to provide theoretical and practical supports.

From December 2nd to 15th 2019, the 25th session of the conference of the parties to the United Nations Framework Convention on Climate Change (COP25) was held in Madrid, Spain. Although the participants finally adopted a compromise agreement, there was a lack of consensus on key issues such as market mechanism and funding. China will, as always, implement the Paris Agreement, fully fulfill its commitments, promote the construction of a fair and reasonable global climate governance system with win-win cooperation, and jointly build a community of shared future for mankind. It is China's due contribution to the global response to climate change and the realization of green development to interpret and share the experience and achievements of Chinese ecological civilization construction from different perspectives. China's "One belt, One road Initiative" is passing on China's green experience and telling China's green story, and it can also lead to the green transformation and development of the whole region. China's ecological civilization construction is an important step towards promoting global sustainable development.

In June 2019, the General Office of the Central Committee of the Communist Party of China and the General Office of the State Council have issued "Regulations on Central Supervision of Ecological Environment Protection", which fully embodies the firm will and strong determination of the CPC Central Committee and the State Council to promote the construction of ecological civilization and ecological environment protection, and play an important role in promoting the in-depth development of supervision according to law, continuously consolidating the political responsibility of ecological civilization construction, and building a beautiful China Barrier effect. In July of the same year, the State Council has issued the "Opinions of the State Council on Implementing Healthy China Action", accelerating the transformation from focusing on the treatment of diseases to focusing on people's health, mobilizing the whole society to implement the policy of putting prevention first, implementing the action of healthy China and improving the health level of the entire people.

The first part has summarized the new development of Low-Carbon Eco-City construction at home and abroad. From the macro perspective, all countries actively promote energy conservation and emission reduction measures and the concept of low-carbon development. Under the guidance of policies and regulations, low-carbon construction projects with urban characteristics are created rationally and objectively, which provides reference for the construction of low-carbon ecological cities in China. From the perspective of specific practice, each country formulates strategic methods according to its own characteristics of urban development, adopts a series of specific measures, such as greenhouse gas emission standards, building smart cities and exploring the road of sustainable development, so as to continuously explore and practice the methods which are suitable for the construction and development of urban ecological civilization, green and low-carbon.

The construction of ecological civilization has been incorporated into the overall layout of China's national development, and building a beautiful China has become the aspiration of the Chinese people. To promote high-quality development, we must unswervingly implement the new development concept of innovation, coordination, green, openness and sharing. Government departments can formulate relevant policies to promote the formation of ecological environment protection and governance system and accelerate the progress of ecological civilization construction in China. At the same time, we need to know the direction of Low-Carbon Eco-City city construction through the diagnose urban problems, and constantly narrow the gap in urban sustainability between China and European or American cities. It is necessary to learn from the experience of smart cities development abroad, combining with the national conditions, we can pay attention to the development law of the city itself, and constantly promote the construction of low-carbon ecological city in China.

1 《中国低碳生态城市发展报告 2020》概览
1 Overview of *China Low-Carbon Eco-City Development Report 2020*

1.1 编 制 背 景

在中国城市科学研究会的统筹和指导下,中国城市科学研究会生态城市研究专业委员会已经连续十年组织编写本系列报告,对我国低碳生态城市的理论、技术和实践现状继续进行年度总结与阐述。

1.2 框 架 结 构

本报告延续了历年报告的主体框架,即:最新进展、认识与思考、方法与技术、实践与探索,以及中国城市生态宜居发展指数(优地指数)报告,共五大部分。

1.3 《报告 2020》热点

年度报告的主要意义在于总结经验与推广实践,注重以年度事件为抓手,通过数据的收集与分析,把握低碳生态城市建设的最新动态,为读者提供最前沿的信息与理念。同时,编制组关注各方对报告提出的中肯意见与建议,每年在既定内容的基础上,力求有新视角和创新观点。《中国低碳生态城市发展报告 2020》(以下简称《报告 2020》)的主要热点内容如下:

(1)最新进展

最新进展篇,主要阐述 2019—2020 年度国内外低碳生态城市发展情况,期望通过对新政策、技术、实践以及事件的总结,分析该领域 2019—2020 年度各行业获得的经验与教训,为进一步发展提供全面清晰的思路。

(2)认识与思考

面对疫情的冲击和影响,这部分系统梳理了智慧城市与现代健康城市高质量发展的建设路径和新方向,具体内容分为三个部分。智慧城市的建设骨架分析了智慧城市的必要元素，并预判其发展模式；健康城市综合分析了城市群协调发展的要求、现代健康城市的新使命；疫情影响下的城市对策针对本次新冠疫情的影响，探讨了城市疫后复兴的对策与变化。

（3）方法与技术

立足前沿动态，该部分梳理了健康—韧性城市的研究，气候变化适应的技术方法，城市管理与适应气候变化的经验，大气污染物与温室气体的协同控制方法，城市空间内微气候数值模拟的方法和城市生物多样性的研究，以及在城市实践探索中城市空间大数据研究方法和可再生能源潜力评估方法。

（4）实践与探索

立足于城市的实践经验与探索创新，该篇主要分为三个部分。中国低碳生态城区整理了上海和江苏的经验；中国低碳生态城市（区）专项实践案例梳理了雄安新区、乌鲁木齐和阜阳的建设实践成果；国内外绿色生态城市实践比较研究主要包括LEED标准体系在不同案例城市应用的对比和中德低碳城市实践的对比。

（5）中国城市生态宜居发展指数（优地指数）报告

自2011年城市生态宜居发展指数（UELDI，简称"优地指数"）开始评估以来，其评估结果受到越来越多的关注，已经连续应用评估了十年。2020年度的优地指数研究，继续运用优化的评估体系，对全国近300个地级及以上城市的生态宜居建设进行回顾，挖掘城市生态宜居发展趋势规律，以及经济、社会、环境与资源等要素；另一方面，持续开展典型地区的绿色低碳满意度评价调查，为优地指数评估进行补充。

2　2019—2020低碳生态城市国际动态
2　International Trends of Low-Carbon Eco-City from 2019 to 2020

2.1　宏观动态：全球共商净零排放

2019年，世界气象组织《温室气体公报》指出大气中吸热温室气体的水平又创新高。全球气候变化不断加剧，地表平均温度较工业革命前上升了1.1℃；研究表明，气温上升的警戒线是2℃，是人类社会可以容忍的最高温升。如果按照目前的趋势发展，21世纪末全球气温预计将上升3.4~3.9℃，人类对全球气候失去控制，后代将面临日益严重的气候变化影响，包括气温上升、更极端的天气、水缺乏、海平面上升以及海洋和陆地生态系统遭受破坏等。

为了缓解气候变化带来的危害和影响，需要全球共同努力，落实《巴黎协定》。各个国家都必须认真采取行动，并结合本国国情，不断强化行动，这样才能真正实现《巴黎协定》所确定的长期目标和共同愿景。

2.1.1　2019年联合国气候行动峰会❶：探寻实现净零排放的方法

2019年9月23日，联合国气候行动峰会在美国纽约召开（图1-2-1），全球100多位国家元首、政府首脑、私营企业、民间社会代表及其他国际组织参加。

图1-2-1　2019年联合国气候行动峰会
（图片来源：https://news.un.org/zh/story/2019/09/1042012［2020-08-25］）

---

❶　https://www.un.org/zh/climatechange/un-climate-summit-2019.shtml［2020-08-25］.

此次气候行动峰会发布了重要的新行动，提出了明确的目标：在2020年前提升国家自主贡献，并在未来10年内将温室气体排放量减少45%，到2050年实现净零排放。

图1-2-2 2019年联合国气候行动峰会行动方案简图
(图片来源：https://www.un.org/zh/climatechange/un-climate-summit-2019.shtml [2020-08-25])

气候行动峰会提出了六大领域的行动方案（图1-2-2）：(1)气候融资与碳定价：动员公共及私有资金来源，推动优先部门脱碳并提高抗灾能力；(2)能源转变：加速从化石燃料到可再生能源的转变，显著提升能效；(3)产业转型：实现石油和天然气、钢铁、水泥、化学品和信息技术等产业的转型；(4)基于自然的解决方案：通过生物多样性养护以及充分利用供应链和技术等方式，在林业、农业、渔业和粮食系统内外实现减少排放、提高碳汇能力，并提高抗灾能力；(5)城市与地方行动：在城市和地方各级提升缓解和抗灾能力，重点关注低排放建筑物、公共交通及城市基础设施方面的新承诺，以及城市贫困群体的抗灾能力；(6)抗灾能力与适应能力：促进全球努力，应对并管理气候变化带来的影响和风险，尤其是在最脆弱的社区和国家。这些行动方案在遏制温室气体排放、促进有关抗灾能力与适应能力的全球行动方面具有很大潜力。

2.1.2 2019年联合国气候变化大会[1]：持续推进《巴黎协定》实施细则落实

2019年12月2日至15日，《联合国气候变化框架公约》第二十五届缔约方会议（COP25）在西班牙首都马德里举行（图1-2-3）。大会旨在使国际社会关注气候紧急情况，并加快扭转气候变化的行动，确保《联合国气候变化框架公约》（UNFCCC）（以及加强该公约的2015年《巴黎协定》）协定目标的最终实现。

《巴黎协定》要求缔约方需在2020年提出应对气候变化行动的更新计划，即国家自主贡献（NDC），第二十五届缔约方会议是进入这一决定性年份之前的最

---

[1] https://news.un.org/zh/story/2019/12/1047431 [2020-08-25].

图 1-2-3　第 25 届联合国气候变化大会宣传图片
(图片来源：https：//news.un.org/zh/story/2019/11/1046511 [2020-08-25])

后一届缔约方会议，许多国家必须在这一年提交新的气候行动计划。本届大会对 2020 年之前的全球盘点、适应、资金、技术和能力建设等议题展开了讨论，会议期间举行的谈判扩大了对气候危机背后的科学以及行动迫切性的认识：联合国全球契约宣布，目前有 177 家公司同意确保公司业务符合科学家的倡议，将全球升温幅度限制在 1.5℃ 以内，并在不迟于 2050 年达到净零排放的水平。

由于在减排力度、为受气候变化影响国家提供资金支持、国际碳信用额交易市场规则等议题上仍然存在分歧，全面的协议仍未出台，原定 12 月 13 日结束的会议一直持续到 15 日才正式宣布结束。各国达成折中协议，承诺明年加大力度减少二氧化碳排放，但由于在市场机制与资金等关键问题上缺乏共识，这些议题将留待 COP26 继续磋商。

2.1.3　全球人居环境论坛年会❶：数字时代城市与人居环境的可持续发展

2019 年 9 月 5 日至 6 日，第十四届全球人居环境论坛年会（简称 GFHS 2019）在埃塞俄比亚首都亚的斯亚贝巴举办（图 1-2-4）。GFHS 2019 以"数字时代城市与人居环境的可持续发展"为主题，旨在为全球的利益相关者提供一个高级别的对话与合作平台，把握数字革命为可持续城市与人居环境带来的新机遇，发展绿色智慧城市；促进非洲地区充分利用后发优势发展数字经济，推动可持续的城镇化进程；促进"一带一路"倡议背景下的多边务实合作。

会议通过了《亚的斯亚贝巴宣言》并呼吁：数字技术应用与数字经济的发展应坚持以人为本，安全第一。城市总体规划应考虑绿色城市与智慧城市的融合，倡导紧凑型与多中心的城市形态，建设混合功能社区，强调便利宜居、环境清洁、资源循环、智慧高效、多产繁荣。智慧城市发展的基础是整合数据、互通共

---

❶　http：//www.gfhsforum.org/event.html？_l=zh_CN [2020-08-25].

图 1-2-4　第十四届全球人居环境论坛年会
(图片来源：http：//www.gfhsforum.org/event.html?_l=zh_CN [2020-08-25])

享、深度开发。采用适用的、负担得起的数字技术为城市规划、建设和管理服务，确保人人共享数字技术带来的益处。教育先行，加强人的能力建设，培育创新精神，推动数字经济。社区与建筑的设计建设应充分适应数字时代的特点：创新、便捷、高效、绿色、包容。

2.1.4　联合国环境规划署[❶]：2019 年排放差距报告

2019 年 11 月 26 日，联合国环境署（UNEP）发布最新年度报告——《2019 年排放差距报告》（图 1-2-5，以下简称《报告》），是 UNEP 发布的第 10 个年度报告，提出为实现 2015 年《巴黎协定》设定的目标，即到 2100 年将全球升温控制在工业化前 2℃ 以内，在 2020—2030 年间，全球碳排放每年需减少 2.7%；而要实现将升温限制在 1.5℃ 的目标，在 2020—2030 年间，全球碳排放每年需减少 7.6%。《报告》指出，在过去 10 年间，温室气体排放每年增长 1.5%，其中 2018 年温室气体排放创下 553 亿 t "二氧化碳当量"的新高，各国目前承诺的减排量远不足以实现将升温控制在 2℃ 以内的目标。

《报告》着重关注了能源转型的潜力，特别是在电力、交通和建筑领域，以及钢铁和水泥等材料的使用效率。《报告》重点研究了

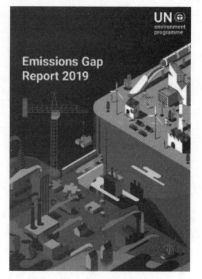

图 1-2-5　《2019 年排放差距报告》封面
(图片来源：https://www.unenvironment.org/resources/emissions-gap-report-2019 # [2020-08-25])

---

❶　http://www.chinanews.com/gj/2019/11-28/9019687.shtml [2020-08-25].

印度、日本和美国等7个经济大国的情况，指出这些国家的排放量目前占世界温室气体排放总量的56%。这些国家财力雄厚，经济上可以脱碳，但仍需进行根本性变革，特别是在能源领域，需要采取切实措施以节能减排，例如扩大可再生能源的利用率、逐步淘汰煤炭等。

2.1.5　第十届世界城市论坛❶：城市机遇：文化与创新的联系

2020年2月9日至13日，第十届世界城市论坛（WUF10）在阿联酋阿布扎比召开（图1-2-6）。会议主题是"机遇之城：联结文化与创新"。来自168个国家的450多名演讲者和其余共计13000多人参加此次会议，期间进行了5个大会，6个对话，10个特别对话及16个利益相关方圆桌论坛；130多个参展单位进行了专题展览；举办了500多场活动。

图1-2-6　第十届世界城市论坛

（图片来源：https：//www.sohu.com/a/373484963_656518［2020-08-25］）

与会代表共同发表了《第十届世界城市论坛阿布扎比宣言》（以下简称《宣言》），《宣言》指出：①城市是创造和创新的中心，发挥城市的带头作用实现世界发展的包容性、弹性和可持续性，并利用城市化解决全球性难题，包括：贫富差距、环境退化、两性不平等、社会凝聚力丧失、移民、人权、卫生、就业、灾害风险和气候变化等问题，达到世界经济增长和共同繁荣的目的；②文化与创新是迎接城市化挑战并实现《新城市议程》的重要解决方案，城市环境反过来影响文化。文化和创新是世界可持续发展、共享繁荣和相互包容的创造性驱动力，文化多样性在城市发展中发挥积极作用，创新的实践为城市文化注入新的活力。

《宣言》提倡利用文化和创新作为可持续城市化驱动力的创新做法，并提供对城市化、文化与创新之间联系的更深刻见解，以期促进传统与现代之间的协同

---

❶ https：//www.sohu.com/a/373484963_656518［2020-08-25］。

增效，为多元文化和多代社区的融合创造空间，并探索文化和创新在实施《新城市议程》和实现《2030年可持续发展议程》中的城市作用。

2.2 政策动态：明确气候行动计划

2.2.1 欧盟：欧洲绿色协议❶

2019年12月11日，欧盟委员会在布鲁塞尔公布应对气候变化新政《欧洲绿色协议》（以下简称《协议》），提出到2050年欧洲在全球范围内率先实现"碳中和"（图1-2-7）。《协议》提出了行动路线图，通过转向清洁能源、循环经济以及阻止气候变化、恢复生物多样性、减少污染等措施提高资源利用效率。这些措施几乎涉及所有经济领域，尤其是交通、能源、农业、建筑业等领域以及钢铁、水泥、信息和通信技术、纺织和化工等行业。

图1-2-7 欧盟委员会主席冯德莱恩在新闻
发布会上公布《欧洲绿色协议》

（图片来源：https：//baijiahao.baidu.com/s? id=1652864657293285330&wfr=spider&for=pc [2020-08-25]）

欧盟委员会承诺后续将拟定首部"欧洲气候法律"，将2050年实现"碳中和"纳入其中，并将出台"2030生物多样性战略""新工业战略和循环经济行动计划""从农场到餐桌的可持续食物战略"等相应举措。要实现《协议》确立的目标需要大量投资，这些投资将来自公共部门和民营部门，其中欧盟长期预算中至少四分之一将专门用于气候行动。欧盟委员会还将出台融资政策促使民营部门参与投资。

---

❶ http：//www.xinhuanet.com/2019-12/12/c_1125339030.htm [2020-08-25]。

2.2.2 欧盟：长期温室气体低排放发展战略[1]

2020年3月6日，欧盟正式向联合国气候变化框架公约（UNFCCC）秘书处提交《长期温室气体低排放发展战略（LTS）》文件，做出欧盟及其成员国在2050年实现气候中性的国际承诺。为实现这一远期目标，欧盟正在对2030年及更长远行动进行谋划。但根据欧盟委员会公布的《共享一个清洁地球：欧洲建成繁荣、现代化、具有竞争力和气候中性经济体的长期远景》的报告显示，在现有2030年气候政策体系下，欧盟可以实现目前承诺的目标（即，2030年相对于1990年水平至少下降40%），但是无法支撑其"长期温室气体低排放发展战略"承诺的2050年气候中性。在2030年气候和能源政策框架下，为确保目标的有效性和不同部门政策的动态一致性，欧盟基于政策执行过程和对效果的监测评估，持续更新相关法规体系。

2.2.3 英国：绿色金融战略[2]

2019年7月2日，英国政府于第二届英国绿色金融年会期间公布了《绿色金融战略》（以下简称《战略》），号召全社会（包括政府、企业、学术机构等）共同努力创造一个更加可持续和绿色化的未来（图1-2-8）。《战略》概述了金融部门如何协助企业进行环境信息披露，积极采取行动应对气候变化与环境退化，并推动英国2050年零排放目标。

《战略》包含两大长远目标及三大核心要素。两大长远目标：一是在政府部门的支持下，使私营部门/企业的现金流流向更加清洁、环境可持续增长的方向；二是加强英国金融业的竞争力。三大核心要素包括金融绿色化，融资绿色化，紧抓机遇。《战略》阐明了政府应如何积极推动全球金融系统绿色化，并将气候和环境因素纳入公共部门决策之中，提出了未来几年将采取的行动，以加速全球绿色金融的发展，

图1-2-8 绿色金融战略

（图片来源：https://mp.weixin.qq.com/s/4GNoDoOwMO2d1ZX_PinPMw [2020-08-25]）

---

[1] https://mp.weixin.qq.com/s/4kK9XY60t6eLe56217u3VQ [2020-08-25].
[2] http://www.tanjiaoyi.com/article-30912-1.html [2020-08-25].

并在面临巨大变化和机遇之际,推动实体经济的增长。《战略》支持英国实现强劲、可持续和平衡增长的经济政策及现代工业战略,并且有助于确保英国始终站在全球抗击气候变化和保护环境的最前沿,不断加强英国金融服务业的竞争力。

2.2.4 德国:气候保护计划2030[1]

2019年9月20日,德国联邦政府出台了《气候保护计划2030》(图1-2-9),以期达成2030年温室气体排放比1990年减少55%的目标。这份计划包括为二氧化碳排放定价、鼓励建筑节能改造、资助相关科研等具体措施,涵盖能源、交通、建筑、农业等多个领域。

图1-2-9 新闻发布会现场

(图片来源:http://www.xinhuanet.com/photo/2019-09/21/c_1125023476_6.htm[2020-08-25])

根据计划,德国将从2021年起在交通和建筑领域实施二氧化碳排放定价,届时德国将启动国家排放交易系统,向销售汽油、柴油、天然气、煤炭等产品的企业出售排放额度,价格为每吨二氧化碳10欧元。该定价到2025年将增至35欧元。2026年起,排放价格将由市场决定。由此增加的收入将用来降低电价、补贴公众出行等。新计划还包括一系列资助项目,如对建筑节能改造给予税收优惠、支持安装新型取暖系统。按照最新政策,居民若淘汰燃油或燃气供暖系统,改为更环保的设备或可再生能源供暖,将获得多至更换费用40%的补贴。

为进一步推动新能源汽车发展,德国政府计划到2030年时修建100万个充电桩,并要求所有加油站安装充电桩;住房和租房相关法规将调整,房东将不得阻止租房者安装充电桩;部分新能源汽车购买补贴也将提高。新计划还提出,氢能对发展气候友好型经济很重要,联邦政府将在2019年底前发布氢能战略。此

---

[1] https://mp.weixin.qq.com/s/n_fOrUGKgOnJ8AVT7PM3mg[2020-08-25].

外，政府还将对电池生产、二氧化碳的储存与利用等领域的研发提供资助。

2.2.5 丹麦：气候法案❶

2019年12月6日，丹麦议会通过了丹麦首部《气候法案》，制定了丹麦将在2030年实现温室气体减排70%的目标。

《气候法案》的主要内容包括：确保丹麦在1990年的基础上，到2030年温室气体减排70%，2050年实现气候中和；排放量的计算以联合国准则为标准；气候法具有约束力；政府必须每五年设定一个具有法律约束力的十年目标；政府将在2020出台一系列气候行动，其中将设定2025年指示性目标；里程碑目标将在法律中得到实施。

丹麦政府为达到减排目标，对政治体系做出了相应的调整：建立绿色转型委员会，以确保每个重大的政治决策都将气候因素纳入考虑范围之内；政府与私营部门建立气候伙伴关系，旨在为未来的可持续解决方案铺平道路。此外，气候理事会作为独立气候监督机构的地位也将得到加强。理事会不仅将获得更多的资金与专家支持，还将加强其政治独立性，可自行选举主席和成员。

2.2.6 俄罗斯：加入巴黎气候协定❷

2019年9月23日，俄罗斯签署政府令，批准巴黎气候协定，这代表着俄罗斯正式加入巴黎气候协定。

参与该进程对俄罗斯很重要，气候变化威胁到生态平衡，也增加了影响农业等关键领域顺利发展的风险，气候变化还威胁到国民的安全。温室气体排放引起的气候变化可能使某些关键产业（如农业）处于危险之中，并可能危及俄罗斯三分之二的多年冻土地区人民的安全。

俄罗斯目前正开展减少空气污染物排放和恢复森林方面的工作，还需要考虑如何履行国际义务，采取措施减少温室气体排放。政府正在起草将巴黎气候协定内容纳入俄罗斯现行法规的条例。

2.3 实践动态：建设可持续发展城市

2.3.1 德国：城市柴油驾驶禁令❸

德国联邦行政法院为柴油禁令铺平了道路，裁定德国城市有权根据各自实际

---

❶ https://mp.weixin.qq.com/s/BdyJeQLaQPTxb5GNfAtAHA [2020-08-25].
❷ https://baijiahao.baidu.com/s?id=1645609710367153585&wfr=spider&for=pc [2020-08-25].
❸ https://new.qq.com/omn/20181215/20181215A00XZ9.html [2020-08-25].

情况实施柴油车禁令，以减少空气污染，来实现欧洲针对空气氮氧化物含量的相关规定。此后，众多德国城市准备在2019年实施禁令，禁止柴油车在规定市区范围或整个市区行驶（表1-2-1）。

德国部分实施柴油禁令的城市及政策　　　表 1-2-1

城市	政策
汉堡	2018年5月31日起，市内两处排放超标的重要路段实行柴油车禁行，只有排放标准高于欧6的柴油车才能进入。一旦违反规定，小汽车罚款20欧元，卡车罚款75欧元
斯图加特	2019年1月1日起，正式实施柴油驾驶禁令，仅达到欧4及以下标准的柴油车禁止进入整个市区。如果该车辆在当地注册，则时间可以宽限到4月1日。一旦违规，即罚款80欧元。除此之外，根据行政法院的判决，该州州政府还需要制定对欧5车辆的约束性禁令计划
法兰克福	2019年2月1日起，禁行欧4及以下的柴油车，以及欧标1和2的汽油车。2019年9月1日起，禁令范围将被进一步扩大
科隆	2019年4月1日起，市中心及其他部分城区首先禁行欧4及以下的柴油车，以及欧标1和2的汽油车。欧5标准的柴油车从9月1日起也需禁行
波恩	2019年4月1日起，两条市中心的重要路段禁行柴油车
埃森市	2019年7月1日起，划出禁行区，欧4及以下的柴油车不得通行，埃森禁行区中首次包含了一段高速公路。9月1日起，这一禁行区对欧5柴油车也起效
柏林❶	2019年9月初，市中心8条街道的部分路段推行柴油车禁令，并把33条街道的59处路段划为限速为每小时30公里以内的市政道路。禁令涉及欧5及以下排放标准的柴油乘用车和货车，但路段内居民和商户用车、垃圾车以及救护车等不受限制

2.3.2　西班牙："智慧城市"巴塞罗那❷

2019年11月19日至21日，第9届西班牙全球智慧城市大会（SCEWC）是关于全球智慧城市建设的标杆性政企峰会，旨在展示智慧城市建设成果和提供智慧城市解决方案。大会上，"智慧城市"这个概念和标准首次被确认并明文：智慧城市需具备高水平的交通、医疗、服务（含民生、政务）、环保、互联以及创新等，目前得分排名最高的城市是西班牙巴塞罗那。

巴塞罗那早在160年前就具有精确又人性化的城建规划，其智慧城市和绿色环保领域的成绩尤其出众：2000年全力支持民用太阳能，2006年就成为欧洲太阳能面板最密集的城市（图1-2-10），2019年电动汽车充电站已超过3000个，不单警用摩托被换成电动的，市民集中存放骨灰的墓园都被征用放置太阳能面板。

---

❶　https：//www.sohu.com/a/328985527_114731［2020-08-25］.
❷　https：//m.sohu.com/a/386020937_120653450［2020-08-25］.

图 1-2-10 巴塞罗那太阳能面板屋顶

(图片来源：https：//m.sohu.com/a/386020937_120653450 [2020-08-25])

巴塞罗那的"智慧"理念渗透到城市的每个角落，绿化城建、电网供暖、水务政务以及交通停车等标准都以智能为前提，路灯是太阳能 LED 智能控制，每条大街区都有一把"超级太阳能面板伞"，给路灯供电的同时还给路人市民起到遮阳和休息作用。

2.3.3 全球：7000 多所高校践行校园碳中和计划❶

2019 年 7 月 10 日，高等教育可持续倡议部长级会议在美国纽约举行，全球六大洲的 7000 多所高等教育机构宣布了一项"气候紧急"倡议（Climate Emergency），同意实行三点计划，与学生共同解决气候危机。三点计划包括：第一，承诺到 2030 年或最迟到 2050 年实现碳中和；第二，为以行动为主的气候研究和技能培养动员更多资源；第三，在课程、校园和社区的外联项目中增加对环境可持续性的教育内容。承诺将致力于实现校园"碳中和"，积极行动以应对全球气候变化。这是全球高校首次就共同应对气候变化作出集体承诺。

2.3.4 荷兰：鹿特丹韧性城市实践❷

荷兰鹿特丹除了作为全球 100 个韧性城市之一，一直有着全世界最安全的河口之称。对韧性城市规划已经从理论研究过渡到具体实践积累，多尺度实践落地。

---

❶ https：//www.sohu.com/a/329097417_120038781 [2020-08-25].
❷ https：//mp.weixin.qq.com/s/e5XcMkhzTqQ1gD-70TkWYA [2020-08-25].

(1) 鹿特丹韧性的大都市圈尺度：蓝城 2030 规划

蓝城 2030 规划是基于城市 2030 环境变化下，为应对雨洪灾害、海平面上升、海水入侵等一系列风险所作的愿景式规划。通过分析现有的基础设施对于河流及海洋环境变化的适应能力，分析城市港口区域的雨洪风险及海水入侵风险，规划最终提出了一系列帮助城市基础设施转型与城市发展的工具集，其中包括如何在城市中创造更多的绿地以提供休憩场所和消纳雨洪，如何适应性地进行城市密度和高度增量以应对未来的人口激增等。

(2) 鹿特丹韧性的城市尺度：鹿特丹堤坝公园（图 1-2-11）

鹿特丹堤坝公园就把城市安全需要的更新强化的堤坝、城市发展需要的商铺、市民需要的停车和公园这四者结合起来，设计建设成为一个顶上为公园，下面为覆土的商铺与停车场的多功能堤坝。不仅强化了城市的雨洪安全，也最大化地发挥了土地的价值，使城市商业开发与公共空间品质都得到了最大化的提升。

图 1-2-11　鹿特丹堤坝公园

（图片来源：https://mp.weixin.qq.com/s/e5XcMkhzTqQ1gD-70TkWYA［2020-08-25］）

(3) 鹿特丹韧性的社区尺度：鹿特丹水广场（图 1-2-12）

位于市中心 Benthemsquare 处，周边建筑主要为学校、办公楼和健身中心。水广场通过将周边建筑、广场的排水联系起来，在创造了社区和学校的游憩场地的同时，为城市街区内部提供一个蓄积雨水的地方。

图 1-2-12　鹿特丹水广场（左：晴天，右：雨天）
（图片来源：https://mp.weixin.qq.com/s/e5XcMkhzTqQ1gD-70TkWYA［2020-08-25］）

3 2019—2020 中国低碳生态城市发展
3 Development of China Low Carbon Eco-City from 2019 to 2020

根据《巴黎协定》，中国承诺将在 2030 年左右达到碳排放峰值，并在 2030 年前将非化石能源占一次能源消耗的比重提高到 20%。随着经济的持续增长，中国所面临的碳减排压力将会进一步增大。中国碳排放达峰的时间表刚好处于中国经济发展的关键节点：2035 年中国将预期实现"两个十五年"目标中的第一个目标，从而跨入高收入国家的门槛。在未来的 10 年到 15 年里，中国不仅要维持经济的高速发展，还要实现经济发展与化石燃料消费的脱钩，因此，必须要采取理性、务实的气候战略❶。

应对气候变化是全人类的责任，一直以来，各国谈判核心问题在于减排负担的公平分配。无论是《京都议定书》还是《巴黎协定》，都无法保证发达国家能够有效履行承诺。当前的国际政治、经济、贸易环境跟《巴黎协定》签署之时发生了很大变化，中国作为负责任的大国，一直在努力以合作共赢的精神推动谈判，积极承担符合发展阶段和国情的国际责任，在全球生态文明建设中继续发挥"中国作用"。中国将坚定不移实施应对气候变化国家战略，百分之百兑现承诺，与各方一道应对全球气候变化、共谋全球生态文明建设、构建人类命运共同体。

3.1 政策指引：推进生态环境保护工作

3.1.1 国家层面：加强生态环境保护

（1）中共中央、国务院：《中央生态环境保护督察工作规定》❷

2019 年 6 月，中共中央办公厅、国务院办公厅印发了《中央生态环境保护督察工作规定》（以下简称《督察规定》），充分体现了党中央、国务院推进生态文明建设和生态环境保护的坚定意志和坚强决心，将为依法推动督察向纵深发展、不断夯实生态文明建设政治责任、建设美丽中国发挥重要保障作用。

---

❶ https://tech.sina.com.cn/roll/2019-12-21/doc-iihnzhfz7303976.shtml [2020-08-25].

❷ http://paper.people.com.cn/rmzk/html/2019-08/05/content_1939674.htm [2020-08-25].

《督察规定》分为总则、组织机构和人员、对象和内容、程序和权限、纪律和责任、附则六章。主要内容体现在三个方面：①确立督察的基本制度框架；②固化督察的程序和规范；③界定督察的权限和责任。具体可以通过切实提高政治站位、落实督察总体要求、持续深化督察实践、不断提升督察能力、加强督察队伍建设五个方向，来认真学习好、宣传好、落实好《督察规定》，依法推动中央生态环境保护督察向纵深发展，助力我国生态文明建设迈上新台阶。

（2）中共中央、国务院：《关于建立以国家公园为主体的自然保护地体系的指导意见》❶

2019年6月，中共中央办公厅、国务院办公厅印发了《关于建立以国家公园为主体的自然保护地体系的指导意见》（以下简称《指导意见》），此次出台《指导意见》有利于系统保护国家生态重要区域和典型自然生态空间，全面保护生物多样性和地质地貌景观多样性，推动山水林田湖草生命共同体的完整保护，为实现经济社会可持续发展奠定生态根基。

《指导意见》明确了建成中国特色的以国家公园为主体的自然保护地体系的总体目标，提出三个阶段性目标任务：到2020年构建统一的自然保护地分类分级管理体制；到2025年初步建成以国家公园为主体的自然保护地体系；到2035年自然保护地规模和管理达到世界先进水平，全面建成中国特色自然保护地体系。提出五项基本原则为：坚持严格保护，世代传承；坚持依法确权，分级管理；坚持生态为民，科学利用；坚持政府主导，多方参与；坚持中国特色，国际接轨。

《指导意见》提出了对现有自然保护地进行整合优化的任务、原则和要求，如整合各类交叉重叠的自然保护地、归并优化相邻自然保护地等。整合优化归并过程中，应当以保持生态系统完整性为原则，遵从保护面积不减少、保护强度不降低、保护性质不改变的总体要求，遵照保护强度由强到弱、保护地级别从高到低的原则要求实施，整合优化后要做到一个保护地只有一套机构，只保留一块牌子。建立自然保护地统一设置、分级管理、分区管控新体制。

（3）中共中央、国务院：《关于构建现代环境治理体系的指导意见》❷

2020年3月3日，中共中央办公厅、国务院办公厅印发了《关于构建现代环境治理体系的指导意见》（简称《构建指导意见》）。《构建指导意见》提出，到2025年，建立健全环境治理的领导责任体系、企业责任体系、全民行动体系、监管体系、市场体系、信用体系、法律法规政策体系，落实各类主体责任，提高市场主体和公众参与的积极性，形成导向清晰、决策科学、执行有力、激励有效、多元参与、良性互动的环境治理体系。

---

❶ http：//www.xinhuanet.com/politics/2019-06/26/c_1124675752.htm［2020-08-25］.
❷ https：//mp.weixin.qq.com/s/kCLT1-vXUNl9PJcrta0_jw［2020-08-25］.

《构建指导意见》明晰了政府、企业、公众等各类主体的权责，旨在形成全社会共同推进环境治理的良好格局。强调坚持市场导向和依法治理等原则，提出健全环境治理监管体系、环境治理市场体系、环境治理信用体系以及环境治理法律法规政策体系。在监管体系方面，明确完善监管体制，除国家组织的重大活动外，各地不得因召开会议、论坛和举办大型活动等原因，对企业采取停产、限产措施。要加强司法保障，强化监测能力建设。在市场体系方面，提出要构建规范开放的市场，强化环保产业支撑，创新环境治理模式，健全价格收费机制。严格落实"谁污染、谁付费"政策导向，建立健全"污染者付费＋第三方治理"等机制。在信用体系方面，强调要建立健全环境治理政务失信记录，完善企业环保信用评价制度，建立排污企业黑名单制度，建立完善上市公司和发债企业强制性环境治理信息披露制度。在法律法规政策体系方面，明确完善法律法规和环境保护标准，加强财税支持，建立健全常态化、稳定的中央和地方环境治理财政资金投入机制，健全生态保护补偿机制。完善金融扶持，设立国家绿色发展基金，在环境高风险领域研究建立环境污染强制责任保险制度。

（4）中共中央、国务院：《关于在国土空间规划中统筹划定落实三条控制线的指导意见》❶

2019年11月1日，中共中央办公厅、国务院办公厅印发了《关于在国土空间规划中统筹划定落实三条控制线的指导意见》（简称《意见》）。《意见》落实了最严格的生态环境保护制度、耕地保护制度和节约用地保护制度，将生态保护红线、永久基本农田、城镇开发边界三条控制线，作为调整经济结构、规划产业发展、推进城镇化不可逾越的红线。

《意见》从总体要求、科学有序划定、协调解决冲突、强化保障措施四个方面，对如何在国土空间规划中统筹划定落实三条控制线进行了详细规定。明确了"坚持底线思维、保护优先，多规合一、协调落实，统筹推进、分类管控"的统筹划定落实三条控制线的基本原则。明确了目标：到2020年底，结合国土空间规划编制，完成三条控制线划定和落地，协调解决矛盾冲突，纳入全国统一、多规合一的国土空间基础信息平台，形成一张底图，实现部门信息共享，实行严格管控；到2035年，通过加强国土空间规划实施管理，严守三条控制线，引导形成科学适度有序的国土空间布局体系。

（5）中共中央、国务院：《省（自治区、直辖市）污染防治攻坚战成效考核措施》❷

2020年4月30日，中共中央办公厅、国务院办公厅印发了《省（自治区、

---

❶ http：//www.gov.cn/zhengce/2019-11/01/content_5447654.htm [2020-08-25].

❷ http：//www.gov.cn/zhengce/2020-04/30/content_5507825.htm [2020-08-25].

直辖市）污染防治攻坚战成效考核措施》（以下简称《措施》）。《措施》提出，对各省（自治区、直辖市）党委、人大、政府污染防治攻坚战成效的考核，主要包括：党政主体责任落实情况、生态环境保护立法和监督情况、生态环境质量状况及年度工作目标任务完成情况、资金投入使用情况、公众满意程度几个方面（表1-3-1）。考核目标年为2019年和2020年，考核工作于次年7月底前完成。

省（自治区、直辖市）污染防治攻坚战成效考核指标❶　　表1-3-1

考核内容	考核指标	数据来源
党政主体责任落实情况	省级生态环境保护责任清单制定及落实情况	生态环境部、各省（自治区、直辖市）
	专题研究部署和督促落实生态环境保护工作情况	
生态环境保护立法和监督情况	省级人大在生态环境保护领域立法遵守上位法规定情况	全国人大常委会办公厅、各省（自治区、直辖市）
	指导设区的市人大及其常委会等其他地方立法主体开展相关立法情况	
	通过执法检查等法定监督方式推动生态环境保护法律法规实施等情况	
生态环境质量状况及年度工作目标任务完成情况	生态环境质量改善相关指标完成情况	中央和国家机关有关部门、各省（自治区、直辖市）
	生态环境风险管控相关指标完成情况	
	污染物排放总量控制相关指标完成情况	
	污染防治攻坚战年度工作目标任务完成情况	
	疫情防控生态环境保护工作情况	
资金投入使用情况	中央和地方生态环境保护财政资金使用绩效情况	财政部、生态环境部、审计署、各省（自治区、直辖市）
	未完成环境质量约束性指标的省份相关财政支出增长情况	
公众满意程度	公众对本地区生态环境质量改善的满意程度	国家统计局

3.1.2　相关部委：推动生态绿色发展

（1）住房和城乡建设部：城市体检，把脉城市问题，推动健康发展❷

2019年4月，住房和城乡建设部召开全国城市体检试点工作座谈会，并在全国范围内选取了沈阳、南京、厦门、广州、成都、福州、长沙、海口、西宁、景德镇、遂宁这11个城市开展城市体检试点工作。

为了建立合理的城市体检指标体系，住房和城乡建设部设定生态宜居、城市特色、交通便捷、生活舒适、多元包容、安全韧性、城市活力7大核心目标外加城市人居环境满意度，构成8个方面36项基本指标。第三方体检则在住房和城乡建设部评价指标体系上，保持了城市自体检指标体系确定的7大核心目标不变并进一步细化，将7大核心目标分解为24个分目标，共采用43个核心指标，77个指标来进行分析计算（图1-3-1）。

---

❶ http：//www.gov.cn/zhengce/2020-04/30/content_5507825.htm［2020-08-25］.

❷ https：//mp.weixin.qq.com/s/3zaoeSdo8fFl9wEtEPGHCg［2020-08-25］.

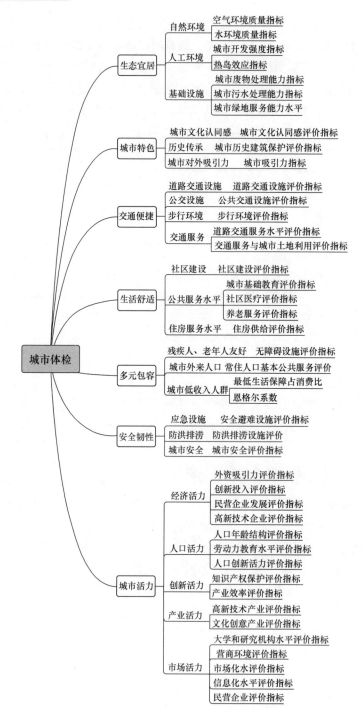

图 1-3-1 城市体检 7 大核心目标、24 个分目标与 43 个核心指标结构
(图片来源：https://mp.weixin.qq.com/s/3zaoeSdo8fFl9wEtEPGHCg [2020-08-25])

建设城市体检平台可以推动城市体检的常态化和精细化，并有效助力于城市以发展的眼光进行系统研究、科学分析和提前研判，更加深入、实时地反映城市发展过程中存在的问题和挑战，追寻问题生成的历史演变规律和实践机理，全面准确描述城市发展的动态规律，提出城市问题解决思路，为管理决策和城市精准治理提供有效的技术依据。

2020年6月16日，住房和城乡建设部发布了《2020年城市体检工作方案》❶，选取了天津、上海、重庆等36个样本城市，采用2019年统计数据、遥感数据、社会大数据等，结合2020年城市建设"防疫情-补短板-扩内需"调研结果进行综合分析；通过线上问卷调查方式，对体检城市中不同年龄段和不同职业的人群进行问卷调查，全面了解人民群众在疫情期间反映强烈的城市建设问题。综合主客观评价结果，找出存在的问题和短板，提出解决问题的建议，形成城市体检报告。

（2）财政部、工业和信息化部、科技部、国家发展改革委：完善新能源汽车推广应用财政补贴政策❷

2020年4月，财政部、工业和信息化部、科技部、国家发展改革委发布了《关于完善新能源汽车推广应用财政补贴政策的通知》，主要是为支持新能源汽车产业高质量发展，做好新能源汽车推广应用工作，促进新能源汽车消费，形成2020年新能源汽车补贴政策方案。

完善新能源汽车补贴政策的基本思路主要包括三点：一是稳字当头，综合考虑技术进步、规模效应等因素，将原定2020年底到期的补贴政策合理延长到2022年底，以补贴平缓退坡力度和节奏；二是扶优扶强，适当优化技术门槛，设置清算门槛，引导地方理性投资和企业"练好内功"，促进优势企业做大做强，加速落后产能退出，提高产业集中度；三是突出重点，按应用领域实施差异化补贴，提高政策精准度，加快公共交通及特定领域汽车电动化进程。四是落实责任和强化监管，完善配套政策，落实相关方责任，强化资金监管，进一步营造行业发展良好生态。

（3）国家发展改革委、自然资源部：全面加强生态保护和修复工作❸

2020年6月3日，经中央全面深化改革委员会第十三次会议审议通过，发展改革委、自然资源部联合印发了《全国重要生态系统保护和修复重大工程总体规划（2021—2035年）》（以下简称《规划》）。《规划》提出到2035年，通过大力实施重要生态系统保护和修复重大工程，全面加强生态保护和修复工作，全国森林、草原、荒漠、河湖、湿地、海洋等自然生态系统状况实现根本好转，生态系

---

❶ http：//www.mohurd.gov.cn/wjfb/202006/t20200618_245945.html [2020-08-25].

❷ https：//mp.weixin.qq.com/s/sIMVIOAZ_BJAui7-17rH2A [2020-08-25].

❸ http：//m.mnr.gov.cn/gk/tzgg/202006/t20200611_2525741.html?from=timeline&isappinstalled=0 [2020-08-25].

统质量明显改善,优质生态产品供给能力基本满足人民群众需求,人与自然和谐共生的美丽画卷基本绘就。森林覆盖率达到26%,森林蓄积量达到210亿立方米,天然林面积保有量稳定在2亿公顷左右,草原综合植被盖度达到60%;确保湿地面积不减少,湿地保护率提高到60%;新增水土流失综合治理面积5640万公顷,75%以上的可治理沙化土地得到治理;海洋生态恶化的状况得到全面扭转,自然海岸线保有率不低于35%;以国家公园为主体的自然保护地占陆域国土面积18%以上,濒危野生动植物及其栖息地得到全面保护(图1-3-2)。

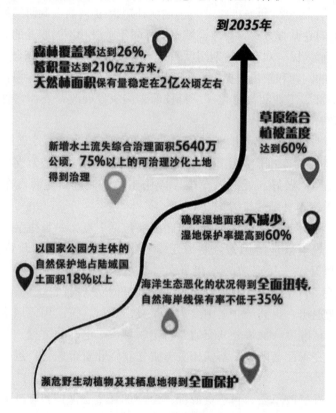

图 1-3-2 规划目标

(图片来源:http://m.mnr.gov.cn/gk/tzgg/202006/t20200611_2525741.html?from=timeline&isappinstalled=0 [2020-08-25])

《规划》称,要立足各地经济社会发展阶段,准确聚焦重点问题,明确阶段目标任务,科学把握重大工程推进节奏和实施力度,促进形成可持续的长效监管机制。

(4)生态环境部:《2019中国生态环境状况公报》❶

---

❶ http://www.mee.gov.cn/hjzl/sthjzk/zghjzkgb/202006/P020200602509464172096.pdf [2020-08-25].

2020年6月2日，生态环境部发布《2019中国生态环境状况公报》（以下简称《公报》）。《公报》重点介绍了2019年大气、淡水、海洋、土地、自然生态、声环境、辐射、气候变化与自然灾害、基础设施与能源状况。公报显示，全国生态环境质量总体改善，环境空气质量改善成果进一步巩固，水环境质量持续改善，海洋环境状况稳中向好，土壤环境风险得到基本管控，生态系统格局整体稳定，核与辐射安全有效保障。

◆ 2019年全国337个地级及以上城市平均优良天数比例为82.0%（图1-3-3）；$PM_{2.5}$浓度为36微克/立方米，同比持平，其中，未达标城市$PM_{2.5}$年均浓度为40微克/立方米，比2018年下降2.4%；

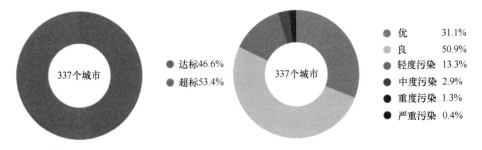

图1-3-3　2019年337个城市环境空气质量情况（左：达标情况；右：各级别天数比例）

◆ 2019年，全国地表水监测的1931个水质断面（点位）中，Ⅰ～Ⅲ类比例为74.9%，比2018年上升3.9个百分点，劣Ⅴ类比例为3.4%，比2018年下降3.3个百分点（图1-3-4）；

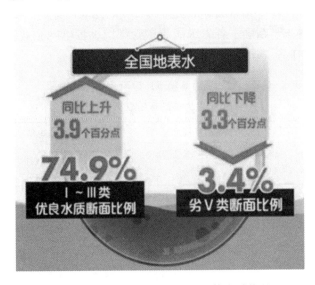

图1-3-4　2019年全国地表水总体水质状况

（图片来源：https://baijiahao.baidu.com/s?id=1668395913287523981&wfr=spider&for=pc［2020-08-25］）

◆ 2019年,一类水质海域面积占管辖海域面积的97.0%,比2018年上升0.7个百分点;劣四类水质海域面积为28340平方千米,比2018年减少4930平方千米;

◆ 2019年,生态质量优和良的县域面积占国土面积的44.7%,一般的县域面积占22.7%,较差和差的县域面积占32.6%;

◆ 全国农用地土壤环境状况总体稳定;

◆ 全国环境电离辐射水平处于本底涨落范围;

◆ 2019年能源消费总量48.6亿吨标准煤,比2018年增长3.3%;单位GDP能耗比2018年下降2.6%;

◆ 单位GDP二氧化碳排放同比下降4.1%,完成年度预期目标。

(5) 国家发展改革委、国家能源局：2020年可再生能源电力消纳责任权重[1]

2020年6月,国家发展改革委、国家能源局联合印发了《关于各省级行政区域2020年可再生能源电力消纳责任权重的通知》(以下简称《通知》),提出了各省级行政区域2020年可再生能源电力消纳责任权重。

《通知》明确了各省(区、市)2020年可再生能源电力消纳总量责任权重、非水电责任权重的最低值和激励值,西藏以可再生能源为主,不予考核(表1-3-2)。浙江、四川、宁夏、甘肃和青海5个国家清洁能源示范省(区)的最低非水电消纳责任权重适当提高,以更好地发挥引领示范作用。

按此消纳责任权重测算评估,预计2020年可再生能源电力消费占比将达到28.2%、非水电消费占比将达到10.8%,分别比2019年增长0.3和0.7个百分点,能够支撑2020年非化石能源消费占比目标的完成。

《通知》还进一步明确了各省级能源主管部门、各电网企业和国家能源局各派出机构的职责任务,确保消纳责任权重落到实处。

各省(自治区、直辖市)2020年可再生能源电力消纳责任权重　　　　　表1-3-2

省(自治区、直辖市)	总量消纳责任权重		非水电消纳责任权重	
	最低消纳责任权重	激励性消纳责任权重	最低消纳责任权重	激励性消纳责任权重
北京	15.5%	16.9%	15.0%	16.5%
天津	14.5%	15.9%	14.0%	15.4%
河北	13.0%	14.4%	12.5%	13.8%
山西	17.0%	18.8%	16.0%	17.6%

[1] https://www.ndrc.gov.cn/xxgk/zcfb/tz/202006/t20200601_1229674.html [2020-08-25].

续表

省（自治区、直辖市）	总量消纳责任权重		非水电消纳责任权重	
	最低消纳责任权重	激励性消纳责任权重	最低消纳责任权重	激励性消纳责任权重
内蒙古	18.0%	19.7%	16.5%	18.2%
辽宁	15.0%	16.6%	12.5%	13.8%
吉林	24.0%	26.6%	18.5%	20.4%
黑龙江	22.0%	24.4%	20.0%	22.0%
上海	32.5%	36.3%	4.0%	4.4%
江苏	14.0%	15.4%	7.5%	8.3%
浙江	17.5%	19.6%	7.5%	8.3%
安徽	15.0%	16.7%	12.5%	13.8%
福建	19.5%	21.8%	6.0%	6.6%
江西	22.0%	24.4%	9.0%	9.9%
山东	11.5%	12.6%	11.0%	12.1%
河南	17.5%	19.4%	12.5%	13.8%
湖北	32.5%	35.6%	8.0%	8.8%
湖南	40.0%	44.3%	9.0%	9.9%
广东	28.5%	32.0%	4.5%	5.0%
广西	39.5%	43.9%	7.0%	7.7%
海南	13.5%	14.9%	6.5%	7.2%
重庆	40.0%	44.5%	3.5%	3.9%
四川	80.0%	89.3%	6.0%	6.6%
贵州	30.0%	33.3%	6.0%	6.6%
云南	80.0%	89.0%	15.0%	16.5%
陕西	17.0%	18.8%	12.0%	13.2%
甘肃	44.5%	48.8%	16.5%	18.2%
青海	63.5%	70.7%	25.0%	27.5%
宁夏	22.0%	24.1%	20.0%	22.0%
新疆	20.0%	22.1%	10.5%	11.6%
西藏	不考核	不考核	不考核	不考核

近一年关于可再生能源电力消纳政策及来源：2019年5月，国家发展改革委、国家能源局联合印发《关于建立健全可再生能源电力消纳保障机制的通知》（发改能源〔2019〕807号，以下简称807号文），提出建立健全可再生能源电力消纳保障机制，对各省级行政区域设定可再生能源电力消纳责任权重，自2020年起全面进行监测评价和正式考核。2020年5月6日，国家能源局印发《关于2019年度全国可再生能源电力发展监测评价的通报》，公布了各省（区、市）可

再生能源发展及消纳情况。

（6）发展改革委：美丽中国建设评估指标体系及实施方案❶

2020年2月28日，国家发展改革委发布了《美丽中国建设评估指标体系及实施方案》，总体思路是根据"五位一体"总体布局和建成富强民主文明和谐美丽的社会主义现代化强国的奋斗目标，面向2035年"美丽中国目标基本实现"的愿景，按照体现通用性、阶段性、不同区域特性的要求，聚焦生态环境良好、人居环境整洁等方面，构建评估指标体系，结合实际分阶段提出全国及各地区预期目标，由第三方机构开展美丽中国建设进程评估，引导各地区加快推进美丽中国建设。

美丽中国建设评估指标体系包括空气清新、水体洁净、土壤安全、生态良好、人居整洁5类指标。按照突出重点、群众关切、数据可得的原则，注重美丽中国建设进程结果性评估，分类细化提出22项具体指标（表1-3-3）。

美丽中国建设评估指标体系　　　　　　　　　　　　表1-3-3

评估指标	序号	具体指标（单位）	数据来源
空气清新	1	地级及以上城市细颗粒物（$PM_{2.5}$）浓度（微克/立方米）	生态环境部
	2	地级及以上城市可吸入颗粒物（PM_{10}）浓度（微克/立方米）	
	3	地级及以上城市空气质量优良天数比例（%）	
水体洁净	4	地表水水质优良（达到或好于Ⅲ类）比例（%）	生态环境部
	5	地表水劣Ⅴ类水体比例（%）	
	6	地级及以上城市集中式饮用水水源地水质达标率（%）	
土壤安全	7	受污染耕地安全利用率（%）	农业农村部、生态环境部
	8	污染地块安全利用率（%）	生态环境部、自然资源部
	9	农膜回收率（%）	农业农村部
	10	化肥利用率（%）	
	11	农药利用率（%）	
生态良好	12	森林覆盖率（%）	国家林草局、自然资源部
	13	湿地保护率（%）	
	14	水土保持率（%）	水利部
	15	自然保护地面积占陆域国土面积比例（%）	国家林草局、自然资源部
	16	重点生物物种种数保护率（%）	生态环境部

---

❶ https://www.ndrc.gov.cn/xxgk/zcfb/tz/202003/t20200306_1222531.html［2020-08-25］.

续表

评估指标	序号	具体指标（单位）	数据来源
人居整洁	17	城镇生活污水集中收集率（％）	住房城乡建设部
	18	城镇生活垃圾无害化处理率（％）	
	19	农村生活污水处理和综合利用率（％）	生态环境部
	20	农村生活垃圾无害化处理率（％）	住房城乡建设部
	21	城市公园绿地500米服务半径覆盖率（％）	
	22	农村卫生厕所普及率（％）	农业农村部

由自然资源部、生态环境部、住房和城乡建设部、水利部、农业农村部、国家林草局等部门根据工作职责，综合考虑我国发展阶段、资源环境现状以及对标先进国家水平，分阶段研究提出 2025、2030、2035 年美丽中国建设预期目标，并结合各地区经济社会发展水平、发展定位、产业结构、资源环境禀赋等因素，商地方科学合理分解各地区目标，在目标确定和分解上体现地区差异。

3.1.3 地方层面：全面节能减排行动

（1）长三角：电力行动白皮书❶

2020年4月16日，国网上海市电力公司在国家会展中心举行主题为"示范区共建中国特色能源互联网一体化，同创国际领先电力新高地"的发布活动，正式发布《长三角一体化发展示范区电力行动白皮书（2020年）》，进一步明确了电力企业融入示范区建设的重点任务和行动计划。根据该白皮书计划，沪苏浙三地电力企业将共同致力于打造共商、共建、共管、共享、共赢的能源生态，服务长三角一体化示范区能源转型升级，积极构建区域清洁低碳、安全高效的现代智慧能源体系。同时，会议还首次发布了长三角地区跨省供电业务"码上办"服务相关内容。

2020年，三地电网将加快推进协同规划，推动跨省电网互联互通研究和建设，进一步优化网架结构；全力推进示范区电网重点工程建设，进一步打通跨省的电力"断头路"和电力排管线路，精心打磨虹桥商务区"钻石型"配电网，实施架空线集中整治共建"水乡客厅"，全面提升示范区供电可靠性。下一阶段三地电网将聚焦"中国特色"，重点推进长三角电力发展在能源规划、能源技术、能源资源和制度标准的融合，力争形成各方协同、资源共享的电力典范；同时，将瞄准"国际领先"，高标准打造一流电力发展环境，高水平服务长三角一体化国家战略。

---

❶ http：//www.whb.cn/zhuzhan/cs/20200417/341303.html［2020-08-25］。

(2) 上海：生态环境轻微违法违规行为免罚清单❶

2020年5月7日，上海市司法局、上海市生态环境局召开上海市轻微违法违规行为免罚清单工作新闻发布会，发布了《生态环境轻微违法违规行为免罚清单》（以下简称《免罚清单》），自2020年5月1日起实施，有效期至2025年4月30日。

《免罚清单》在上海市生态环境领域尚属首次，在通过对历年处罚情况进行分析，广泛听取各方意见后，对涉及建设项目、大气、固体废物、噪声、环境管理5个具体生态环境领域共11项轻微违法行为作出了免罚规定，基本涵盖了本市生态环境执法行政处罚中较受关注的问题。所列轻微违法行为"及时纠正，没有造成危害后果的，不予行政处罚"。《免罚清单》的发布是在生态环境领域探索包容审慎监管，改善本市营商环境的重要举措之一，有利于不断完善生态环境治理体系和提高生态环境治理能力，发挥企业在生态环境治理中的主体作用，引导企业主动守法，也是规范执法行为，提升执法水平的工作指引。

(3) 北京：生活垃圾管理条例❷

2019年11月27日，北京市第十五届人民代表大会常务委员会第十六次会议通过《北京市生活垃圾管理条例》（以下简称《条例》）修正，修改后的《条例》对生活垃圾分类提出更高要求，《条例》包括总则、规划与建设、减量与分类、收集、运输与处理、监督管理、法律责任、附则共七章七十八条。从2020年5月1日起开始施行。

新版《条例》中不仅关注到了垃圾分类，更提出了减量化，对于市场上塑料袋的提供和使用进行了明确的规定。其中规定，禁止在本市生产、销售超薄塑料袋。超市、商场、集贸市场等商品零售场所不得使用超薄塑料袋，不得免费提供塑料袋。如果超市、商场、集贸市场等商品零售场所使用超薄塑料袋，由市场监督管理部门责令立即改正，处5000元以上1万元以下罚款；再次违反规定的，处1万元以上5万元以下罚款。

《条例》明确，单位和个人是生活垃圾分类投放的责任主体，个人首次违规投放，由生活垃圾分类管理责任人进行劝阻；再次违反规定的，处50元以上200元以下罚款。《条例》还明确，将按照多排放多付费、少排放少付费、混合垃圾多付费、分类垃圾少付费的原则，逐步建立计量收费、分类计价、易于收缴的生活垃圾处理收费制度，加强收费管理，促进生活垃圾减量、分类和资源化利用。产生生活垃圾的单位和个人应当按照规定缴纳生活垃圾处理费。

---

❶ https：//mp.weixin.qq.com/s/szSC1w6SjZOo0-ORFhOHLg [2020-08-25].

❷ http：//www.mca.gov.cn/article/xw/mtbd/202005/20200500027344.shtml [2020-08-25].

(4) 江苏：生态环境监测条例❶

2020年5月1日，《江苏省生态环境监测条例》（以下简称《条例》）正式实施，这是全国首部生态环境监测的地方性法规，《条例》共分六章四十七条，包括总则、规划与建设、监测活动、监督管理、法律责任、附则，重点建立了生态环境监测质量管理、监测机构监督管理、点位管理、污染源监测、监测信息公开与共享等制度。

《条例》将环境质量、生态状况和污染物排放统一纳入监测范围，进一步规范监测监管行为。监测数据的真实性和准确性是生态环境监测的生命线❷。《条例》围绕这一核心要求，对生态环境监测机构、排污单位及其负责人的责任都作了明确规定，按照"谁出数据谁负责"的原则严格加以监管。

(5) 深圳：决战决胜污染防治攻坚战❸

2020年4月2日，深圳发布《关于全市决战决胜污染防治攻坚战的命令》，主要目标是：空气质量指数达标率≥96%，$PM_{2.5}$年均浓度≤25微克/立方米，地表水考核断面优良比例≥28.6%，全面消除劣Ⅴ类水体。

在大气治理方面，深入实施"深圳蓝"可持续行动，着重解决臭氧污染问题，开展臭氧防控技术攻关，狠抓氮氧化物、挥发性有机物等前体物协同减排，各辖区臭氧浓度控制在125微克/立方米以内。继续实施能源消耗总量和强度双控行动，推进近零碳排放区示范工程、碳普惠等低碳试点。

垃圾分类方面，2020年底之前全面实施生活垃圾强制分类，实现原生垃圾趋零填埋。作为"无废城市"建设试点之一，深圳将积极推广绿色生产生活方式，构建具有深圳特色的固体废物管理制度、市场、技术、监管体系。

在土壤治理方面，深圳将构建全市土壤环境质量"一张图"，发布全国首部土壤背景值地方标准。

(6) 重庆❹、浙江❺、上海❻：发布"三线一单"

按照习近平总书记在全国生态环境保护大会上的部署及中央有关文件精神，生态环境部积极推动省级党委和政府加快确定生态保护红线、环境质量底线、资源利用上线，制定生态环境准入清单（"三线一单"），强化技术指导与对口帮扶。

---

❶ http://hbt.jiangsu.gov.cn/art/2020/5/7/art_51357_9075491.html [2020-08-25].
❷ http://www.npc.gov.cn/npc/c30834/202004/2baa8154a7eb40c08e62d9a4c433332f.shtml [2020-08-25].
❸ http://www.sz.gov.cn/hjbhj/qt/rjxw/202004/t20200417_19174483.htm [2020-08-25].
❹ http://www.cq.gov.cn/zwgk/fdzdgknr/lzyj/xzgfxwj/szf_38655/202004/t20200428_7279353.html [2020-08-25].
❺ http://sthjt.zj.gov.cn/art/2020/5/29/art_1511863_44536066.html [2020-08-25].
❻ http://www.shanghai.gov.cn/nw2/nw2314/nw2319/nw10800/nw42944/nw48506/u26aw65055.html?from=groupmessage&isappinstalled=0 [2020-08-25].

近日，重庆、浙江、上海等地先后发布"三线一单"。

重庆市人民政府于 2020 年 4 月 28 日发布《关于落实生态保护红线、环境质量底线、资源利用上线制定生态环境准入清单实施生态环境分区管控的实施意见》（以下简称《实施意见》），标志着重庆市在全国率先完成"三线一单"成果发布。全市国土空间按优先保护、重点管控、一般管控三大类划分为 785 个环境管控单元。其中，优先保护单元 479 个，面积占比 37.4%；重点管控单元 188 个，面积占比 18.2%；一般管控单元 118 个，面积占比 44.4%。同时，按照对不同单元区域确定的开发目标或功能定位，针对其环境的自然条件、问题和环境质量目标，确定了具体环境管控或准入要求。《实施意见》提出，区域资源开发、产业布局和结构调整、城镇建设、重大项目选址应将环境管控单元及生态环境准入清单作为重要依据，监管开发建设行为和生产活动时，应将"三线一单"作为重要依据。

浙江省于 2020 年 5 月 29 日正式发布《"三线一单"生态环境分区管控方案》。根据浙江省区域发展战略定位，"三线一单"聚焦生态环境、资源能源、产业发展等方面存在的突出问题，划定了生态保护红线，确定了大气环境和水环境质量底线目标以及土壤环境风险防控底线目标，提出了能源、水资源和土地资源利用上线目标，建立了功能明确、边界清晰的环境管控单元和生态环境准入清单。

上海市政府常务会议审议通过的《关于本市"三线一单"生态环境分区管控的实施意见》于 2020 年 5 月 30 日正式发布并实施。编制"三线一单"，主要功能是为重点区域治理污染和防范风险提供精准参考，但同时也是推动产业绿色、高质量发展的重要支撑。根据"三线一单"的要求，上海全市划分为优先保护、重点管控、一般管控三大类共 293 个单元，其中，优先保护单元 44 个，面积占比约 18.4%；重点管控单元 123 个，面积占比约 21.3%；一般管控单元 126 个，面积占比约 60.3%。实施"一单元一策"，针对单元的实际情况，实施更精细、更"个性化"的环境管控。

（7）福建❶、山西❷、江西❸、上海❹、山东❺、河南❻、浙江❼：地下水污染防治实施方案

2019 年 4 月，生态环境部、自然资源部、住房和城乡建设部、水利部、农

---

❶ http://sthjt.fujian.gov.cn/zwgk/ywxx/wrfz/201907/t20190725_4952632.htm [2020-08-25].
❷ https://sthjt.shanxi.gov.cn/html/trwrfz/20191209/83161.html [2020-08-25].
❸ http://sthjt.jiangxi.gov.cn/doc/2019/12/21/114510.shtml [2020-08-25].
❹ https://sthj.sh.gov.cn/hbzhywpt2025/20191226/0024-140260.html [2020-08-25].
❺ http://xxgk.sdein.gov.cn/zfwj/lhf/201912/t20191231_2499179.html [2020-08-25].
❻ http://www.kfhb.gov.cn/uploads/2020-03-11/5e684ad345db4.pdf [2020-08-25].
❼ http://sthjt.zj.gov.cn/art/2020/6/8/art_1511864_45513794.html [2020-08-25].

业农村部联合印发《地下水污染防治实施方案》（以下简称《方案》），进一步加快推进地下水污染防治各项工作。提出到 2020 年，全国地下水质量极差比例控制在 15% 左右；典型地下水污染源得到初步监控，地下水污染加剧趋势得到初步遏制。到 2025 年，地级及以上城市集中式地下水型饮用水源水质达到或优于Ⅲ类比例总体为 85% 左右；典型地下水污染源得到有效监控，地下水污染加剧趋势得到有效遏制。到 2035 年，力争全国地下水环境质量总体改善，生态系统功能基本恢复。主要任务方面，《方案》提出，主要围绕实现近期目标"一保、二建、三协同、四落实"："一保"，即确保地下水型饮用水源环境安全；"二建"，即建立地下水污染防治法规标准体系、全国地下水环境监测体系；"三协同"，即协同地表水与地下水、土壤与地下水、区域与场地污染防治；"四落实"，即落实《水十条》确定的四项重点任务，开展调查评估、防渗改造、修复试点、封井回填工作。《方案》还提出，2020 年年底前，制定《全国地下水污染防治规划（2021—2025 年）》。

随后福建于 2019 年 7 月发布《福建省地下水污染防治实施方案》、山西于 2019 年 12 月发布《山西省地下水污染防治实施方案》、江西于 2019 年 9 月发布《江西省地下水污染防治实施方案》、上海于 2019 年 12 月发布《上海市地下水污染防治实施方案》、山东于 2019 年 12 月发布《山东省地下水污染防治实施方案》、河南于 2019 年 12 月发布《河南省地下水污染防治实施方案》、吉林于 2020 年 1 月发布《吉林省地下水污染防治实施方案》、浙江于 2020 年 5 月发布《浙江省地下水污染防治实施方案》等，根据各省市地下水现状，确定了 2020 年、2025 年和 2035 年工作目标以及重点任务。

3.2　学术支持：推动绿色高质量发展

3.2.1　国际论坛：致力寻求绿色发展新道路

（1）第七届深圳国际低碳城论坛❶

2019 年 8 月 29 日，第七届深圳国际低碳城论坛在深圳召开（图 1-3-5），主题为"粤港澳大湾区绿色发展新机遇、新挑战、新动能"，来自世界各地的政府官员、知名专家学者、国际组织代表和著名企业代表和媒体机构近 1000 名嘉宾齐聚一堂，共同探讨论绿色低碳可持续发展的长远意义和推动作用。

本次论坛主要聚焦粤港澳大湾区的绿色发展。论坛期间多家研究机构联合发布了《深圳市碳排放达峰、空气质量达标、经济高质量增长协同"三达"研究报

---

❶　https://mp.weixin.qq.com/s/gwUQ8BjGC3_tryLvcwkWjg［2020-08-25］.

图1-3-5　第七届深圳国际低碳城论坛

(图片来源：https：//mp.weixin.qq.com/s/5thA07d_oQdUnvh1HSqmng [2020-08-25])

告》(以下简称《报告》)。《报告》研究了大气污染物和碳排放之间同根同源的特性。深圳市碳排放和主要大气污染物排放表现出显著的同根同源性，电力、制造业、交通部门是两类排放共同的主要来源，这三个部门合计贡献了市内碳排放总量的87.6%、$PM_{2.5}$污染的75.0%，也是协同治理的关键领域。在推动深圳碳排放变化的驱动因素中，能源结构优化和产业转型升级最为突出。与此同时，开展碳排放达峰与空气质量达标协同治理与实现产业升级、供给侧结构性改革目标是一致的。《报告》显示，在产业结构持续升级的高质量发展条件下，深圳市碳排放总量预计将在2020年达到峰值，比预期提前两年。同期，深圳可实现$PM_{2.5}$年均浓度低于25微克/立方米的空气质量改善目标。

(2) 第八届国际清洁能源论坛[1]

2019年11月20日，第八届国际清洁能源论坛在澳门举行(图1-3-6)。来自国内外政、产、学各界代表二百多人探讨粤港澳大湾区发展的绿色之路，围绕海上风电、氢能与燃料电池、能源互联网、绿色金融以及投资合作等议题进行演讲、讨论和交流，共同展望清洁能源高质量发展之未来金光大道。

清洁能源蓝皮书《国际清洁能源产业发展报告(2019)》在论坛开幕式发布，是对中国与世界清洁能源领域发展状况和热点问题观察和研究的一份年度报告，涵盖了中国、世界能源产业发展现状分析与未来展望，以及清洁能源领域技术创新与实践。《粤港澳大湾区绿色发展报告(2019)》描绘了粤港澳大湾区绿色发展路线图的愿景，而《国际清洁能源产业发展报告(2019)》则绘制了一幅全景式清洁能源高质量发展路线图。

---

[1] http：//www.rmzxb.com.cn/c/2019-11-20/2469963.shtml [2020-08-25]。

图 1-3-6　第八届国际清洁能源论坛开幕式

(图片来源：http：//www.rmzxb.com.cn/c/2019-11-20/2469963.shtml［2020-08-25］)

(3) 2019 上海绿色建筑国际论坛❶

2019 年 6 月 25 日，由上海市绿色建筑协会主办的"上海绿色建筑国际论坛"在上海举行（图 1-3-7）。本次论坛围绕"绿色上海与未来建筑"的主题，聚焦绿色建筑发展新态势。

图 1-3-7　2019 上海绿色建筑国际论坛

(图片来源：http：//www.shjx.org.cn/article-15152.aspx［2020-08-25］)

---

❶　http：//www.shjx.org.cn/article-15152.aspx［2020-08-25］.

论坛上,《上海绿色建筑发展报告(2018)》(以下简称《报告》)正式发布。《报告》显示,目前上海市基本构建了全过程的绿色建筑建设监管体系,健全完善了面向设计、施工和验收阶段的绿色建筑标准,绿色建筑项目面积超过5000万平方米。《报告》从政策法规、科研标准、重点推进、综合成效、产业推广和发展展望等几个方面,在相关区建委、建筑业主管部门和协会副会长单位等近30家单位的支持下,通过对相关政策梳理、数据统计分析、发展成效总结等方式,对2018年上海绿色建筑发展概况进行了详细的表述。

(4) 2019国际生态环境新技术大会❶

2019年10月11日至12日,生态环境部和江苏省人民政府在南京联合举办"2019国际生态环境新技术大会"(图1-3-8)。本次大会以"汇集全球技术,服务环境治理现代化"为主题,聚焦长江大保护、污染防治攻坚战等重点领域,邀请国内外生态环境管理机构、科研院所、龙头企业,围绕生态环境治理模式创新、应对气候变化、生物多样性保护与修复、长江水生态保护、土壤污染风险管控和修复、水专项产业化成果宣介等专题,精心组织20多场研讨会,并举办环保技术和产业交流对接会,力促产学研协同创新、合作共赢。

图1-3-8　2019国际生态环境新技术大会

(图片来源:https://mp.weixin.qq.com/s/NF5pI8vK_uVqi4jm5vu6Bg [2020-08-25])

大会同时举办了长江下游"打好长江保护修复攻坚战生态环境科技成果推介活动",展示了生态环境治理和污染防治领域的最新科技成果,在科研人员、技术成果持有方和管理部门、企业等需求方之间搭起了互相了解、推进合作的桥

---

❶　https://mp.weixin.qq.com/s/NF5pI8vK_uVqi4jm5vu6Bg [2020-08-25]。

梁，构建了产学研用"联姻"平台，及时将先进、适用的科技成果转化应用到治污一线，为污染防治攻坚战送科技、解难题。

3.2.2 城镇化会议：推动生态文明高质量发展

（1）2019（第十四届）城市发展与规划大会❶

2019年8月27日，2019（第十四届）城市发展与规划大会在郑州召开（图1-3-9）。大会以"创新规划设计，提升城市活力"为主题，分享交流国际城市规划建设经验，集中探讨未来城市规划创新、生态城市建设、多规合一、绿色交通体系建立、城市有机更新、历史文化名城保护、城市双修、海绵城市等当前城市规划前沿专题。

图1-3-9　2019（第十四届）城市发展与规划大会

（图片来源：http：//www.hnszjsh.cn/whoamizhn0/vip_doc/14713615.html［2020-08-25］）

大会围绕主题，设立了开幕式暨综合论坛和郑州城市论坛、国家中心城市功能提升、城市老旧小区老旧街区有机更新与城市品质提升、城乡治理大数据与国土空间规划体系改革、城市治理与精细化管理、历史文化名城（镇）的保护与发展与特色小镇产业创新、城市双修与海绵城市、绿色生态社区评价与发展、健康社区理论前沿与进展——健康人居思想汇、"多规合一"与空间规划体系变革、城市老旧小区有机更新理论与实践、历史文化名城（镇）的保护与发展等专题分论坛。大会共邀请到300多位城市发展与规划领域的权威专家和知名学者参与此次大会并做专业演讲。与会专家从政策理论、应用实践、创新技术、成功案例等方面进行了权威而具有远见的知识分享，并与参会代表们进行了深度交流。

---

❶　https：//mp.weixin.qq.com/s/Gd9hTsd9Udf9mYWnn0QLFQ［2020-08-25］.

(2) 中国生态文明论坛❶

2019年11月16日至17日，中国生态文明论坛年会在湖北省十堰市召开（图1-3-10），本次会议以"生态文明和谐共生——打好污染防治攻坚战，推动高质量发展"为主题，深入讨论水生态文明建设、乡村绿色发展、林草改革发展、生态文明数字平台建设等当前生态文明建设热点问题。本次年会同时举办生态示范创建与"两山"实践创新论坛以及14个专题平行分论坛，并向社会发布《生态文明十堰宣言》《中国西部生态文明发展报告》《2019年度生态文明建设优秀论文和优秀调研报告》等成果。

图1-3-10 中国生态文明论坛年会开幕式现场

（图片来源：https：//mp.weixin.qq.com/s/Yls7_k8RwCGT9ZYUVsjyuA [2020-08-25]）

3.2.3 低碳生态城市会议：低碳城市与高质量绿色发展

2019年7月27日，第十六届世界低碳城市联盟大会暨低碳城市发展论坛❷在浙江丽水召开（图1-3-11）。本届论坛围绕低碳与城市发展，以"低碳城市与高质量绿色发展"为主题，旨在通过整合全球低碳智慧资源，共同探讨建设生态文明的有效路径，分享绿色低碳产业的政策、技术、管理、金融等多方面的创新发展经验，为区域低碳产业发展乃至世界低碳城市建设提供智力支持。

大会上，《丽水宣言》正式发表，世界低碳城市联盟、浙江省人民政府、丽水市人民政府等相关领导和嘉宾共同启动宣言。来自世界各地的低碳环保人士共同宣读《丽水宣言》，承诺坚持绿色生态发展，倡导绿色健康生活，迈向低碳智慧城市，为全球可持续发展作出贡献。

---

❶ https：//mp.weixin.qq.com/s/Yls7_k8RwCGT9ZYUVsjyuA [2020-08-25].

❷ https：//mp.weixin.qq.com/s/jeDvkRdU-NTn9W9DDwaGZw [2020-08-25].

图 1-3-11　第十六届世界低碳城市联盟大会暨低碳城市发展论坛
（图片来源：https://mp.weixin.qq.com/s/jeDvkRdU-NTn9W9DDwaGZw［2020-08-25］）

3.3　技术发展：加快生态城市智慧化进程

3.3.1　中国新型智慧城市❶

智慧城市已经成为推进全球城镇化、提升城市治理水平、破解大城市病、提高公共服务质量、发展数字经济的战略选择。新型智慧城市第一次出现在中央政府文件中，是在2016年3月发布的《国民经济和社会发展第十三个五年规划纲要》中，纲要首次提出要"建设一批新型示范性智慧城市"。新型智慧城市是适应我国国情实际提出的智慧城市概念的中国化表述，其核心是以人为本，本质是改革创新。同一般性的智慧城市概念相比，我国的新型智慧城市概念更加注重以下几个特征：中国化、融合化、协同化和创新化。

近年来，我国新型智慧城市建设取得了显著成效。城市服务质量、治理水平和运行效率得到比较大的提升，人民群众的获得感、幸福感、安全感不断增强。新型智慧城市建设在2020年1月爆发的新冠肺炎疫情防控方面发挥了积极作用，多地通过网格化管理精密管控、大数据分析精准研判、城市大脑综合指挥构筑起全方位、立体化的疫情防控和为民服务体系，显著提高了应对疫情的敏捷性和精准度。

新型智慧城市作为数字经济建设、新一代信息技术落地应用的重要载体，近年呈现出"六个转变"的趋势特征：①发展阶段由准备期向起步期和成长期转变：按照《新型智慧城市评价指标》得分情况，可将我国新型智慧城市发展程度

---

❶　https://mp.weixin.qq.com/s/i6ljwKE8LBXcBHKrWMWxpA［2020-08-25］.

划分为准备期、起步期、成长期和成熟期四个阶段，2019年我国新型智慧城市评价结果显示，和2017年相比，大量城市已经从新型智慧城市建设的准备期向起步期和成长期过渡（图1-3-12），处于起步期和成长期城市数量占比从2017年的57.73%增长到80%，而处于准备期的城市数量占比则从42.27%下降到11.64%；②服务效果由尽力而为向无微不至转变；③治理模式由单向管理向双向互动转变；④数据资源由条线为主向条块结合转变；⑤数字科技由单项应用向集成融合转变；⑥建管模式由政府主导向多元合作转变。

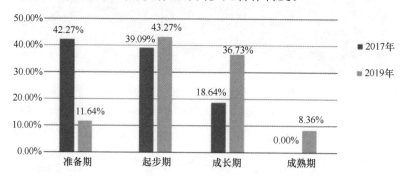

图1-3-12 2017年和2019年各发展阶段城市数量占比

（图片来源：https://mp.weixin.qq.com/s/i6ljwKE8LBXcBHKrWMWxpA [2020-08-25]）

3.3.2 "城市大脑"概念的提出与发展❶

随着智慧时代的到来，智能化成果和大数据信息的利用被当作是推动城市治理、解决城市病的一大机遇，"城市大脑"应运而生（图1-3-13）。它以互联网为基础设施，基于城市所产生的数据资源，对城市进行全局的即时分析、指挥、调动、管理，最终实现对城市的精准分析、整体研判、协同指挥。

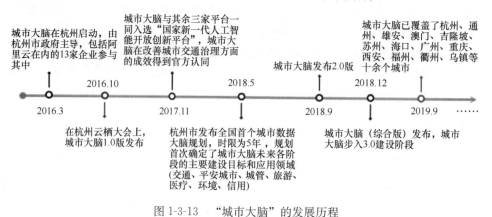

图1-3-13 "城市大脑"的发展历程

❶ https://mp.weixin.qq.com/s/Cxn_5HEoOEJvNSMUrLleNw [2020-08-25].

城市大脑是支撑未来城市可持续发展的全新基础设施，其核心是利用实时全量的城市数据资源全局优化城市公共资源，即时修正城市运行缺陷，实现城市治理模式突破、城市服务模式突破、城市产业发展突破。城市大脑整体架构有一个比较经典的体系框架图，叫作"四三二一"：四是城市划分，符合信息化建设的体系架构；三是业务层级，包括城市级、行业级和企业级；二是两类处理，包括数据处理和平台整理；一是一个计算和操作能力中心。截至2019年9月，全国大概有500多个城市宣布要做"城市大脑"，几乎涵盖了所有副省级以上和地级市。在一些大城市，基础网络和传感器都已布局到位。随着物联网、通信技术及人工智能的发展，"城市大脑"将使城市的综合治理再上一个台阶。

3.4 实践探索：示范引领生态文明建设

3.4.1 "示范市县"和"两山"基地：生态文明建设重要载体和平台❶

20世纪90年代，国家环保局（总局）就已经在全国范围广泛开展生态示范区建设工作；2000年以来，环保部在生态示范区工作基础上，推动开展以生态省、市、县、乡镇、村、工业园区为抓手的生态建设示范区工作。2013年，经中央批准，"生态建设示范区"更名为"生态文明建设示范区"。目前，生态环境部已命名三批共175个国家生态文明建设示范市、县和52个"绿水青山就是金山银山"实践创新基地（表1-3-4）。

29个"绿水青山就是金山银山"实践创新基地名单 表1-3-4

批次	地名
第一批❷	河北省塞罕坝机械林场；山西省右玉县；江苏省泗洪县；浙江省湖州市、衢州市、安吉县；安徽省旌德县；福建省长汀县；江西省靖安县；广东省东源县；四川省九寨沟县；贵州省贵阳市乌当区；陕西省留坝县
第二批❸	北京市延庆区；内蒙古自治区杭锦旗库布齐沙漠亿利生态示范区；吉林省前郭尔罗斯蒙古族自治县；浙江省丽水市、温州市洞头区；江西省婺源县；山东省蒙阴县；河南省栾川县；湖北省十堰市；广西壮族自治区南宁市邕宁区；海南省昌江黎族自治县王下乡；重庆市武隆区；四川省巴中市恩阳区；贵州省赤水市；云南省腾冲市、红河州元阳哈尼梯田遗产区

---

❶ https://baijiahao.baidu.com/s?id=1650634216342200173&wfr=spider&for=pc［2020-08-25］.

❷ http://www.mee.gov.cn/gkml/hbb/bgt/201709/t20170925_422227.htm［2020-08-25］.

❸ http://www.mee.gov.cn/xxgk2018/xxgk/xxgk01/201812/t20181213_684723.html［2020-08-25］.

续表

批次	地名
第三批❶	北京市门头沟区；天津市蓟州区；内蒙古自治区阿尔山市；辽宁省凤城市大梨树村；吉林省集安市；江苏省徐州市贾汪区；浙江省宁海县、新昌县；安徽省岳西县；江西省井冈山市、崇义县；山东省长岛县；河南省新县；湖北省保康县尧治河村；湖南省资兴市；广东省深圳市南山区；广西壮族自治区金秀瑶族自治县；四川省稻城县；贵州省兴义市万峰林街道；云南省贡山独龙族怒族自治县；西藏自治区隆子县；陕西省镇坪县；甘肃省古浪县八步沙林场

通过三批创建，生态文明示范创建点面结合、多层次推进、东中西部有序布局。东、中、西部被命名的地方分别占示范创建区总数的43%、28%、29%。三批"示范市县"包含17个地市、158个县区，三批"两山"基地包含9个地市、35个县区、2个乡镇、2个村以及林场等其他主体4个。已命名地区涵盖了山区、平原、林区、牧区、沿海、海岛、少数民族地区等不同资源禀赋、区位条件、发展定位的地区，为全国生态文明建设提供了更加形式多样、更为鲜活生动、更有针对价值的参考和借鉴。"示范市县"和"两山"基地建设就是当前我国推进生态文明建设的一个重要载体和平台。建设试点示范，树立先进典型，以先进带动后进，以点带面，将为全面建成美丽中国提供筑牢根基。

3.4.2 长三角生态绿色一体化发展示范区❷

2019年11月19日，《长三角生态绿色一体化发展示范区总体方案》（以下简称《方案》）发布。根据《方案》，一体化示范区范围包括上海市青浦区、江苏省苏州市吴江区、浙江省嘉兴市嘉善县（以下简称"两区一县"），面积约2300平方公里（含水域面积约350平方公里）。并选择青浦区金泽镇、朱家角镇，吴江区黎里镇，嘉善县西塘镇、姚庄镇作为一体化示范区的先行启动区，面积约660平方公里（图1-3-14）。

建设长三角生态绿色一体化发展示范区，是实施长三角一体化发展战略的先手棋和突破口。将长三角生态绿色一体化发展示范区建设成为更高质量一体化发展的标杆，有利于集中彰显长三角地区践行新发展理念、推动高质量发展的政策制度与方式创新，率先实现质量变革、效率变革、动力变革，更好引领长江经济带发展，对全国的高质量发展也能发挥示范引领作用。

---

❶ http：//www.mee.gov.cn/xxgk2018/xxgk/xxgk01/201911/t20191114 _ 742443.html［2020-08-25］.

❷ http：//www.gov.cn/zhengce/2019-11/20/content _ 5453710.htm［2020-08-25］.

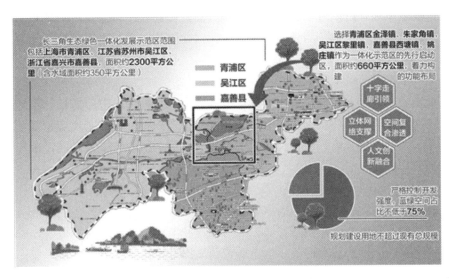

图 1-3-14　长三角生态绿色一体化发展示范区

（图片来源：http://www.gov.cn/zhengce/2019-11/20/content_5453710.htm［2020-08-25］）

(1) 将生态优势转化为发展优势

《方案》坚持生态筑底、绿色发展，改革创新、共建共享，追求品质、融合发展，远近结合、联动发展的基本原则。根据《方案》，一体化示范区的战略定位是：生态优势转化新标杆、绿色创新发展新高地、一体化制度创新试验田、人与自然和谐宜居新典范。所以，示范区要率先探索将生态优势转化为经济社会发展优势，在坚持生态绿色同时实现经济社会高质量发展。

长三角一体化发展作为国家重大战略对全国具有示范引领作用。长三角区域的生态环境基础很好，环境容量的约束条件也比较多，要在生态绿色的基础上进行一体化发展的制度创新和政策突破。"两区一县"地处三省份交界处，既是发展的相对洼地，要素流动也可能面临各种阻碍。长三角一体化发展上升为国家战略后，由于"两区一县"的区域面积比较大，在其中先选择一个先行启动区做改革试点，成功后可以辐射到整个示范区，再辐射到长三角一市两省。

(2) 率先探索一体化发展新机制

根据《方案》，长三角生态绿色一体化发展示范区在区域发展布局上，将统筹生态、生产、生活三大空间，把生态保护放在优先位置，不搞集中连片式开发，打造"多中心、组团式、网络化、集约型"的空间格局，形成"两核、两轴、三组团"的功能布局。

《方案》要求，率先探索区域生态绿色一体化发展制度创新。在跨省级行政区、没有行政隶属关系、涉及多个平行行政主体的框架下，如何探索一体化推进的共同行为准则，形成制度新供给至关重要。比如在规划管理、土地管理、投资管理、要素流动、财税分享、社会发展等方面，要建立一体化发展的新机制，进行制度创新和政策突破，为长三角地区全面深化改革、实现高质量一体化发展提供示范。

（3）发挥示范区引领推广作用

推进长三角生态绿色一体化发展示范区建设，有利于集中彰显长三角地区践行新发展理念、推动高质量发展的政策制度与方式创新，率先实现质量变革、效率变革、动力变革，更好引领长江经济带发展，对全国的高质量发展，也能发挥示范引领作用。

《方案》提出，一体化示范区的发展目标是，到2025年，一批生态环保、基础设施、科技创新、公共服务等重大项目建成运行，先行启动区在生态环境保护和建设、生态友好型产业创新发展、人与自然和谐宜居等方面明显提升，一体化示范区主要功能框架基本形成，生态质量明显提升，一体化制度创新形成一批可复制可推广经验，重大改革系统集成释放红利，示范引领长三角更高质量一体化发展的作用初步发挥。到2035年，形成更加成熟、更加有效的绿色一体化发展制度体系，全面建设成为示范引领长三角更高质量一体化发展的标杆。

目前，长三角生态绿色一体化发展示范区已经揭牌，并将采用"理事会+执委会+发展公司"的三层次架构。如果能把示范区做好，不仅对推进长三角一体化发展国家战略实施，而且对中国区域经济一体化发展都将起到示范作用，对全国各个区域的经济社会一体化发展都将起到实质性的示范推动作用。

3.4.3 雄安新区：起步区、启动区控制性规划❶

《河北雄安新区起步区控制性规划》和《河北雄安新区启动区控制性详细规划》（以下简称"两个规划"）获批复，标志着雄安新区规划建设进入新阶段，顶层设计将逐渐精准落位，雄安新区核心区域面貌变得立体而鲜活。2020年1月16日，河北省委、省政府在雄安新区召开全省雄安工作会议，以落实中央批复雄安新区起步区控规和启动区控详规为契机，组织动员全省上下和方方面面的力量，奋力打造贯彻落实新发展理念的创新发展示范区，努力创造"雄安质量"。

起步区作为雄安新区的主城区（图1-3-15），肩负着集中承接北京非首都功能疏解的时代重任，承担着打造"雄安质量"样板、培育建设现代化经济体系新引擎的历史使命，其按照"北城、中苑、南淀"总体格局，在城市风貌上，形成"一方城、两轴线、五组团、十景苑、百花田、千年林、万顷波"的城市空间意象。起步区坚持数字城市与现实城市同步规划建设，超前布局智能基础设施，构建城市安全和应急防灾体系，建设全球领先的智能安全主城区。与起步区基础设

---

❶ http://www.xiongan.gov.cn/2020-01/20/c_1210445640.htm [2020-08-25].

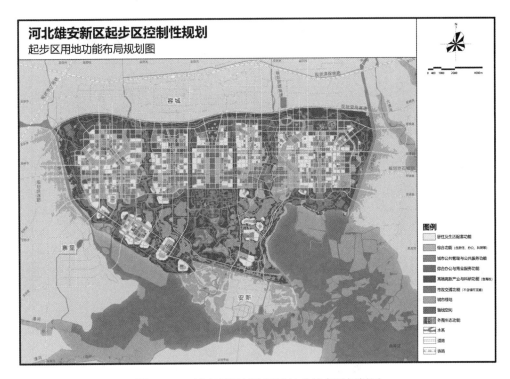

图 1-3-15 雄安新区起步区用地功能布局规划图
(图片来源：http://www.xiongan.gov.cn/2020-01/15/c_1210440167.htm [2020-08-25])

施建设同步，面向未来统筹集约部署满足多部门、跨行业数据应用需求的共用和专用传感设施，实现城市运行状态的实时感知、智能管理和运行维护。推动建设城市信息模型（CIM）平台，实现现实城市与数字城市协同生长。强化智能基础设施建设，可以改变以往先建设后共享的模式，从源头上打破数据壁垒。

启动区作为雄安新区率先建设区域（图 1-3-16），承担着首批北京非首都功能疏解项目落地、高端创新要素集聚、高质量发展引领、新区雏形展现的重任。启动区延续起步区"北、中、南"功能分区结构，通过南北向中央绿谷串联，集中布局城市核心功能。以"双谷"生态廊道为骨架，以城市绿环串联六个社区，形成"一带一环六社区"的城市空间结构。启动区规划传承平原建城理念，以蓝绿空间为骨架，构建秩序规整、平直方正、窄路密网的街区格局，统筹生产、生活、生态三大空间，落实功能混合、职住均衡、相对集中要求，合理布局城市功能，形成总部区、金融岛、创新坊、淀湾镇等 7 个特色产业和创新片区。东西轴线与中央绿谷的交汇处，通过水中岛的构思，形成启动区最为核心的开放空间节点和公共活动场所。

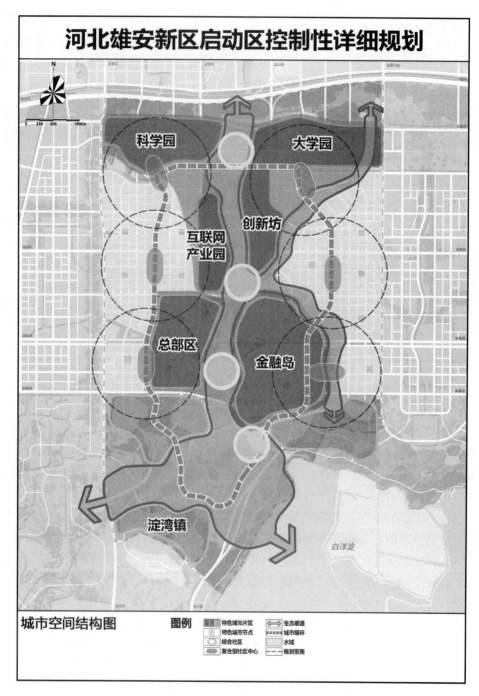

图 1-3-16 雄安新区启动区城市空间结构图
(图片来源：http://www.xiongan.gov.cn/2020-01/15/c_1210440167.htm [2020-08-25])

3.4.4 上海：垃圾分类❶

根据上海市生活垃圾分类减量推进工作联席会议上公布的数据显示，2019年，上海日均可回收物回收量4049吨、有害垃圾分出量0.6吨、湿垃圾分出量7453吨、干垃圾处置量17731吨。相比2018年底，分别增加431.8%、504.1%、88.8%（图1-3-17）和减少17.5%。"三增一减"，直接体现了上海推进生活垃圾分类的成效。可回收物回收量、有害垃圾分出量、湿垃圾分出量的大幅增加，说明经过分类，原本混在干垃圾里的其他三大类垃圾被挑了出来，专门投放进了对应的垃圾桶。

图1-3-17 上海垃圾分类成果对比图

（图片来源：http：//news.ifeng.com/c/7w4FmCKpQ80［2020-08-25］）

在法律法规和社会氛围的双重倒逼下，一大批街镇和社区各自探索出了行之有效的经验做法。2019年，全市135个街镇成功创建为垃圾分类"示范街镇"，10个区创建成为"示范区"。在全市，垃圾分类取得显著成效的社区，也从少数几座"盆景"迅速发展为覆盖全市大部分社区的"风景"。对照居住区垃圾分类"五有"达标标准，上海1.3万余个居住区（村）的分类达标率由2018年年底的15%提高到2019年年底的90%。2020年上海将继续深入推进垃圾分类，确保可回收物回收量6000吨/日以上，有害垃圾清运量1吨/日以上，湿垃圾分出量9000吨/日左右，干垃圾处置量控制在1.68万吨/日以下。

2020年，上海垃圾分类将继续在软硬件等方面用力。硬件方面，也就是生活垃圾全程分类设施方面，上海将优化可回收物"点站场"体系功能布局，完成

---

❶ http：//news.ifeng.com/c/7w4FmCKpQ80［2020-08-25］.

6000个居住区服务点的功能提升,提高可回收物的回收处置效率。同时,新增干垃圾焚烧和湿垃圾资源化利用总能力3450吨/日,基本实现原生生活垃圾零填埋。软件方面,上海将紧盯垃圾产生源头,实现95%以上的居村及单位垃圾分类实效达标、85%以上的街镇分类实效达到示范水平。

4 实施挑战与发展趋势
4 Challenges and Trends

4.1 实施挑战

2020年4月,中国城市科学研究会生态委与深圳市建筑科学研究院股份有限公司组建研究小组,启动2020年生态城市研究热点调查。共获得来自全国20余个城市的55位业内专家反馈,主要来自政府部门、企事业单位、高校及非政府组织(以下简称NGO),其中参加工作10年以上的资深专家占比超过50%,

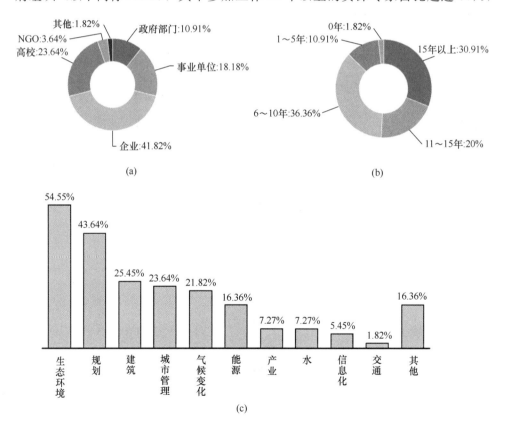

图 1-4-1 受访专家的工作背景

(a)工作单位类型;(b)参加工作年限;(c)工作/研究领域

研究领域涉及生态环境、规划的比例分别达到54.55%和43.64%（图1-4-1）。

4.1.1 政府决策者的思想引导是低碳生态城市开展最迫切的工作

当前低碳生态城市发展最迫切的工作是"政府决策者的思想引导"，占比超过50%；其次是实践经验总结与推广、建设实践案例探索、规划与建设技术研究等，占比分别为40%、38.2%和38.2%（图1-4-2）。除了所列工作，还有专家提出信息化建设、数据化能力建设，多元主体的协同参与，生态理念与技术纳入规划编制体系等是当前的迫切工作。

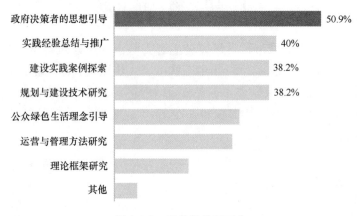

图1-4-2 当前最迫切工作

有意思的是，不同工作类型的专家观点存在较大的差异。政府部门的人员认为最迫切的工作是"公众绿色生活理念引导"，来自企业的专家则认为是"政府决策者的思想引导"，来自高校的专家认为是"规划与建设技术研究"且对于"理论框架研究"的需求高于其他人群（图1-4-3）。

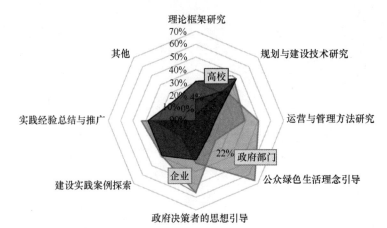

图1-4-3 不同工作类型专家对于当前最迫切工作的观点

4.1.2 健康建筑、社区与城市是2020年低碳生态城市研究热点

近70%的专家认为2020年低碳生态城市的研究热点应是"健康建筑、社区与城市",足见新冠疫情影响之广(图1-4-4)。其次是"韧性城市的规划建设""区域协同治理",占比分别达到58.18%和49.09%。除了所列热点,还有专家提出其他研究热点,包括:城市生物多样性保护与提升、基于绿色低碳的国土空间治理研究、建筑节能与绿色建筑、城市高效运营、应对自然灾害和城市发展的不确定因素等。

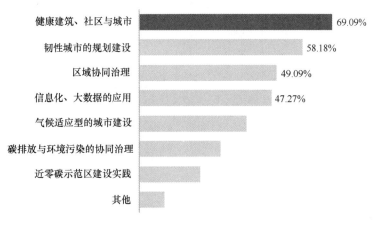

图1-4-4　2020年的研究热点

从不同工作类型专家的观点来看,来自政府部门、企业和高校的专家均认同2020年最大的研究热点应是"健康建筑、社区与城市"(图1-4-5)。排第二位的研究热点,政府部门人员认为应是"区域协同治理",来自企业的专家认为应是"信息化、大数据的应用",而来自高校的专家认为应是"韧性城市的规划建设"。

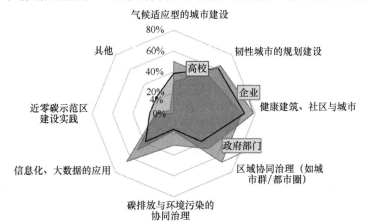

图1-4-5　不同工作类型专家对于2020年研究热点的观点

4.1.3 城市热岛和雾霾是城市气候变化风险与挑战

如图 1-4-6 访问统计结果所示,所有专家都认为自己所居住的城市面临气候变化带来的风险。其常住城市面临的气候风险主要包括城市热岛和雾霾,占比分别达到 71.74% 和 52.17%。

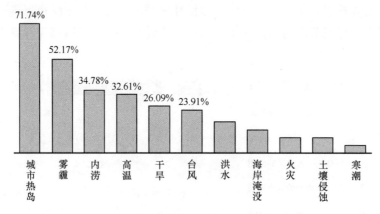

图 1-4-6 受访专家常住城市面临的气候风险

4.2 发 展 趋 势

4.2.1 后疫情时代的绿色复苏❶

新冠疫情对世界各国社会经济状况造成重大打击,迅速恢复经济生活可能会对环境造成危害。疫情后的经济复苏期正值应对气候变化的关键期,它将决定是否能达到 2015 年《巴黎协定》中制定的减排目标,将全球变暖的幅度控制在 1.5~2℃ 之间。麦肯锡发布了一份由多国学者共同撰写的报告,提出各国应在制定经济复苏计划时充分考虑其生态效益,创建低碳的经济刺激模式,以兼顾经济复苏和生态改善。

(1) 低碳的刺激措施可以加快经济复苏并创造就业机会。许多国家在疫情发生后开始提供经济救济政策以刺激经济复苏,同时也支持环境友好导向的经济复杂计划,呼吁实现净零耗能的经济复苏(图 1-4-7)。

(2) 低碳的经济刺激政策的设计和实施。政策制定者在着手开展一项经济复苏措施前,应评估并平衡该措施的各方效益、如社会经济效益、气候效益和可行性。决策者在评估一项低碳的经济复苏措施并决定投资拨款时,应综合考虑其各

---

❶ https://mp.weixin.qq.com/s/mamZT9HthYwofBS4HrkLXA [2020-08-25]。

近三分之二的受访者表示政府应在疫情后的经济复苏阶段充分考虑气候问题的因素

受访者比例%

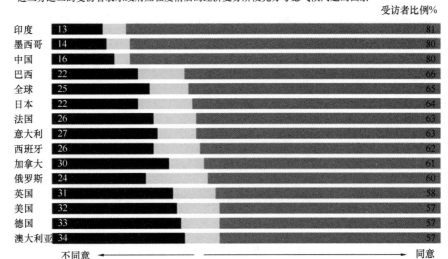

注：图表展示了受访者对"政府应在疫情后的经济复苏阶段充分考虑气候问题的因素"这一陈述的态度；共设五个选项。图中的"不同意"包括选择"极不同意"和"较不同意"的受访者；"同意"包括选择"完全同意"和"较同意"的受访者。本调查为2020年4月17—19日在线访谈，样本量为28039份。

图 1-4-7　经济复苏是否应该考虑气候问题的调查

方面的效益，并对其重要性进行排序（图 1-4-8）。

平衡的低碳经济刺激计划可以兼顾经济效益和生态效益

某欧洲国家的一揽子低碳经济刺激计划的资金投入和产生的效益①

① 该国人口在5000万～7000万范围内；"一揽子计划"包括12条刺激措施
② 包括政府直接投资和私营资本提供的资金
③ "年工作量"指一个岗位—一年的工作量
④ 基于该体量的欧洲国家的GVA增长倍数计算
⑤ 指相较于目前的排放量水平

图 1-4-8　复苏计划同时兼顾经济和生态效益

（3）低碳的经济刺激方案实施。政策制定者可以利用各种机制来实施刺激方案，包括两大类：推动政策和拉动政策（图 1-4-9）。推动政策是指以行政监管或出台支持性政策的方式降低企业对未来的运营管理的不确定性，从而鼓励企业对业务进行提前规划。拉动政策，即采取财政干预手段敦促公司采取特定行动。此类政策通常有以下四类：税收减免或补贴、贷款或贷款担保、对特点主体直接提供资助、直接将所有权交予政府。

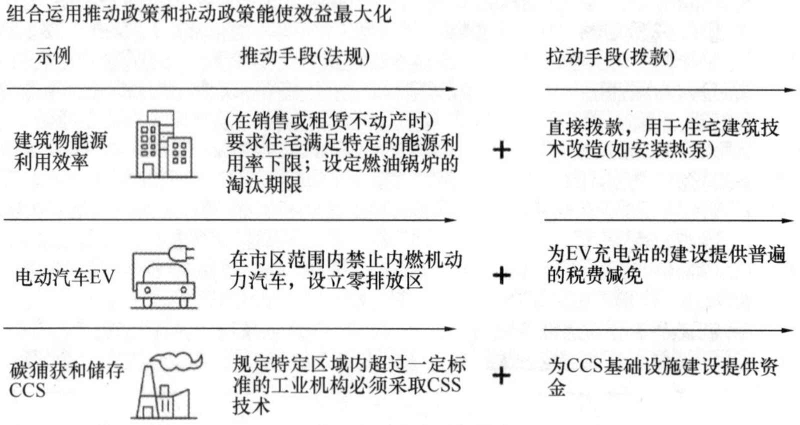

组合运用推动政策和拉动政策能使效益最大化

示例	推动手段(法规)		拉动手段(拨款)
建筑物能源利用效率	(在销售或租赁不动产时)要求住宅满足特定的能源利用率下限；设定燃油锅炉的淘汰期限	+	直接拨款，用于住宅建筑技术改造(如安装热泵)
电动汽车EV	在市区范围内禁止内燃机动力汽车，设立零排放区	+	为EV充电站的建设提供普遍的税费减免
碳捕获和储存CCS	规定特定区域内超过一定标准的工业机构必须采取CSS技术	+	为CCS基础设施建设提供资金

图1-4-9　灵活运用推动政策和拉动政策

目前看，从新冠疫情带来的经济危机中复苏需要数月甚至数年的时间。而这段时间也正是控制全球变暖和气候恶化的关键时期。低碳的经济刺激政策可以同时满足社会经济和生态环境发展的需求。总体而言，政策制定和决策者必须尽快权衡和统筹经济发展和生态保护两项任务，以面对这一历史性的时间节点。

4.2.2　后疫情时期的规划行为❶

本次新冠疫情影响深远，对城市以及城市的规划建设带来了方方面面的影响和冲击。疫情应对中暴露出了公共医疗资源短缺、结构不合理、基层治理能力弱、水平低等城市问题。同时疫情反映出高层高密度住房建设问题显著、大规模旧改忽视健康问题多、城市各级健康空间缺失等城市潜在问题。

前些年我们经济大发展的时候，重点是大量的新区新城建设，城市的规模得到不断扩大，城市的结构进行了不断调整。后疫情时期重点转向怎样提高人居环境品质，中国的城镇化率已经达到了60%，预测到2035年我国城镇化率将达到75%~80%，之后会进入一个相对稳定的时期，在未来15年的发展时间里，城市发展的增量十分有限，而人居环境品质的提高，为老百姓提供健康、宜居、可持续的城市环境会是重点。

规划的关注点会从宏观转向微观：

(1) 做"接地气"的规划。开展微更新，提高社区的服务品质和增强服务设

---

❶ https://mp.weixin.qq.com/s/CrBFZftnWvlSatW1ojgvWA [2020-08-25]。

施，更多地做一些渐进的改进工作。一方面，以微更新和开放附属空间来提升空间服务品质；另一方面，营造从区域、城市到社区的多元共享的公共空间，使健康空间成网络、成系统。

（2）做"接人气"的规划。国内一些城市已经提出"儿童友好型城市""老人友好型城市"，照顾好老人和儿童，是以人民为中心思想的重要体现。同时在规划工作方法上要注重多方面的协调，特别是街道、社区、居民、驻地企业等方方面面，真正实现共同缔造。

（3）做"接智气"的规划。信息化水平的提高为我们提供了强有力的手段，通过大数据能够准确把握人的出行、人的密度和人的需求，智慧化能够促进规划工作的高质量。

（4）做"接新气"的规划。面向规划建设管理的全过程规划设计，将规划与工程建设工作纳入整体框架，为城市转型发展提供整体解决方案。特别是在城市更新、老旧小区改造、绿色生态基础设施规划建设、CIM数字化平台等方面推进工程总承包，体现规划的同时付出实际行动。

从本次新冠疫情的突发来看，当前城市建设的短板在健康、安全和基层民生的保障上，城市规划建设管理要更加关注韧性城市，以人民为中心，建设安全、健康、宜居的城市人居环境。

4.2.3 完善城市治理[1]

城市治理是空间治理的一个重要组成部分，这次新冠疫情凸显了城市治理的必要性和紧迫性。

（1）厘清城市治理的事权

现在，我国60%的人口已经居住在了城镇，城市化仍然是个大趋势。在这种情况下，要推进国家治理体系和治理能力的现代化，就必须明确城市事权，明确城市治理的对象——城市治理就是要针对城市事属权来施行。

（2）多元化城市治理的主体

城市管理和城市治理是两个不同的概念，两者都是必要的。城市管理的主体是政府，但城市治理的主体应该是多元化的——包括政府（当然这个政府是广义的政府，包括市委、市政府、市人大、市政协）、企业、社会组织、市民，都是城市治理的主体，只不过各自分工不同。各个治理主体都可以对城市治理发表意见，并实质性地参与到城市治理当中。

（3）精细化和精准化城市治理

不同的空间单元，城市治理的内容应该是不一样的。比如，城市的公共服务

---

[1] https://mp.weixin.qq.com/s/7Q88hI1tC-4rdm2K30Uu9Q [2020-08-25].

和基础设施应该以整个行政区为单元，实现公共服务的均等化和基础设施的互联互通。但是城市治理的有些政策，不能以行政区为单元，而应该以功能区或中心城区、核心区为单元。这次防疫过程当中，开始是以县级行政区为单元划分高中低风险地区。6月份北京疫情就作了一些改变，把空间单元划小了，以街道为单元来划分高中风险地区。城市治理更加精细化、更加精准化。

（4）多目标平衡的城市治理

城市治理是为了市民的生活更幸福、更美好，包括但不限于如营商环境和生活环境的公平性、公共服务的均等性、人身安全和健康的可保障性、住房的可获得性、基础设施的便捷性、生态环境的可持续性、突发事件的应急响应性、自然灾害的预见性、市民权益保障的公平性等等。城市治理的目标不是单一的，应该把握多目标的平衡。

（5）民主协商的城市治理方式

城市治理的方式，应该主要是协商、协调、合作，而不是单纯的命令、管制、问责；有事好商量，众人的事情由众人商量。协商民主是我国人民民主的重要形式，城市治理也应该实行民主协商的方式。城市治理的一些法规、政策、规划等，发起者不一定都是政府，企业、社会组织甚至市民都可以就某一事项发起动议，只要各主体协商一致，就可以成为全市共同的行动纲领或共同遵循的准则。

第二篇 认识与思考

目前，智慧城市作为看待和发展城市的新思路，对城市规划、管理、运营及长远发展具有非常重要的意义。智慧城市的打造是一个多维度、系统性的大工程，遵循着城市生成和构成的规律，城市规划中智慧城市向着更紧凑、更联通、更清洁、更便利、更具有韧性的方向发展，尤其是面对疫情的冲击和影响，对促进高质量增长、多样化发展提出了更高的要求，在城市规划的过程中出现了新使命、新变化、新要求，形成新的城市发展格局。

本篇以智慧城市、现代健康城市建设过程中的新思路为出发点，围绕"以人为本""以高质量的生活为目标"，系统梳理了智慧城市与现代健康城市高质量发展的建设路径和新方向。基于人民的迫切需求，结合疫情的考验，重新思考城市群、城市发展之路，将健康、"韧性城市"作为发展的终极目标，探寻属于中国未来的现代化、清洁化的城市高质量发展模式。在现代健康城市的建设发展过程中，应积极探索自然生长与人为生成的平衡，从城市规划的历史发展中吸取经验和教训，利用好新技术、新手段、新方法，搭建好智慧城市的骨架，在提高城市生命力上下功夫。后疫情时代，城市高质量发展离不开清洁低碳能源的注入，需要直面疫情对中国住房市场与制度带来的影响，包括由过去的集中调控、行政手段调控为主，转向分散的调控、经济手段调控为主；从单一渠道住房的供给，转向多渠道、多途径的住房供给；住房建造模式从"毛坯房"为主转向"精装修、绿色、健康住宅"为主；从单一居住功能出发转变到注重小区配套及生活便利；住房制度从城乡分割转向城乡融合等。疫情是自然界对人类和城市的一次严峻的考验，后疫情时代"复产复工"的过程中，更需要不浮不躁地认清问题，为城市发展注入新的活力。

从健康城市 1.0 到健康城市 2.0，从智慧城市到韧性城市，从以人为本到城市生命力，从对城市发展未来趋势和疫情的影响与变化方面思考，指出智慧城市的建设骨架、现代健康城市的使命与目标、城市应对疫情的对策。随着创新与技术逐步发展为新的增长极，实现经济、技术、生态与社会的平衡发展，思考智慧城市、健康城市、韧性城市之间的相互关系，启发创新解决方案，推进城市建设。

Chapter II Perspectives and Thoughts

At present, the smart city has become a new way to treat and develop the city, which is of great significance to urban planning, management, operation and long-term development. The construction of the smart city is a multi-dimensional and systematic project. Following the law of urban formation and composition, the smart city in urban planning is developing towards a more compact, more connected, cleaner, more convenient and more resilient direction. Especially in the impact of the epidemic of COVID-19, high-quality growth and diversified development have been put forwads with higher requirements. Forming a new urban development pattern, new missions, new changes and new requirements have emerged in the process of urban development.

Based on the new ideas in the construction of the smart city and the modern healthy city, this chapter has systematically reviewed the construction paths and new directions of high-quality development of the smart city and the modern healthy city, toward the key words: "people-oriented" and "high-quality life as the goal". Based on the urgent needs of the people, combined with the epidemic of COVID-19, we should rethink the way of city clusters and urban development, and take "resilient city" as the ultimate goal of development, in order to explore the Chinese high-quality development mode of modernization and clean city in the future. In the process of the construction and development of the modern healthy city, we should actively explore the balance between natural growth and artificial generation, draw lessons from the historical development of urban planning, apply new technologies and new methods, build a good framework of the smart city, and improve the vitality of the city. There may be some changes in the real estate market, including the centralized control in the past, the regulation of administrative methods, the decentralization of regulation and the adjustment of economic methods, the supply of housing from the single channel to the multi-channel, and the housing construction mode from "rough housing" to "refined decoration, green and healthy housing". The housing system has been changed from urban-rural division to urban-rural integration. Epidemic of COVID-19 is a severe test of nature to human beings, as well as cities. In the process of "returning to production and work" in the post-epidemic era, it is more necessary to recognize the problems, and increase new vitality in urban development.

From the healthy city 1.0 to the healthy city 2.0, from the smart city to the resilient city, from people-oriented to urban vitality, this chapter has discussed the future trend of urban development and the impact and changes of epidemic, and has figured out the construction framework of the smart city, the mission and goal of the modern healthy city, and countermeasures of cities against epidemic situation. As the development of innovation and technology have gradually been a new growth pole, in order to achieve the balance in the development of economy, technology, ecology and society, we should think about the relationship between the smart city, the healthy city and the resilient city, towards innovativing solutions and promoting urban construction.

1 智慧城市的建设骨架
1 Construction Framework of the Smart City

1.1 数字化和城市是新旧动能转换最主要的战场[1]

数字化和城市是新旧经济发展动能转换主要战场。目前关于智慧城市尚存误区，比如一些观点认为，只要把大数据、云计算、物联网这些新技术用上去就是智慧城市，其实这些只是手段，另外企图一步达成数字罗马的想法也是不合适的。

智慧城市最重要的是要区分核心公共品、主要公共品、商务品，市场失灵的公共品由政府来做，企业完全可以做的公共品，哪怕是核心公共品，政府也可以让步给企业来做。数字化第一次把政府许多权益让步给企业，为企业创造无限的投资机会。

数字经济发展的特征是具有爆炸性、突变性，城市的规划者和设计者要为老百姓提供持续变化的、阶梯式、渐进迭代式的新技术应用模式。在城市的节能减排方面，需要对城市进行诊断。目前，城市病比较严重，要把城市发展转变成生态绿色的以人为中心的发展。

在绿色交通方面，交通是进入无人区速度最快、变化最大的一个领域。几年前国际上提出 PRT 轨道，要投资上百亿才能建成一个城市，但是很快被车联网取代，不超过十年车联网就可以完全取代投资上百亿的运行体系。发展绿色交通，还应该为自行车、人、电动自行车这些小型低碳、低成本的交通形式大开绿灯。

在绿色能源方面，能源的智慧化是潜力最大的。北欧的一些城市，可再生能源在电网的使用量已经超过 80%，德国已经关闭了最有名的核电站，绿色能源智慧程度远远超过人们的想象。假设在一个三四十万人口的小城市，虽然只有五分之一屋顶能够应用清洁能源，发电量仍可以达到一千多万度，节约四千多吨标准煤。

---

[1] 仇保兴．"变革与梦想·2019凤凰网财经高峰论坛-数字化时代的城市"分论坛主题演讲．2019，11．

在治理空气污染方面，应防止一刀切式停工停产，具体分析每一次雾霾产生的原因，一次污染如何产生、二次污染如何形成，相关技术非常复杂。进入万物互联的时代，5G到来，无处不联、无处不智，智慧城市主打节能减排，大数据成为诊断的利器，云计算物联网分步式技术整合起来，形成新的发展利器，也是整个数字化过程中间巨大动能转变的主力军。

1.2 智慧城市要有"四梁八柱"[1]

现实世界中的城市有的是构成，有的是生成。都说"罗马并非一日建成"，作为一个历经几千年形成的世界著名城市，罗马城市肌理非常复杂。千百年来，在没有具体宏观规划的前提下，前赴后继的建筑师一步一个脚印，逐步形成当下一个非常有魅力的城市。在中国，经历千年发展的丽江古城，也是如此。反之，堪培拉是"一次性"设计的。第一眼看到堪培拉这座城市很壮观，看多了容易让人感到疲惫，因为每一处建筑风格都一样。由此可见，生成的城市跟构成的城市之间是有巨大差异的。

"没有规划的城市是最好的规划"。因为这种生成的肌理充满活力，甚至每一个转弯都可以给你惊喜。但构成的城市，比如巴西利亚的鸟瞰图很清晰地显示，它的城市格局像一只大鹏一样，位于两个"翅膀"的楼房格局高度同质化。生成的城市，其功能和景观的表达是多样性的，以人的尺度审美逐渐递进，建筑也是逐步积累的，整座城市是逐步演变、逐步生长而来的，拥有鲜明的社区特色，这里生活的居民归属感更强；构成的城市，相对功能与景观单调，它以鸟瞰的角度审美，一次性规划，框架式结构，"三通一平"（指建筑施工以前必须达到水通、电通、道路通、场地平整等条件）的成本非常高。在两千年的城市文明史中，人类对城市有许多构想，但历史验证并未能实现，成为乌托邦式的构想。当然，生成的城市较构成的城市也有劣势之处，例如机动车辆通行不便、预防火灾水灾能力较差等。

任何一个有魅力的城市，它既有构成部分，也有生成部分，一个城市之美必须有"两张脸"。智慧城市建设，同样存在构成与生成的互动。片面依赖构成，而忽视生成，就可能存在新技术难以相容、新应用场景不确定等诸多问题。

现在大家偏好构成城市，首先体现在一种秩序偏好，总以为从上而下的构成，好于从下而上的生成，否认了城市自己的演变轨迹。其次，工业文明带来巨大成就的同时，也给我们增加了"思想包袱"——工业文明的方法论是中心控制、流水线生产、机械化，这些都是可控的、确定性系统。第三，现代技术也给

---

[1] 仇保兴. 智慧城市要有"四梁八柱". 2019第八届国际智慧城市峰会主题演讲. 2019, 12.

了我们挑战自然、改造自然的信心，使我们觉得似乎一切都是可知的。然而，世界其实是不可知的。

智慧城市建设应基于第三代系统论。第一代与第二代系统论是构成的，只有第三代系统论涉及"生成"。第一代系统论，其系统元素是机械部件、电磁原件，这个系统是可控的；第二代系统论，其系统元素是原子、分子等，它把系统主体看成动态的、有差异性的，可以按照概率统计方法计算；第三代系统论，以复杂生命理论为代表。它把构成系统的主体，看作是具有主动性的，能够感知环境、学习、适应性地作出反应。这些主体的主动性，造成整体系统的复杂性和不确定性。恰是第三代的系统，可与世界的复杂和不确定性相匹配，把握智慧信息系统中生成与构成的有机结合。

越具有公共属性的信息系统，其政府主动构成占比越大，因为公共品无法生成。政府应该关注智慧城市"公共品"，并同时为充满不确定性的商务品提供平台，任何公共品一定要基于生成机制而又善于构成，为众多企业留下绝大多数空间。智慧信息系统最终的目的是便于民众对政治绩效的监督与评价，让人民群众来评价，让每个部门都在这个系统里自我开展竞争，"生成"不断优化服务的"动力机制"。

设计一个智慧城市，要把公共品先搞清楚。实际上，当下智慧城市建设的问题之一，在于商务品与公共品的混淆。许多ICT企业希望参与智慧城市建设，但他们对政府职能和需求还缺乏了解，使系统实际变成"白智慧""空智慧"。实际上，城市政府最重要的职能就是提供足量、优质的公共品，从而提升城市经济效益和人居环境。

智慧城市公共品构成了智慧城市建设的"四梁八柱"。"四梁"即为四类核心公平品。第一类是精细化、网格化的管理系统，它可以把城市所有问题简单化；第二是政府网站，即一网通办放管服的信息系统，使百姓与市场主体能够方便地与城市政府对话；第三，任何系统越复杂越需要安全，因此城市安全、网络安全、防灾减灾等安全系统是第三类核心公共品；第四类是重要公共资源的信息化。"八柱"具体指智慧水务、智慧交通、智慧能源、智慧公共医疗、智慧社保、智慧公共教育、智慧环保、智慧园林绿化。上述"八柱"构成了政府职能最重要的八个支撑。"四梁八柱"是每一个城市政府构建"智慧城市"必需的公共品，也是智慧城市最需要去实现的。

2 现代健康城市（群）的发展趋势
2 Development Trend of Chinese Modern Healthy City

2.1 中国需要更紧凑、更连通、更清洁的城镇化发展模式❶

疫情让人们意识到城市的多元化，在这种趋势下，城市群与城市群之间、中心城市与中心城市、城市与城市之间应该更紧凑和更连通。在更清洁的发展模式方面，高铁和磁悬浮的发展是重要驱动力。与传统交通设施相比，高铁占用耕地减少30倍，碳排放量减少20倍。因此，在不影响区域人们生活的基础上，发展高铁和磁悬浮不仅可以保护耕地，也可减少碳排放，由此使城镇化发展在紧凑的基础上更加清洁化，也为低碳经济奠定基础。

当今世界的发展态势及未来趋势给中国城镇化发展提供了三大新机遇。

首先，社会生活数字化的转型为中国新型城镇化创造机会。在互联网及大数据的推动下，网络会议及网络购物等数字化的生活方式进一步拉近了传统城镇间的物理距离，从而带动区域连片发展。此外，中国不断加大5G及数字基础设施投资也能有效地促进社会数字化转型。

其次，新颁布的《中华人民共和国民法典》也为新型清洁城镇化发展提供了机遇。《中华人民共和国民法典》首次以法律的形式规定民事主体和法人主体在从事活动的过程中应该有利于节约资源、保护生态环境和绿色发展。

第三，农村韧性的增强是新型城镇化发展的第三大机遇。在新冠肺炎疫情的影响下，农村区域显示出其相对优势，比如人均空间较大和食品供应韧性较强等。由此，人们对农村生活的兴趣开始加大，并增强对农村区域的消费和居住投资的行为趋势，这有助于在多层面下综合推动乡村振兴。

数字化转型明显加速、地摊经济重新受到鼓励、乡村振兴受到关注，这些改变对应对气候变化有利有弊。在各级政府制定疫后经济社会复苏计划之际，应从

---

❶ 仇保兴. 中国城镇化的新机遇研讨会暨十四五规划愿景报告发布会. https：//mp.weixin. qq.com/s/HDn1svLcU0HizBRocYm8yA［2020-06-16］.

六个方面增强城市社会经济韧性，推动城市更好地应对气候变化。

（1）通过城市老旧小区改造项目，加快低碳技术的推广，达到既能节能减排，又能解决公共卫生、老龄化，及社区医院短缺等问题的目的。例如，利用今年中国要改造七百万套老旧小区的契机，推动屋顶光伏发电系统的安装，可以在节省小区居民用电成本的同时，提高居民居住舒适度（光伏使用的玻璃材料有良好的隔热保温效果），并解决老旧小区防水问题。

（2）通过加强绿道和自行车道的建设、停车管理，推动共享单车及共享电动自行车的发展，提高自行车出行比例，减少交通排放。骑自行车的同时还能锻炼身体，改善健康。

（3）可再生能源投资面临的瓶颈问题之一是超高压的输送问题。因此，扩大超高压电网建设，解决可再生能源投资面临的瓶颈问题，有利于大规模推广可再生能源，从而推动地方城市使用太阳能和风能来实现绿色发展。同时，发挥充电桩在电网中的调峰辅助服务作用，推动电动汽车参与电网实时调控和调峰辅助服务，解决可再生能源如风电和光伏发电不具备调峰能力的问题。

（4）增加数字技术投资，促进数字化转型。数字化转型可以与应对气候变化相结合，通过数字技术的应用，减少碳排放。例如通过计量和比较居民的碳排放情况，引导居民消费行为的转变；政府开通网上办事平台，减少居民相关的出行及交通排放；通过智慧城市的规划与建设助力无人驾驶汽车的应用，限制私家车的无序增长与使用等。

（5）城市需要提供多元化、多样化的就业岗位，地摊经济不仅可以解决低收入群体的就业和收入问题，还可以通过实现蔬果生产就地化、本地化，以减少蔬果运输所产生的大量碳排放。对于地摊的管理可以借鉴巴黎、东京、波士顿和纽约等发达城市的经验，划定地摊的区域，规定地摊开放的时间，并要求地摊主负责各自摊位的整洁，避免地摊经济可能带来的街道脏乱、交通拥堵等城市问题，实现清洁、活力、韧性的城市发展。

（6）通过推动以公共交通为导向的城市开发（TOD），以及加速城际高铁和磁悬浮列车的发展，建设紧凑型城市，减少耕地占用，实现低碳交通。同时，加强自行车道和绿道建设，解决 TOD 最后一公里问题，进一步减少居民对私家车的依赖，推动绿色交通出行。

2.2 城市群协调发展要有"梯度"不能"断档"[1]

作为我国新型城镇化的主体形态，城市群也是拓展发展空间、释放发展潜力

---

[1] 仇保兴. 城市群协调发展要有"梯度"不能"断档". 《经济杂志》2019 年 7 月 31 日新闻. https://mp.weixin.qq.com/s/Upmyh7K07EWNo-6hRTvuKA［2020-08-25］.

的重要载体,更是参与国际竞争合作的重要平台。一个特大城市,一群大城市,很多中等城市,再有大量的小城市,构成一个"金字塔"形的城市群,其可持续发展的能力、经济的活力、区域的协调发展才能够顺利实现。

换句话说,城市群协调发展不能"断档",这样才可以更进一步深化各层级城市协调发展水平。各层级的城市要找准自己的定位,比如在对外开放格局中、产业布局中就要形成"梯度"。

"金字塔"结构最可持续。从城市的发展规律来说,以城市群为主体引领城镇化发展是必然的选择。因此,如何摆好不同层级城市的定位,从而实现协调发展,极其关键。

在长三角地区,上海是一个超级大城市,而在上海下面,有杭州、宁波、南京等五六个经济超万亿的二级城市。有的企业、技术要素从二级城市到上海,也有上海的技术、生产要素流向杭州、宁波,这些二级城市与上海形成了相互竞争合作的对流关系。这种"金字塔式"城市群的发展具有可持续性。

反观京津冀城市群,仅有北京、天津两个超大型城市,二级城市发育不足。假如放在长三角城市群来看,无论是石家庄、唐山还是保定,仅相当于中等城市,没有能力跟北京、天津抗衡。所以人才资源全是单向流入北京、天津,造成河北的产业结构没法提升,出现了高端产业断崖式下降,整个区域的经济发展极端不均衡的现象。

当前,通州新城、雄安新区的规划建设,也是注意到城市群大中小城市"金字塔"的重要性。市场无法解决的,就用规划的办法来造几个像模像样的二级城市,来弥补城市群的断档。

西部的成渝城市群协调发展,当前只有成都和重庆两个大城市,城市等级还有待提升,更为重要的是,要在自己的城市圈培育二级城市,实现协调发展。

开放也需要"梯度化"。对于不同的城市群,其大中小城市的协调发展也要"因地制宜"。像长三角一样"金字塔"结构完善的城市群,如何进一步提高城市协调水平、深化城市群规划也是关键。

2.3 现代健康城市的三大新使命[1]

现代城市规划学有三大来源,第一是对传染病的恐惧和卫生防疫的成就;第二是对环境保护的追求;第三是城市美化运动。这一学科诞生的主要原因还是对传染病的恐惧和持久的治理实践活动。众所周知,现代工业文明推动的城市化起源于英国,城市化很大程度上促进了人类从分散居住状态转变为集中居住,人与

---

[1] 仇保兴. 中国城市科学研究会健康城市专业委员会成立仪式暨健康城市分论坛上的讲话. 2018,8.

人之间交往的密度、频度呈几何级数的增加，这时候人类遇到了一个前所未有的问题——传染病的流行。

回溯欧洲历史，起源于中世纪的黑死病几乎毁灭了三分之一的城市人口，紧接着的伤寒病则导致很多城市人口因为饮水不卫生而失去生命。当时英国的城市史记载，生活在18世纪农村的人口平均寿命比生活在城市的平均寿命几乎高出了一倍。正因如此，杰出的城市学家霍华德在120年前撰写了著作《田园城市——通向明天的和平之路》，他在书中阐明了自己的观点：城市再这样下去就不可能有和平，也没有人类的未来；提出田园城市的新构想，也就是使城市与田园交织在一起，从而减少因人口密度过高引发的疾病流行，帮助人类通向明天繁荣的和平之路。这本书成为现代城市规划学的奠基之作，至今还是国内外大学的规划专业学生的必读书目。人类历史上第一部城市规划法《1909年住宅、城市规划诸法》，就是为了解决城市中市民的健康问题而诞生的。从政府职能上看，最早是英国的卫生部主管了城市规划设计约50年，也就是1.0版的健康城市。所以，现代城市规划学起源和城市化初期进程中最大的障碍曾经是市民健康问题，这是100多年前的历史教训。这段城市史说明了市民健康对一个城市、对人类文明的发展确实是命运之战，人类付出了沉重的代价，但也取得了阶段性的成功。在随后100多年间城市化高速发展过程中，人们似乎又忘记了市民健康对城市发展的重要性，一个世纪之后重新思考健康城市进入了城市化的第二个阶段，也就是人类2.0版健康城市。新版的健康城市对城市规划师们提出了以下三大新使命：

第一，新型的传染病正在考验着现代城市。许多城市正在变得无比巨大，一个城市的人口规模超过了几千万人，此阶段任何在小规模城市、分散化居住不起作用的传染病毒、细菌会突然变得非常危险；再加上现代恐怖主义，将来可能出现比任何已知的传染性病菌和病毒更加危险的疾病传播，这是非常危险且有可能迅速到来的现实挑战，人口密集的现代大城市可能会在新传染病的袭击下变得非常脆弱。

2003年的"非典"病毒爆发曾对我国很多城市造成打击，并对国民经济和民众日常生活造成灾难性的影响。人们至今都很难搞清楚许多传染病是怎么来的，又是怎么消失的，第二次它可能什么时候来，我们没有发现这些规律，一切都是个谜。2003年，香港"非典"爆发死亡了1000多人，广州死亡了1000多人，但是唯独香港跟广州之间的深圳市，死亡人数只有100多。这三个城市的人口规模相差不大，但是死亡人数却相差一个几何级数。初步的研究结果发现香港城市建筑密度很高，居住组团中通风和日照都不足，再加上人口密度非常高，容积率一般在8以上；广州城市空间结构几乎是单一组团，人口密度也很高；只有当时的深圳市是九个组团构成的空间结构，组团之间是隔离的，居住组团中的人口密度相对比较低，通风和日照条件较好，所以死亡人数呈几何级数降低。这一现象启示我们，城市的空间形态会影响城市在传染病来袭时不同的命运，住区分隔、人口密度、通风日照、街道绿地，这些在100多年前健康城市1.0版的规划控制要素，在现代化城市中仍然十分重要。

第二，我国城市人口急剧的老龄化。绝大多数老年人因为就医方便愿意生活在城市，这个阶段慢性病会成为一个城市甚至一个国家主要的社会负担。美国出现的一个长期致命性问题就是慢性病引发的政府过度负债：美国由慢性病引发的社会医疗开支世界第一，年增长呈两位数，去年总量已超过一万亿美金，比教育和国防等开支加起来还多。这是一个长期的、不断增长的债务炸弹。我国人口是美国的五倍左右，如果我国也像美国这样走粗放式的医疗保障之路，那将来形成的"债务炸弹"可能会是美国的五倍，所以必须要建设健康城市来减轻这种老龄化和慢性病带来的债务炸弹危机。我国应该采用一种基于微循环的、中国古代中医疗法的、低成本的社区医疗体系，用最低的成本、最自然的医疗方式和最少的自然资源消耗，来应对爆炸性的慢性病挑战和保障市民健康。在全球现代城市中每年有4000万人死于各种慢性病，这是死亡率第一的疾病。如果一个健康的城市能够缓解这些慢性病的影响，那么对经济的健康发展、对社会的公平改善、民众幸福指数的提高以及老龄化社会的应对都是首要命题。

第三，人类社会心理疾病的涌现。国学大师南怀瑾曾提醒人们，18世纪之前人类主要的疾病是肺结核等传染病，法国名著《茶花女》主角就是典型的肺结核患者，当时肺结核病的流行使得很多人英年早逝；越是社交活动多的精英，越是在肺结核病面前纷纷倒下。进入工业文明时代后，即到了20世纪后叶，癌症和心血管疾病成为城市居民面对的新的主要疾病。南怀瑾认为，癌症在21世纪初叶可能会被科学技术克服，虽然这是一个国学家的推演，但因为新的免疫疗法等新技术的发明，现在看来这一前景是完全可期的。但是紧接着人类文明面临的第三波疾病就是心理疾病。现代化的通信网络创造了一个全新的虚拟世界，涌现出许多前所未有的诱惑，使人类潜意识中不健康的因素被激发出来，并会成百倍的放大。人类在现实生活中高密度聚集且缺乏健康的交往，会导致心理疾病的大爆发，将会带来很多社会问题。如果一个城市不能应对这些问题，那就可能成为衰败的陷阱。

2.4 "韧性城市"是终极目标[1]

地产财富的奥秘，在于容积率。一个老旧小区，如果把最边上的楼拆掉，起

---

[1] 根据仇保兴2020年4月《财经》杂志专访整理。

一座高层，容积率就发生了变化，市场之手自然会愿意加入。这座现代化的高层建筑，又可以参考 TOD 模式，把托幼、养老、医疗等便民服务嵌入其中，在满足小区居民需求的同时，又有效拉动了服务业的就业。

城市财富的奥秘，在于密度，在于街头巷尾服务业的嵌入。这次新冠疫情，受冲击最大的是服务业就业。老旧小区改造，恰好可以针对性地补充这个缺口。

职住平衡对缓解交通拥堵、减少环境污染、节省时间以改善生活质量、提升城市运行效率，都有巨大的意义。站在疫情防控的角度，又有另一番解读。

宋代的时候，城市里是街坊制。坊是可以宵禁的，晚上关闭，早上打开，可开可合，这对城市防御非常重要。今日的小区和片区，如果也可开可合，对疫情防控会起到积极的作用：若干小区组成一个片区，小区发生疫情，就封闭小区；片区发生疫情，则封闭片区。除了湖北和武汉，疫情只是在极少数小区和片区发生，那么，我们只需要封闭小区或者片区就可以了，城市其他区域的生产生活不受影响。不要轻易就让整座城市封闭，但是，如果城市的小区和片区无法做到可开可合，那就只能全城停摆了。有效率的可开可合，前提条件是职住平衡。如果就业可以七成在片区，不管外面的风浪多大，有七成的经济活动照常进行而没有停滞，小区和片区里各种服务业一应俱全，远程教育中心、创业中心都在其中，不离开小区、不离开片区，也能很好地工作生活。这个时候，片区就可开可合了。

新加坡"规划之父"刘太格先生在《财经》的论坛上讲解过"星座城市"，"星座城市"就是麻雀虽小，五脏俱全。这次新加坡"佛性"抗疫取得了比较大的成功，与新加坡 800 多个社区麻雀虽小，五脏俱全有直接关系。特别是，每个社区的卫生中心都起到了预警和分级诊疗中的守门人作用，对疫情防控正向作用很大。

近些年来，韧性城市的概念兴起。所谓韧性城市，自然是由韧性细胞组成的，而韧性细胞就是韧性社区。韧性城市需要把以下 4 个目标统一起来：居民生活质量提高；经济更有活力，创造更多就业机会；绿色可持续发展；城市安全与防灾。老旧小区改造的终极目标，也是如此。老旧小区改造要满足提升社区防护韧性、优化社区供给韧性、改善社区适老韧性"三大韧性"终极目标。

一座城市，如果什么事情都是中心控制，都是自上而下，问题就会很突出。仿效"星座城市"，形成若干组团，每个"星"是小区，每个"座"是片区，自我循环，自我满足，才是未来城市的模样。

3 疫情影响下的城市对策
3 Urban Countermeasures under the Influence of Epidemic Situation

3.1 为后疫情时代的高质量增长注入清洁低碳能源[1]

中国在"十四五"规划期间应主动采取措施,降低城市建筑能耗、农村建筑能耗、城市交通能耗及长距离交通能耗等,由此中国未来的低碳发展路径会越走越顺,可以创造出一个中国的低碳发展新模式。

疫后复兴,新型城镇化与可再生能源之间的一些关系,有六个机遇要引起我们高度重视。

(1) 通过老旧小区改造,大量安装屋顶太阳能。

老旧小区改造的重点是 2000 年以前,也就是 21 世纪以前建成的住宅,这些多层住宅我们统计了一下有 100 亿平方米。如果把它折算成屋顶面积,将有 20 亿平方米的屋顶。拿出一半来进行太阳能的改造,装上光伏板,每年就可以发出 2400 亿度电。

所以从小处落手,我们就可以实现可再生能源快速的增长。更重要的是,在屋顶安装太阳能的投资是划算的。因为近年来太阳能发电成本急剧下降,10 年来太阳能发电成本已经下降到原来的十分之一,而且以后还会继续下降。屋顶太阳能可以做成防水隔热的,还可以和节能改造结合在一起,进行一体化设计,进一步降低建造成本。

这里面核心的问题是什么?一是要通过大量的电动车充电桩的安装,让小区具备一定的储电和调峰能力。二是要有基于输配电分离式的改革,使小区的配电能够企业化。国家电网应该将输配电进行一些分离,这样民营企业可以进入。

这样一来,一个住宅小区既能够发电,又能够用电,多余的电可以卖给大电网,不够的部分就从大电网输入电。这一模式可以把多种多样的可再生能源都用起来。比方说电梯如果下降的时候发电,可以产生耗能一半的电。

---

[1] 仇保兴. 在中新社和能源基金会联合举办的"能源中国—中国未来五年"国是论坛上的发言实录摘要. https://mp.weixin.qq.com/s/f_yCiJS9-7po-6QOOVe4tQ [2020-06-28].

这必须要在智能的微电网中间进行,通过屋顶光伏的建设,在住宅小区里建成独立的智能小电网、微电网。通过把电动车接入其中,等到峰谷的时候,开启电动车的充电,就意味着这个小区可以具有部分储电设施的功能。

城市的老旧小区可以这样做,小镇更可以这样做,因为小镇周边有大量的农业的废弃物,可以利用生物质发电,这是一项重大的改革的前景。

(2)通过城市绿色交通规划和绿道建设,把共享单车、共享电动车大力发展起来,这不仅能解决最后一公里的问题,还能为整个城市交通的节能奠定基础。

交通的节能不是老百姓自己能够解决的,必须要通过政府合理的规划。我们不可能通过像美国这样扁平化城市的发展,来降低再次暴发瘟疫的可能性。因为中国是一个人多地少的国家,必须要保持紧凑的模式。如果将老旧小区改造结合职住平衡,进行 TOD 模式(以公共交通为导向的开发)改造,通过绿色交通来解决最后一公里的问题,整个交通能耗就能保持在很低的水平上。

(3)超高压电网的建设。特高压电网建设是我国的优势,这个优势可以跟可再生能源,特别是太阳能和风能的发展结合在一起。

我们算过一笔账,对于光伏发电来说,青藏高原的发电能力比北京高出三分之一以上,同样一平方米的太阳能,装在青藏高原,可以比北京多发三分之一以上的电。我们利用太阳能在大西北地区把它转化成甲醇等,这样管道输送以及调峰储能等问题都能得到解决。

特别重要的是,去年开始,太阳能的发电成本已经明显地低于煤发电的成本,这实际上是一个重大的转折点。我们可以在青藏高原上建设超大规模的太阳能发电站,它可以跟风能互补,然后又把氢能、甲醇等的转化结合在一起,形成组合式的发电设施。

这可以同时向"一带一路"沿线国家和地区进行输电。这些地区约有 8 亿人口没有正常的电力供应,所以这个市场是非常大的,成本上是合算的。

这需要对电网进行改革。在高原上建设的超大规模风力发电、太阳能发电等,应由超高压的电网公司参股,这样就有能力、有积极性把可再生能源,回输或者送到"一带一路"沿线去。

(4)通过数字化转型,提高建筑节能激励。

我国有最强大的 5G 发展的技术以及 5G 推广驱动力。数字化转型加速,将对可再生能源利用以及节能减排带来巨大影响。

十年前,相关部门通过试点,在这几十个城市里安装了一套公共建筑能耗的在线监测,对所有公共建筑,每平方米的能耗、水耗数据,进行实时排位。

每个季度,排位最低的建筑需进行强制性的节能改造、节水改造。几个循环下来,整个城市公共建筑能耗水平大幅度下降。由于每天进入办公楼的人都能在屏幕上看到这栋大楼的实时数据,这是种巨大的激励,光这一方面提升上来,就能够节约 15％左右的能源。

（5）旧建筑节能改造。

虽然旧建筑的节能改造已经进行了三个"五年计划"，但在"十四五"规划的时候，这一方面改造任务仍然非常大。按照发达国家的水平来计算，建筑的能耗占到总能耗的约 35％，如果在建筑上下功夫，我们可以大大降低未来的能耗。比如，北方地区的供热改造，其体量是非常大的，因为整个北方地区冬季的供热占到整个建筑能耗 40％，如果进行计量，用多少就付多少钱，从理论上就可以减少三分之一的能耗。

（6）通过高铁和磁悬浮等中国特色轨道交通的大规模的发展，推动城镇化特别是都市圈的节地、节能发展。

高铁和磁悬浮等轨道交通，相比传统高速公路等能节约耕地约 20 倍，同时在减少碳排放和节能等方面的效果也会加倍。所以高铁和以后的磁悬浮非常适用于都市化的发展。

将来的新型城镇化，除了农村一部分人口跟城市人口进行相互流动以外，还有在都市圈之内，人口流动加大，重新进行分布。在都市圈高密度地发展中国特色的轨道交通，既可以节能减排、保护耕地、控制能耗，还能为下一步都市圈的人性化发展、均衡式发展、多组团发展等奠定有力基础。这是我们国家在今后两三个五年计划中间要大幅关注的。

3.2　促进"复工复产"、实现"疫后复兴"的对策建议[1]

促进全面复工复产，建议采用以下策略，在确保疫情不扩散的前提下，尽快促进复工复产和扩大投资，尽快实现"疫后复兴"。

（1）社区精准封闭是阻断疫情传播最有效的手段，数百万社区干部、志愿者和网格员作出了许多可歌可泣的功绩，但少数恶劣破坏现象也随之浮现。建议从快从严查处非疫区少数基层干部层层加码、违法挖断公路封锁交通物流、随意封闭居民门户、任意截留邮寄的防疫物资、阻挠企业复工，甚至乘机敲诈勒索等典型案例，以儆效尤。

（2）无论是复工复产还是抗疫，物流快递企业不仅是排头兵，更是当前急需的社会"公共品"，必须率先全面复工复产。建议国家有关部委和地方政府对这类企业给予紧急优惠政策和公开排名激励，力求"疫后复兴，粮草先行"。为防止恢复物资人员流动过程中的疫情反弹，建议在各类封闭的公共空间（包括高

---

[1] 仇保兴. 促进"复工复产"、实现"疫后复兴"的对策建议. 全球化智库（CCG）. https：//www.sohu.com/a/375826025_828358 ［2020-02-25］.

铁、轮船、公交车辆）和物流仓库加装臭氧发生器杀灭病毒。

（3）对复工的小微企业实施上年度社保金返还的优惠政策。较之税收减免，社保金返还有三大优势：一是能鼓励企业少辞退员工，二是补助能快速精准到位，三是因"有征有返"有利于激励企业在正常年份多交社保金。

（4）对全球供应链重点企业和零部件供应商，由所在地政府给予重点帮扶，促使他们尽快复工复产。国家相关部委进行监管并进行复工复产程度实时排名和相应奖惩。重点外贸企业的快速复工复产是"反脱钩"挫败反华势力和维持全球化秩序的主要策略，应给予高度重视。

（5）建议国家卫健委会同相关部委，依据各地疫情的攻防战的教训，尽快提出强化全国公共防疫和治疗体系建设方案。今后所有医院、各级党校、住宿制学校和培训机构的设计方案都必须考虑到防疫时能快速改造成传染病医院。对湖北等疫情严重的省份，可仿照汶川灾后重建"对口支援"模式，由援助省组织资源进行设计、施工、安装调试、人力培训和运行管理"一条龙"重建，尽快补齐当地公共卫生和防疫设施不足的短板。

（6）全国数十万个村庄在本次新型肺炎疫情袭击过程中，表现出易封闭性、自我维持能力强、对外部公共设施依赖程度低的特点。建议将农民闲置住房和宅基地对城市居民的租赁期延长至30年以上。这一方面可满足中产阶层异地购置二套房需求，促进城乡融合振兴乡村，另一方面可迅速扩大民间投资规模，更重要的是，一旦下次疫情和灾害来袭时，城市居民可提前自行疏散至农村，从而增强国民经济体系整体韧性。

（7）本次疫情攻防战最成功的经验之一就是及时封闭有疫情的居民小区并精准到具体楼宇和楼层。建议总结各地城市在疫情中暴露出的软硬件短板，在全国范围加速推进城市老旧小区改造和社区公共卫生设施建设。这不仅能改善居民日常生活品质，而且在疫情来临时，能迅速有效地进行社区自我封闭防卫阻断疫情传播。

（8）建议全面总结各地智慧城市、公共信息系统、智慧社区和网格式精细化城市管理系统在本次防疫战中的经验与教训，结合推进5G建设进程，全面提升城市治理现代化水平。值得指出的是，近几天各地普遍出现因大量增加的在线教育和视频会议造成网络瘫痪事件暴露了网络软硬件的短板，应扩大投入尽快补齐。

据初步估算，以上八条策略一旦实施，至少可形成十万亿元的新增社会投资和相应的消费能力，更为重要的是能为国际贸易"反脱钩"和决胜防疫战、实现"疫后复兴"提供强大动力和资源保证。

3.2.1 保增长，保就业

想要抵消外贸大幅度下降对国民经济的影响，实现疫后复兴，就必须启动内需，所以中央提出"六保"。

保投资是"六保"中非常重要的一条，在外贸进出口、投资、消费三驾马车中，内需这辆马车必须要先解决就业，有工资收入才能拉动内需消费，只有投资这架马车是可控的。

中国在2015年开始启动大规模棚改，每年以500万、600万套的速度开展，到2019年随着棚改进入尾声，房地产投资萎缩是必然现象，对就业带来影响，这时候国务院决定把旧改规模扩大一倍。

中国大陆建筑面积约460亿平方米，其中老旧小区即2000年前住宅总量大于100亿平方米，综合改造成本按1000元/平方米计算，总投资额将达10万亿。

今年改造700万户，每户100平方米，加上停车设施、加装电梯、海绵社区建设，总投资额将达到7000亿元到1万亿元，预计可拉动固定资产投资1.2～1.5个百分点。

投资和就业密切相关，2008年建筑业固定资产投入10万元就可以增加一个就业岗位。据此计算，1万亿元投资大约能带来1000万就业岗位。

目前建筑业变化至12万～14万元增加一个就业岗位，1万亿元投资大约能新增700万就业岗位。同样的投资额投入到工厂中，仅能带来300万个就业岗位；如果投入到第一产业中，仅能带来20万个就业岗位。

第三产业投入少，贡献就业岗位数量多，这是旧改能促进大量就业的奥秘。旧改主要有三方面内容。

（1）提升社区防护韧性，实现平疫结合顺利切换。

来自传染病院"三区两通道"的防治经验启示我们，要对住户、楼层、单元、楼宇、微小区等不同社区模块做到"村自为防"，单独防疫。

一个小区中，居民住宅可划为清洁区，公共场所为缓冲区，两个紧急通道为需要经常消毒的污染区。细化到一个住宅中，门口玄关处污染区设置一个紫外线消毒区域，客厅、盥洗室为缓冲区，卧室为清洁区。从建筑内部到整个小区，如果能将"三区两通道"理念落实到社区里，遇到疫情时便不再陷入慌乱，做到可防可治。

除了硬件改造，还要重视软件改造。此次疫情有两套技术很"吃香"，一是网格化管理，做到"上下通达""左右到边"时空精确定位，动态报告；二是放管服信息平台，人与人不接触，对防御非常有利。

（2）优化社区供给韧性，社区生活配套要齐全，同时满足多样化需求。

若干小区组成一个片区，小区发生疫情，就封闭小区；片区发生疫情，则封闭片区。

疫情给小区管理带来的启示是补短板，在社区封闭或半封闭情况下，要建立社区医院（医疗点）和小超市提供基本服务和储备，提供充足的活动空间，解决停车难问题，建造500米可达的幼托和小学等。

（3）改善社区适老韧性，适应老龄化时代，由老年人和低收入者两类"弱者"的感受来评判一个社区的生活舒适性。

一个社区好不好，低收入者和老年人说了算。十年间，中国已经进入深度老年化，社区居家设施都要适应老龄化社会。此次疫情，美国1/5的死亡病例发生在集中式养老院，瑞士、西班牙这一数字为1/3乃至1/2，体现出居家养老的重要性。

如何应对老龄化？老旧多层住宅加装电梯，打造以中医为主的社区抗氧居住相结合，社区绿化和蔬菜资产的立体园林社区，是居家养老型社区改造的几种思路。

3.2.2 多样化改造

首先，以人民为中心的旧改应实现平疫结合，满足多样性需求和适老化提升。

其次，韧性城市概念的提出，自然是由韧性细胞组成的，而韧性细胞就是韧性社区。打造韧性城市，是应对未来充满不确定时代的主要手段。韧性城市需要把以下4个目标统一起来：居民生活质量提高；经济更有活力，创造更多就业机会；绿色可持续发展；城市安全与防灾。这也是老旧小区改造的终极目标。

第三，旧改不可能是一套中心化的顶层设计，应充分调动政府、企业和其他社会力量、科技人员各方面的积极性，多模式、多分享，群策群力"从下而上"改造结合。从上而下，国务院提出500万套的规模目标，中央财政进行补贴，但方法路径需要从下而上进行探索，创造旧改新模式。

第四，无论什么形式的旧改，都应该设计先行，专家和民众相结合，在专家的指导下，企业参与，民众提出需求，相互磨合才能做得更好。另外，深圳这类住房供需紧张的一线城市，一些容积率比较低的旧小区，如果进行棚改能提供大量商品房和人才房，缓解住房供需矛盾，更好地提升居住品质，带来投资价值。

这个问题涉及能不能在旧改中提高容积率的问题。特别是对深圳的房价而言，容积率提高所带来的现金流非常明显。

要提高容积率需要满足以下几个条件：一是原来的房子容积率较低，尤其是20世纪90年代以前的老房子；二是住宅质量比较好，这类小区不一定要全拆，可以提高10%～15%的容积率。也就是说在一个小区内靠北面临街的一排建筑中，选1/4拆掉，提高容积率后，底下挖深作为停车库，地上的部分房子可以作为社区空间，大幅度增加电表房、公共用房、创客空间等。

像深圳这类双创做得较为突出的城市，人人都是创业者，我们建议小区内的公建面积应该为15％以上，更多人可以在小区内有一个创客空间，还可以把部分空间腾出来解决停车难问题。

停车问题，要么从地上走，要么从地下走，这两种方案都需要空间。由于我国地下管网较为复杂，所以我们建议把北面楼宇进行拆除，把楼宇的地基向下挖，不会伤到其他管网，也不会影响南面住宅的阳光，冬天还可以起到挡风作用。

因此，容积率可以有限地提高，可以改善停车难的问题，增加回报率，增加公共面积多功能服务。80％以上的老旧小区进行修补式改造，进行结构上的低碳绿色健康、人本化改造，这比较合理。

老旧小区改造群策群力非常重要，涉及政府、企业和居民三个方面。其中，企业的发力途径非常多，涉及容积率变化、做停车场、进行公共空间改造。无论是投资还是运营，都应该有民营企业参与。

有些企业加装电梯的工程不收费，居民使用时收费，同时有些民营企业特别灵活，不仅坐电梯，还可以改造停车场，以停车场的一个车泊位来补偿一楼住户加装电梯的付出和损失，把加装电梯和停车两个难点绑在一起解决。

民营企业进入旧改的途径不可能统一设计，而是要采取多种模式，可以采用全承包或分包模式、投资加维护模式、TOD模式等。我们绝对不能一刀切，只允许一条路，把旧改搞成棚改，民营企业就很难介入了。

3.3　中国的住房市场与制度会发生哪些变化？[1]

2020年，新冠肺炎疫情肆虐全球，世界经济陷入停摆。这是一场史无前例的全球危机，全球经济正面临着需求供给双重冲击，任何经济体都难以独善其身。值此变局关键时刻，疫情将对中国的房地产市场产生哪些影响？中国的住房制度又将会有哪些改变？

3.3.1　由集中调控、行政调控转向分散调控、经济调控

第一个变化是房地产市场的调控有可能从过去集中调控、行政手段调控，转向分散调控、经济手段调控。国家有关部门在这半年内，陆续出台了许多政策，包括土地的供给和管理等，可以看出省一级和地级市权利是越来越大了，包括基本农田要转为建设用地的，原来5亩地以上要经过国务院审批，现在基本下放到

---

[1] 根据仇保兴2020年5月9日在凤凰网财经的"全球经济与决策选择"交流分享会上的发言整理。

省里。在信贷的调控上,首套房、二套房的信贷比、按揭比、信贷利率,原先为了保持房地产市场的平稳,都要各大银行和地方政府协商。

另一个较好的现象是房地产市场从过去的单一价格调控转向多元调控。过去因为单一价格调控,上海、杭州等房子较紧俏的地方,出现了新建房比二手房价格便宜、高档房跟大众房一样价格调控的现象,这些都不利于房地产市场的消费升级和消费多元化。

3.3.2 集体模式供房对解决中低收入阶层的住房问题非常有效

从单一渠道住房供给转向多渠道、多途径的住房供给,因为疫情后消费者对住房的需求会分化,在这种情况下,应该有多品种来满足多样化的需求。30多年前的住房模式曾是单一化的,政府造房子后分配,房改后转向以房地产开发为主,从政府供房到房地产开发,住房的品种就变成两种,一种是政府建,一种是房地产开发建。

这两端之间应该存在着多种模式、多种主体,比如欧洲大量的住房是由合作社、协会来供,即集体模式供地。这种供地供房的模式处于政府与市场主体的供地模式之间的多品种、多类型的供地模式。从欧洲的经验来看,用这种模式解决中低收入阶层的住房问题非常有效。

比如深圳某个单位接收了一批北京来的大学毕业生,这批大学毕业生收入比较高,但是在深圳没房子。深圳现有的商品房价格他们用几十年也买不起,假设深圳采取合作住房模式,政府点状供地,每一块土地可能盖几十或几百套房子。将一个单位的学生组织成为一个住房的合作社,推选一个人当住房合作社社长。当地优惠政策趋向于这个住房合作社,这批学生进行资金筹集,资金多的可以买下未来造的房子,资金少的可以租用房子。再用银行贷款,向政府购买一块点状的土地,委托房地产公司进行设计、建造、分配,这块地上的房子成为住房合作社产权的房子。如果说这批学生的工作要从深圳调到上海,那他就把房子退回合作社,合作社再招收新的员工进来。

一般这种模式的房租比市场要低一半左右,因为房价是一个成本价。这种模式对于北京、深圳、上海等房价高企的一线城市来说,可以解决中低收入阶层的住房问题,把过去政府单一中低收入阶层造房子的种种弊端解决了。比如房子造了之后如何分配,房子离工作单位的远近问题等。

欧洲"二战"以后,这种住房合作社模式占到一个城市50%以上,因为房地产市场如果趋向于成熟,就必须有多个住房供应的主体。自己动手解决城市的住房问题、中低收入阶层的住房问题,政府是一种支持、帮助的态度,而不是包办代替。

3.3.3 在房价基础上毛坯与非毛坯价格实际相差很低

住房的建造模式从毛坯房为主转向精装修、绿色、健康住宅为主。目前毛坯房的实际占比较大,看上去好像价格比较便宜,但在房价基础上,尤其是一二线城市,毛坯与非毛坯价格实际相差很低,对节能减排影响却非常大。毛坯房到手后重新装修比统一进行精装修实际能耗会增加50%以上,而且住房的一些性能、结构都改变了,这种改变对房子的寿命,特别是节能减排的特性带来影响。凡是绿色建筑、健康建筑,里面用的材料、结构等都是一次性设计好的。如果自行装修破坏了结构,那房子就不节能了。

所以目前许多地方出台了政策,绿色建筑占比要达到70%以上,高星级至少达到50%以上,有的城市还提出百分百实行绿色建筑。例如北京市刚刚出台的政策,二星级住宅补贴50元/平方米,三星级补贴80元/平方米。各地都出台这些鼓励节能减排的住宅政策,对整个房地产的健康发展、降低温室气体的排放、下一代能够有更好的家园,都有极大好处。

更重要的是,疫情后,大家对住房的健康、舒适关心程度增大。所以健康住宅目前已有国家标准,有了评价的体系。例如空气质量上,新风系统能不能对病毒进行过滤,能不能在玄关处用一定浓度的臭氧进行消毒等,这些都是健康住宅所关心的。

在健康住宅的基础上还有健康小区,这方面衡量的标准是建筑间的通风问题、入门和紧急通道的问题、绿化面积等,更加高级的需求就是立体的园林建筑。

在疫情期间,很多网友日子过得比较艰苦,一个人待在家里无所事事。假设大家的阳台都比较大,上面是鲜花绿草,而且可以进行劳作,种一些自己的蔬菜。可以想象,那就是陶渊明的生活,一点都不枯燥。所以未来的住宅,可能阳台会越来越大且开放,变成一个露天园林。

3.3.4 老旧小区改造会加大刺激潜在消费稳定房地产市场

全国460亿平方米建筑中,老旧小区存量达100亿平方米。如果按照1000元/平方米的补助标准,分5年补助完成,将拉动投资10万亿元;老旧小区改造完成后,将极大提升民众生活的便利性,有效增加服务业就业,甚至对疫情防控亦有正向作用,还将极大地增加城市的韧性,提升城市抗风险的能力。

继老旧小区改造于2019年正式成为国家政策之后,2020年4月14日,国务院总理李克强主持召开国务院常务会议,对老旧小区改造投资进一步加码。会议明确要求,今年各地计划改造城镇老旧小区3.9万个,涉及居民近700万户,比去年增加一倍。

从单一的居住功能出发转变到注重小区的配套及生活的便利。国务院最近决定要实行旧城改造，老旧小区改造。这是为了解决 2000 年以前盖的房子，只注意有地方住，但配套功能较差，偌大的区域里，没有便利店、小超市，更没有托幼所、社区医疗所等。所以一个完整、便利、适应老龄化的小区，必须进行各种各样的配套。加上 20 年以前盖的房子，特别是多层建筑，当时国家标准并不鼓励装电梯，7 层以下没有电梯，但是老龄化时代到了，必须重新装电梯。

此外，20 年以前中国基本是一个没有车的时代，但现在汽车拥有率已达到 30%，这时候小区要改造成为适应汽车时代的小区，一户起码有一个停车位。这样的老旧小区改造，就是以人民为中心的二次城市建设，并且是将那批生活配套性比较差的小区一步到位。通过国家财政补贴、地方的财政支持，再加上老百姓自主及许多企业单位的介入，进行系统设计，一次到位的改造。例如电梯可以采取租赁办法，停车可以采用立体停车库或者地下停车库等。在这个改造过程中，还要住户的参与，自己的家园自己出主意进行建设。

所以老旧小区改造会加大刺激潜在消费，对当地房地产市场供给不受影响，供给端、消费端在数量上没有什么变化，对稳定房地产市场有利。并且，每一次老旧小区改造，对房价一般有 10%～25% 的提升，因为质量改善了。所以对住户来说是一个大红包。

3.3.5　住房制度将从城乡分割转向城乡融合，住房从土地上剥离

住房制度从过去城乡分割的模式转向城乡融合。城市里房子盖在国有土地上，一般房子有 70 年的产权，商用房有 40 年的产权，但农村里是集体土地上盖的房子。这两种土地制度决定了城乡之间住房体系是分割的，这样对一些进城的农村人带来了困难，现在中央提倡城乡融合，这个融合不是说两个土地制度进行融合，而是把住房从土地上进行剥离，采取多种模式、多种渠道进行城乡之间的融合。

浙江、安徽、江苏已逐步推行这样一种模式，许多村里人都住进城里，将原有的空置农居，由房地产公司进行收购。这类收购不是一次性买断，而是采取租用的模式，年租金 2000～5000 元，根据住房质量甚至更高。由房地产公司把这些破旧的房子，甚至已经倒塌的房子重新进行修理，变成有农家风格和当地风格的四合院。这种四合院租给房地产公司，20 年的租用期，由他们修好了以后来进行管理。

这种模式有几种好处，首先农村原来那些破旧的、空置的房子资源被利用起来，大力推行的新农村建设的资金问题得以解决。那农民可以得到什么好处呢？原来破旧的房子现在有人来帮助维修，如果是 20 年产权，那 20 年以后可以得到一个很像样的房子，在这 20 年间还有人替你保养房子，并且每年至少获得 5000

元左右的租金。20年以后如果想继续出租，租金可以大大提高，这样每年会有一笔固定的现金收入。

从这次疫情可以感受到，如果人都待在一个楼房里可能生活会枯燥，但如果有两套房，一套在农村一套在城市，那么疫情来临时期，可以选择在农村生活，活动余地比较大。假设你有一个院子，有宅基地可以种菜，那生活就有"采菊东篱下，悠然见南山"的舒适。所以城乡住房的链条可以打通，并且这种融合模式具有多样化。

3.3.6　中国房地产市场投机性和投资性的比重较高

当前房地产市场正发生一些变化，现在二手房市场交易非常火爆，因为疫情使大家深切地感受到，每一户至少应该有一套房，多代合住的模式是不恰当的。老年人跟子女生活在一起，最好有一碗汤的距离。通过疫情人们感受到，空间实际换来安全。这样对二手房的需求会进一步地提高，目前市场已经表现出来。

从另一方面来看，根据人民银行最近的调查，城市包括集镇中，民众住房拥有率已经达到96%，户均住房资产达到319万，这些指标在国际上都处在前列，而且拥有二套房的城市住户也超过了40%，这些指标说明，我们的房地产市场投机性和投资性的比重相当高。

中国老百姓爱买房，而美国老百姓爱买股票，所以中国人特别是城市居民的财产分配在住房里的比率高达75%，而美国人财产在住房里的占比只有25%。这样一来大家可以想象得到，城市里很多千万富翁的资产大规模在房产里。

现在疫情又告诉大家，距离产生安全。这个时候会出现局部地方的二手房火热的现象，或者房地产市场出现一定程度的复苏，但是这种短暂的现象并不代表着长远的趋势。从长远趋势来看，农民进城数量在不断减少，有一百多个三线城市人口在减少，所以中央提出来收缩型城市。住房人均拥有量已经达到10%，所以现在缺房子的地方是那些人口不断增加的都市圈里的核心城市，一二线城市，从空间上来说目前分配是不均衡的。

另外在房子的种类上，大家的需求是有差距的。随着财富的增加，人们对住房的需求质量越来越高，对阳台面积的要求越来越大，阳台能够提供的服务功能越来越多。同时住房不是一个单一的产品，还要包括环境、周边配套、小区管理等。是否能够在疫情里开合自如，是否能提供一个安全的环境，特别是一些老年人越来越想到，是否能生活在一个距离医院比较近的地方。

3.3.7　疫情下集中养老模式出现被颠覆的风险，未来居家养老模式可能会兴起

这次疫情还从另一个层面揭示了一个道理，此前世界上有两种养老模式，一

种模式为欧美为主的集中养老，如大量的各种所有制投资的养老院。另一种则像中国这样，居家养老占主要地位。此次疫情有一个深刻反思，就是集中养老这种模式出现了被颠覆的风险，特别像欧洲一些国家，三分之一甚至二分之一因疫情死亡的人来自这种集中的养老院，而居家养老使这种风险大大地减少。

疫情后居家养老的模式会重新兴起，不仅是中国，在世界上都可能会出现，这就要求社区提供老年护理的环境。诸如此类都会给房地产市场带来一些变化，这些变化衡量你要买什么样的房子，在什么地方买。但是总体上中国的房地产市场，随着从中央调控变成地方调控，从集中调控变成分散调控，从行政手段调控为主变成经济手段调控为主，整个房地产市场的平稳发展是可以期待的。

第 三 篇 | 方法与技术

全球气候的持续性变化以及"新型冠状病毒肺炎COVID-19"这一突发事件的爆发,为城市及其居民带来了压力与风险,严重影响了人们正常的生产生活秩序及身心健康。在当今低碳生态城市越来越注重"精细化管理"发展的新形势下,如何应对持续性气候变化风险,同时准确、精细地应对突发公共事件是值得我们深入思考的迫切问题。在全球贫富差距、社会割裂、经济挑战、资源短缺等发展条件的持久制约下,在危害城乡人类健康生存的慢变量(卫生人力、管理者、信息系统等)日益增多、快变量(如隔离病房、防护装备、监测)出现的频率与强度不断突破常规的形势下,探讨气候变化适应及健康-韧性城市这些议题的重要意义和价值所在,也许正与人类试图厘清、整顿、优化其所处环境秩序的期望和愿景有密切关系。

在新的环境下,城市的人口、经济、金融等,都在以"流"的形式被重塑,不断突破人们对城市的认知,瞬息万变的形式要求持续发展已有城市规划技术,探索创新的城市建设工具与方法,以应对城市发展过程中的突发事件,提升城市应对风险能力,改善城市的健康与韧性。在此背景下,建立完善的低碳城市建设的方法与技术体系,是未来一段时间中国低碳城市发展的目标。本篇通过从健康-韧性城市的角度出发，对健康-韧性城市研究动态进行梳理并在此基础上对城市建设管理与环境的适应性、大气污染物与温室气体协同控制、面向微气候环境健康模拟、复杂城市立体交通系统污染物传播等技术方法进行系统阐述，对城市规划的各个层面建立相对完善的技术体系。由于低碳生态城市建设的复杂性和特殊性，并非仅对纯技术进行阐述，本篇同时选择昆明、荆门等典型城市，从城市生物多样性与城市规划，EOD模式下基于大数据视角下的居住空间和价值进行研究分析，使技术应用更加具有可操作性，为低碳生态城市的建设与发展提供技术支撑。

Chapter III Method and Technology

The outbreak of COVID-19 and the continuous change of global climate have brought pressure and risk to the city and its residents, which seriously affected people's normal production, life order and physical and mental health. In today's new situation of low-carbon eco city paying more and more attention to "meticulous management", how to deal with the risk of sustainable climate change and accurately respond to public emergencies is an urgent problem worthy of in-depth thinking. Under the long-term constraints of the global gap between the rich and the poor, social fragmentation, economic challenges, resource shortage and other development conditions, under the situation that the slow variables (health manpower, managers, information systems, etc.) endangering the healthy survival of urban and rural people are increasing, and the frequency and intensity of fast variables (such as isolation ward, protective equipment, monitoring) constantly break through the conventional situation, the adaptation to climate change and the significance and value of these issues may be closely related to human's expectation and vision to clarify, rectify and optimize the environmental order.

In the new environment, the population, economy and finance of the city are being reshaped in the form of "flow", constantly breaking through people's cognition of the city. The rapidly changing form requires the sustainable development of existing urban planning technology, and the exploration of innovative urban construction tools and methods to deal with emergencies in the process of urban development, improve the city's ability to cope with risks, and improve the health and resilience of the city. In this context, it is the goal of China's low-carbon city development in the future to establish a sound method and technical system of low-carbon city construction. From the perspective of healthy resilient city, this chapter combs the research trends of healthy and resilient city, and on this basis, systematically expounds the technical methods of urban construction management and environmental adaptability, collaborative control of air pollutants and greenhouse gases, health simulation for microclimate environment, pollutant transmission of complex urban three-dimensional transportation system, etc., to establish a relatively complete technical system. Due to the complexity and particularity of low-carbon eco city construction, it is not only about pure technology, this chapter also selects Kunming, Jingmen and other typical cities to research and analyze the urban biodiversity and urban planning, and the residential space and value under the EOD mode based on the perspective of big data, so as to make the technology application more operable, to provide technical support for the construction and development of low-carbon ecological city.

1 健康-韧性城市研究动态及展望❶

1 Research Trends and Prospects of Healthy and Resilient Cities

健康城市与韧性城市自 20 世纪 80 年代与 20 世纪 90 年代分别被提出以来，迄今已成为世界范围内的研究热点与实践议题。然而，将健康城市与韧性城市关联研究的文献并不多。在新冠肺炎疫情业已成为"二战"以来最严重的全球危机且至今肆虐威胁不减的宏观大背景下，学术界及其他各界均大力呼吁加强人居环境的健康和韧性，提升城市的健康与韧性水平也已经成为具有相当紧迫性的议题。因此，系统梳理"健康城市"与"韧性城市"关联研究及实践动态，探讨与分析相关研究的特点与问题，对进一步研究健康城市与韧性城市融合发展的可能性，提出健康-韧性城市深入研究的相关主题，促进城市人居环境的可持续发展，均具有重要的学术意义与实践价值。

1.1 健康-韧性城市研究文献分布

1.1.1 依据 WOS 的文献分布分析

WOS（Web of Science）数据库涵盖了全球最权威的三大引文索引数据库，是世界上最大的公共引文索引和研究情报平台。以下基于 WOS 数据库，以"TS＝（resilience）AND TS＝（healthy）AND TS＝（city * OR urban）"为检索条件，选择 1998 年到 2020 年共 22 年的核心合集数据，共检索到相关文献 133 条。

发文数量、关键词聚类以及研究热点时序知识图谱分别见图 3-1-1、图 3-1-2、图 3-1-3。由图 3-1-1 可知，健康韧性城市研究从 1998 年开始，1998—2008 年文章数量较少，从 2009 年至今文献数量迅速增加。由图 3-1-2 可知，健康韧性城市研究主要包括 5 个方面：健康韧性城市的生态系统规划、城市化进程中的健康韧

---

❶ 沈清基，同济大学建筑与城市规划学院，高密度人居环境生态与节能教育部重点实验室，教授，博士生导师，E-mail：sqjj5688@126.com；慈海，同济大学建筑与城市规划学院，硕士研究生，E-mail：378115812@qq.com。受国家自然科学基金面上项目（51778435），国家社会科学基金重点项目（17AZD011），上海市 2017 年度"科技创新行动计划"（17DZ1203200）课题资助。

性城市构建、肥胖率与健康韧性城市间的关系、健康韧性城市的社会问题研究、健康韧性城市的健康促进研究。由图3-1-3可知，健康韧性城市研究热点时序大致分三个阶段：初始阶段（2009年之前）主要为青少年健康韧性研究；发展阶段（2009—2015年），主要集中于城市建成环境及生态系统韧性方面的研究；第三阶段（2016年以后），研究内容呈现多样化，健康韧性逐渐渗入与城市规划相关的各个领域。

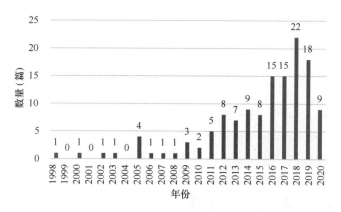

图3-1-1　WOS 1998—2020年与健康韧性城市相关的发文数量年份分析

（图片来源：笔者自制）

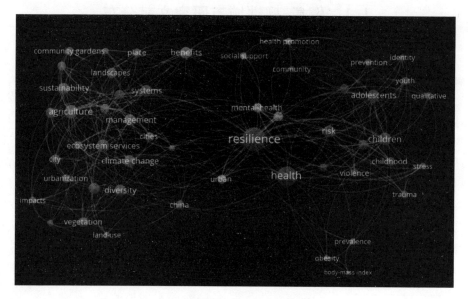

图3-1-2　"健康韧性城市"关键词聚类分布

（图片来源：笔者基于VOSViewer制作）

1 健康-韧性城市研究动态及展望

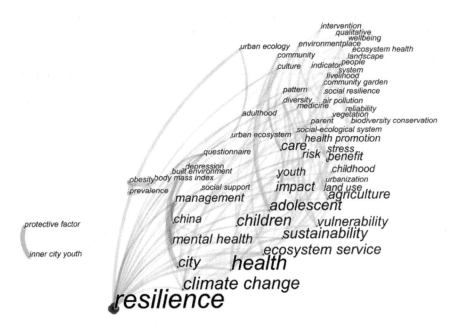

图 3-1-3 "健康韧性城市"研究热点时序知识图谱
(图片来源:笔者基于 Citespace 绘制)

1.1.2 依据研究主题的文献分布分析

以上的文献分布分析建立在"主题检索"的基础上。由于明确将健康城市与韧性城市关联研究的文献很少,故需要通过进一步的文献筛选,才能将此类文献的相关信息从大量的素材中"剥离"出来,以下分别对国内外文献中"健康""韧性""健康城市""韧性城市"关联研究的相关信息进行针对性的梳理,以期了解健康-韧性城市研究文献的分布情况及动态。

1.1.2.1 国外文献

2020 年 7 月,在 WOS 以"resilience"+"health"检索。选取检索结果前 1000 篇文章中标题含有"resilience"和"health"的文献,以期了解国外"健康-韧性"关联研究的文献分布情况。此类文献共 66 篇,占 1000 篇的 6.6%。其中,主要的文献研究主题类型前 3 名分别为:特定地区及特定对象的健康与韧性、儿童/青少年的心理健康与韧性、特定人群的心理健康与韧性(表 3-1-1)。

WOS中"resilience"＋"health"关联研究文献的研究主题分类（部分）　　表3-1-1

健康与韧性关联研究的类型	篇数	主要研究内容与文献发表年份
韧性医疗健康系统	2	韧性医疗健康系统的概念、研究方法（2020）； 公共卫生危机期间"整合韧性"（integrative resilience）的方法和技巧（2020）
健康卫生系统和组织的韧性	5	健康卫生系统的韧性（2020）； 社区健康卫生组织韧性建设（2020）； 特定地区健康卫生系统的韧性（2020）
COVID-19下的心理健康与韧性	6	COVID-19大流行中的心理健康和韧性（2020）； COVID-19大流行期间保健专业人员的韧性和情感支持； 健康卫生系统抵御COVID-19的韧性（2020）
特定地区、特定对象的健康与韧性案例	7	河流健康与韧性评估（2020）； 海岸带公共卫生系统韧性（2020）； 湾区医疗保健系统韧性（2020）； 飓风影响下人群的健康与韧性状况（2020）
儿童/青少年的心理健康与韧性	10	家庭韧性（family resilience）对儿童成长和心理健康的影响（2020）； 基于韧性视角分析无家可归成年人心理健康不良倾向（2020）； 不同国家学生之间韧性和心理健康的比较研究（2020）
特定人群的心理健康与韧性	27	病人、老年人、退伍军人、志愿者、医务人员、移民、低收入有色人种等的心理健康与韧性研究（2020）

（表格来源：笔者自制）

为了解国外文献在城市范畴内将"健康"与"韧性"关联研究的情况，2020年7月，在WOS中以"health"＋"resilience"＋"urban（city）"检索，共获得880条检索结果，经筛选获得33篇文章，占比3.8%。对这些文章的研究主题进行分类，发现将"健康＋韧性＋城市"关联研究的文献类型前3名分别为：城市化背景下土著人健康与韧性研究、城市健康与韧性案例研究、城市健康与韧性理论研究（表3-1-2）。

WOS中"health"＋"resilience"＋"urban（city）"关联研究文献的研究主题分类（部分）　　表3-1-2

"健康＋韧性＋城市"关联研究的类型	篇数	主要研究内容与文献发表年份
城市中移民和少数族裔的心理健康与心理韧性研究	2	城市移民的心理健康与心理韧性研究（2020）； 美国城市中非裔美国人的韧性与心理健康研究（1999）

续表

"健康＋韧性＋城市"关联研究的类型	篇数	主要研究内容与文献发表年份
青年健康与韧性	3	通过城市健康中心的治疗，建立青年韧性（youth resilience）应对不良的儿童时代经历（2020）； 印度北部德哈拉敦城市贫民窟青年妇女短期心理健康和韧性干预研究（2018）； 来自年轻人社会福利-健康长期研究的城市韧性证据（2013）
儿童健康与韧性	2	南非城市中父母因艾滋病去世的儿童心理健康韧性（mental health resilience）预测（2016）； 基于风险和韧性方法研究城市哮喘儿童的良好睡眠健康（2015）
社区健康与韧性	3	建设社区抗灾韧性：来自大型城市县公共健康卫生部门的观点（2013）； 城市社区和心理健康对理解韧性和干预措施的心理学贡献（1998）； 社区韧性、优质儿童保育和学龄前儿童心理健康（2011）
城市化背景下土著人健康与韧性研究	5	加拿大城市化背景下土著人对土地与自然作为健康韧性来源的认知研究（2020）； 澳大利亚城市地区土著儿童的土著韧性（aboriginal resilience）和儿童健康环境研究（2020）； 澳大利亚新南威尔士州城市土著儿童良好心理健康的影响因素——基于土著韧性与儿童健康研究（2016）； 人与自然关系作为城市土著青年韧性和健康源泉的研究（2020）； 西澳大利亚城市土著青年心理社会韧性（psychosocial resilience）与身体健康状况的关系研究（2015）
城市健康与韧性案例研究	6	灾后心理健康地理：桑迪飓风后纽约市心理脆弱性和韧性因素的空间格局（2015）； 为城市的健康而奋斗：坦桑尼亚达累斯萨拉姆的健康、脆弱性和韧性的人类学调查（2007）； 日常实践中的城市健康：坦桑尼亚达累斯萨拉姆的生计、脆弱性和韧性研究（2003）； 深圳市制造业1990年后出生工人的韧性、应对方式与心理健康的关系（2015）； 失败的韧性：纽约市公共卫生生态系统应对突发灾害的反应评估（2007）； 澳大利亚年轻同性恋男子在心理健康、韧性、污名化和社会支持方面的城乡差异（2015）

续表

"健康＋韧性＋城市"关联研究的类型	篇数	主要研究内容与文献发表年份
城市健康与韧性理论研究	6	城市环境中可持续的健康促进和韧性研究（2016）； 城市贫困的韧性：人口健康的理论和实证研究（2008）； 城市韧性概念及其与心理健康韧性的关系（2017）； 城市韧性的基本决定因素：适用于公共健康卫生危机的指标研究（2015）； 培养韧性：城市管理作为改善健康和福祉的手段（2009）； 城市公共卫生系统与气候韧性研究（2016）

（表格来源：笔者总结）

1.1.2.2 国内文献

在中国知网（CNKI）中以"健康韧性"（篇名）检索（2020-07-18），只见到一篇报刊文章："坚守红线底线，保障城乡空间健康韧性"❶；以"韧性健康"（篇名）检索，可见 2 篇文章，分别为："深圳福田：全力打造韧性健康城区"❷，"构建韧性健康卫生保障系统"❸；以"健康"＋"韧性"（篇名）检索 CNKI，可见 121 篇（其中中文 104 篇）（图 3-1-4）。由图 3-1-4 可见，健康-韧性研究文献数量近年增加很快，说明对健康-韧性的关注度不断上升。121 篇文章的研究主题分布见图 3-1-5，文献数量最集中的前 5 名的研究主题分别为"心理韧性""心理健康""认知障碍""中介作用"和"健康坚韧性"。中文 104 篇的关键词聚类分布和研究热点时序知识图谱见图 3-1-6、图 3-1-7。由图 3-1-6 可见，与"健康""韧性"相关的主题集中于心理健康、心理韧性、健康坚韧性、精神卫生、社会支持等方面，研究主体局限于个体健康层面。

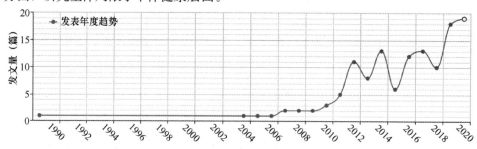

图 3-1-4 以"健康"＋"韧性"检索所得的历年文献数量趋势（中文＋英文）

---

❶ 杨涛．坚守红线底线，保障城乡空间健康韧性［N］．中国交通报，2020-02-11（008）．
❷ 董宏伟．深圳福田：全力打造韧性健康城区［J］．中国卫生，2020（05）：88-89．
❸ 赵宏展．构建韧性健康卫生保障系统［J］．现代职业安全，2020（02）：85-87．

由图 3-1-7 可见,"健康""韧性"的研究热点时序大致分为两个阶段:2013 年前主要针对青少年由生活学业等压力所引起的心理健康障碍进行研究;2014 年后关注对象转向留守儿童、哮喘儿童、进城务工人员、女性等弱势群体,研究内容也不仅限于心理健康问题,还包括了一系列生理健康问题。

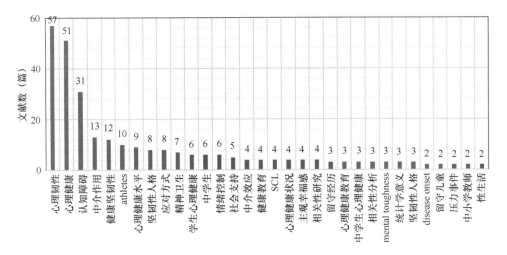

图 3-1-5 以"健康"+"韧性"检索所得的文献研究主题分布(中文+英文)

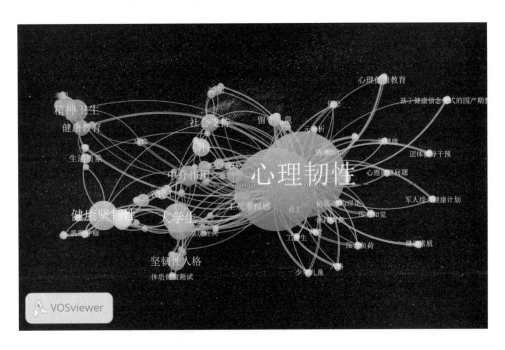

图 3-1-6 "健康"+"韧性"关键词聚类分布(中文)

(图片来源:笔者基于 VOSViewer 制作)

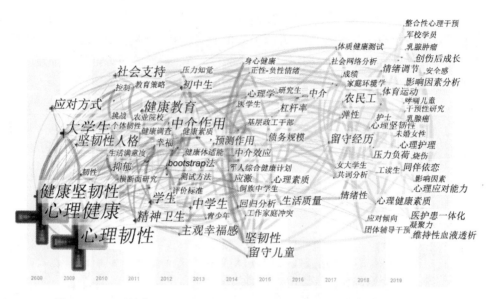

图 3-1-7 以"健康"+"韧性"检索所得的研究热点时序知识图谱（中文）
（图片来源：笔者基于 Citespace 绘制）

1.2 国外健康-韧性城市研究动态

1.2.1 与机构相关的研究动态

1.2.1.1 联合国减灾署

联合国减灾署"让城市更具韧性十大指标体系"（UNISDR）第 5 条指标❶，提到了"评估所有学校和卫生健康设施的安全性，并做必要的维护升级"（表 3-1-3）；此外，"十大指标体系"中，"市民""公众""市民组织""民间团体""地方联盟""低收入者（群体）"和"社区组织"等多处出现，一定程度上说明这一韧性指标蕴含着社会健康的考量。由此可发现联合国减灾署的"韧性"指标体系与"健康"产生了一定的关联。

联合国减灾署"让城市更具韧性十大指标体系"　　　　表 3-1-3

序号	指标内容
1	基于更多市民组织和民间团体的参与，促进城市减灾意识防范的组织协调工作，促进地方联盟，确保所有部门明确他们在城市减灾工作中担任的角色和要做的工作

---

❶ UNISDR. Making cities resilient: summary for policymakers [R]. 2013.

续表

序号	指标内容
2	提供城市减灾专项预算,并鼓励市民、低收入者、商业和公共部门增加防灾减灾工作的投资
3	确保对城市危害或脆弱性因素的数据更新和风险评估,并将评估结果作为制定城市规划和决策的依据。确保公众知悉城市风险评估的结果,并充分参与城市决策制定
4	投资关键基础设施(如防洪设施)的维护,应对尤其是气候变化带来的风险
5	评估所有学校和卫生健康设施的安全性,并做必要的维护升级
6	推广并强制执行具有可行性的安全建筑条例和土地规划原则。确保低收入群体的用地安全,并根据实际情况推行灵活的升级措施
7	在学校和地方社区确保减灾防灾的教育培训项目的开展
8	保护城市的生态系统和自然屏障,以抵御洪水、风暴潮或其他灾害
9	增强城市的早期预警和紧急情况响应能力,并定期进行公众防灾演习
10	确保灾后幸存者能够及时有效地获得救灾物资或援助,协助市民和社区组织实施灾后重建和恢复

(表格来源:UNISDR,2013)

1.2.1.2 世界卫生组织(WHO)

WHO 于 2000 年提出的"健康影响评估原则"(WHO Principles for Health Impact Assessment)共有 5 条原则。其中一条"可持续发展"中,WHO 明确指出:在支持发展的人类社区中良好的健康是韧性的基础。可见,WHO 不仅强调健康,而且将健康、韧性和可持续发展关联在一起[1]。WHO 于 2015 年将气候适应性(韧性)健康卫生系统定义为"能够预测、响应、应对、恢复和适应气候相关的冲击和压力,从而在气候不稳定的条件下持续改善人类的健康"[2]。同时,WHO 明确了气候韧性健康卫生系统的 10 个组成部分,其中,涉及了"健康资金""健康信息""气候健康""健康环境"等与"健康"相关的内容(图 3-1-8)[3]。由此可见,在气候韧性卫生系统方面,WHO 将健康与韧性予以了较明确的关联。

1.2.1.3 欧洲健康城市网络(联盟)

2012 年,世界卫生组织欧洲区域的 53 个成员共同承诺创造"韧性和支持性的环境"(resilient and supportive environments),作为欧洲"健康 2020"

---

[1] QUIGLEY R. Health impact assessment international best practice principles: special publication series No. 5 [R]. International Association for Impact Assessment, 2006.
[2] WHO. Operational framework for building climate resilient health systems [R]. 2015.
[3] 卡林奈. 碳减排、气候韧性与领导力——气候智慧型医疗卫生战略 [J]. 中国医院建筑与装备, 2018, 19(07): 23-26.

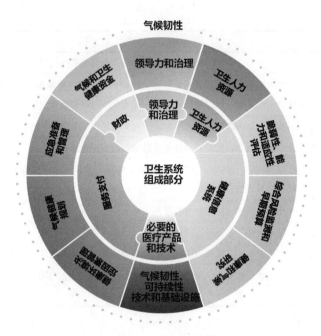

图 3-1-8　世界卫生组织气候韧性卫生系统的 10 个组成部分

(Health 2020) 的四项优先行动之一❶。在"健康 2020"最近的阶段（2014—2018 年）中，将"培养有韧性的社区"作为重点之一。2015 年的资料显示，欧洲已有 30 个国家 1500 多个城市加入"欧洲健康城市网络"。该城市网络的健康城市建设框架致力于解决公共健康的主要挑战、构建韧性社区和支撑性的建成环境，并强化人本导向的健康支持系统与公共健康能力❷。而 2019 年发布的 (2019—2024 年) 欧盟健康城市联盟的实施框架，除了继续对社区韧性予以较大关注以外（表 3-1-4），还对社会韧性予以强调。该框架指出，近年来城市社会景观（social landscape）变化明显，包括人口老龄化、移民、贫穷和日益增长的不平等，叠加上气候变化因素以后，城市尤其需要重视物质韧性和社会韧性（physical and social resilience）❸。可见欧洲的健康城市与韧性的关联有日益加强、细化的倾向。

---

❶ GREEN G, JACKISCH J, ZAMARO G. Healthy cities as catalysts for caring and supportive environments [J]. Health Promotion International, 2015, 30 (S1): 99-107.

❷ LAFOND L J. National healthy cities networks in the WHO European Region: promoting health and well-being throughout Europe [R]. WHO Regional Office for Europe, 2015.

❸ WHO Regional Office for Europe. Implementation framework for Phase VII (2019—2024) of the WHO European Healthy Cities Network: goals, requirements and strategic approaches [R]. 2019.

欧盟健康城市联盟（2019—2024）实施健康城市框架的第 7 阶段关键主题　　表 3-1-4

关键主题					
人	地点	参与	成功	和平	地球
高度相关的优先问题					
儿童健康	场所健康和环境健康	老年人健康	社区韧性	健康的城市规划与设计	缓解和适应气候变化
老年人健康	综合卫生规划	减少脆弱性	老年人健康	健康作为和平的桥梁	保护生物多样性
减少脆弱性	健康的交通	增加体力活动	心理健康和幸福	预防暴力和伤害	废弃物、水和卫生
心理健康和幸福	绿色空间	转换服务支付方式	健康的住房和再生	人身安全	促进健康和可持续的市政政策
恢复公共卫生能力	能源的健康	健康素养	综合卫生规划	健康安全	
健康的饮食和体重		健康的文化	健康和福祉指标	心理健康和幸福	
减少饮酒		健康的住房及其再生	经济模式转型		
烟草管制			道德投资		
人力资本			普遍的社会保障		
社会信任和社会资本			健康的商业决策		

（表格来源：WHO Regional Office for Europe，2019. 由笔者翻译）

1.2.1.4　洛克菲勒基金会

洛克菲勒基金会和 ARUP 于 2014 年推出的《城市韧性指数：理解及测度城市韧性》（City Resilience Index：Understanding and Measuring City Resilience）对城市韧性的定义为："城市韧性解释了城市发挥其功能的能力，即，无论遭遇到何种压力和冲击，城市均具备使人们（尤其是穷人和弱势群体）在城市中生活和工作及健康成长的能力。"可以发现，该定义提到了"健康"。同时，该指数将城市韧性与城市良好的状态建立联系，其明确指出，城市履行城市功能的能力决定了其是否具有韧性；城市韧性可以看作是良好的健康状态、安全的生存环境、社会的和谐繁荣。相反，一个不具有韧性的城市则可视为不健康或不安全的、生存环境动荡、社会冲突、民众贫困。此外，值得关注的是，该城市韧性指数中明确包含了"健康"维度（4 个维度分别为健康和福祉、经济和社会、基础设施和生态系统、领导力和战略）❶。可见该韧性指数对健康的重视。

---

❶ ARUP. City resilience index[EB/OL].（2017-10-01）[2020-6-30]. http：//www.cityresilienceindex.org.

1.2.2 文献研究动态

1.2.2.1 健康城市研究中的韧性思维

主要包括：健康城市的韧性属性和韧性功能；健康指标在城市韧性评价中的作用；城市经济韧性对城市健康的积极作用；城市健康在韧性规划中的地位等。

Takano[1]指出：健康城市的愿景应从环境、社会、经济三个方面去构建；健康城市应拥有繁荣和有韧性的经济；健康城市的志愿者所产生的志愿者文化造就了适应力强和有韧性的人，这是健康城市的最持久的资源。Takano将韧性的经济视作健康城市的构成之一，将有韧性的人视作健康城市的重要资源，都是很明显的将健康城市与韧性城市关联的例证。

Josephine等[2]的研究指出：一些健康城市通过投资于健康老龄化以及其他的预防性战略投资所获得的收益，遏制了日益增长的保健和护理成本，将危机转化为机会，在此过程中表现出了非凡的韧性。一些健康城市回应老年人对于社会、健康和其他服务实施需求的举措，在促进社区包容性提高老年人生活水平的同时，也提高了社区的韧性，创造了有韧性的社会环境（resilient social environments）。Jackisch等的研究说明了健康城市有可能通过科学的运营转危为机，并获得社会系统方面的韧性。

Sharifi等[3]在总结已有城市韧性评价指标的基础上，提出了包括基础设施、安全、环境、经济、制度、社会与人口6大主题的城市韧性评价指标，其中，"社会与人口"的子主题为"健康"，具体包括：卫生系统响应、健康覆盖、健康通道等。

Polèse[4]强调城市经济韧性与健康的关联。他认为，较为完善的城市经济韧性应包括：受过良好教育和职业技术培训的人口、经济产业能够辐射广阔的市场、具有多样的经济类型并拥有较大的服务业比重、城市健康宜居这四大方面。

Joassart-Marcelli等[5]认为，儿童与自然之间联系的缺失是一个值得重视的问题，城市韧性规划应该考虑儿童，要为儿童保护城市自然环境，促进儿童情感

---

[1] Takano T. Healthy cities and urban policy research [M]. New York: Spon Press, 2003.

[2] Josephine J, Gianna Z, Geoff G, et al. Is a healthy city also an age-friendly city? [J]. Health Promotion International, 2015, 30 (suppl 1): 108-117.

[3] Sharifi A, Yamagata Y. Resilient urban planning: Major principles and criteria [J]. Energy Procedia, 2014, 61: 1491-1495.

[4] Polèse M. The resilient city: On the determinants of successful urban economies [A]. Paddison R, Hutton T. Cities and Economic Change [M]. London: Forthcoming Press, 2010; 转引自: 李翅，等. 国内外韧性城市的研究对黄河滩区空间规划的启示 [J]. 2020, 27 (02): 54-61.

[5] Joassart-Marcelli P, Bosco F J. Planning for resilience: urban nature and the emotional geographies of children's political engagement//Children's emotions in policy and practice: mapping and making spaces of childhood [M]. London: Palgrave Macmillan, 2015.

的健康发展。卡特琳娜·巴克和安琪·施托克曼❶在讨论韧性景观的基本原则时，论述了整体韧性系统所具有的维持景观系统健康与活力的作用。

斯蒂芬·F·格雷等（2018）在菲律宾马尼拉大都会区城市设计中，制定了三大城市韧性原则（包括生态环境原则：设计结合自然，而非抵抗自然；社会经济原则：支持共享经济；形态原则：致力于打破城市建设中的隔离现状），并提出了一系列涉及多尺度、时间和学科维度的"韧性策略"。在城市及地域尺度，将修复健康的水利系统，引导水流、减少洪涝与雨洪污染作为项目运用的韧性策略之一。在社区层面，设计了多功能基础设施。在提供基本服务的同时，也将与非正规社区现有的空间结构相融合，并引入共享电力、管网系统、制冷和社区便利设施，以提升社区应对洪水的韧性，改善健康和安全状况。

1.2.2.2 韧性城市研究中的健康意识

主要包括：韧性理论的健康属性与意义；韧性城市的健康功能；韧性社区的健康诉求；韧性指标中的健康维度等。

Pickett 等认为，韧性理论具有人居环境健康理论基础的作用。他们指出，韧性概念和理论体系在自然科学研究、工程技术领域、社会经济方面都分别得到不同程度和角度的应用与发展，是整合城市生态安全、人居环境健康与社会经济可持续发展的重要理论基础❷。

Wilbanks 等定义，韧性城市是指城市系统能够准备、响应特定的多重威胁并从中恢复，将其对公共安全健康和经济的影响降至最低的城市类型❸。可以发现，这一定义强调韧性城市维护公共健康的职能。

Barata-Salgueiro T 等对城市韧性的定义将城市韧性与公共健康建立了关联。他们指出，城市韧性指一个具体的城市区域遭受多种灾害威胁之后为确保公共安全与健康受到的损害程度最小化目标所具备的预警、响应和恢复能力❹。可以发现，这一定义也强调了韧性城市维护公共健康的职能。

---

❶ 巴克，施托克曼. 韧性设计：重新连接人和环境 [J]. 田乐，王胤瑜，李欣，译. 景观设计学，2018，6（04）：14-31.

❷ Pickett S T A, Mcgrath B, Cadenasso ML, et al. Ecological resilience and resilient cities [J]. Building Research & Information, 2014, 42 (2): 143-157; 转引自：徐耀阳. 韧性科学的回顾与展望：从生态理论到城市实践 [J]. 生态学报, 2018 (15): 5297-5304.

❸ Wilbanks T J, Sathaye J. Integrating mitigation and adaptation as responses to climate change: a synthesis [J]. Mitigation & Adaptation Strategies for Global Change, 2007, 12 (5): 957-962. 转引自：李彤玥，牛品一，顾朝林. 弹性城市研究框架综述 [J]. 城市规划学刊, 2014 (05): 23-31.

❹ Barata-Salgueiro T, Erkip E. Retail planning and urban resilience [J]. Cities, 2014, 36: 107-111. 转引自：徐耀阳. 韧性科学的回顾与展望：从生态理论到城市实践 [J]. 生态学报, 2018 (15): 5297-5304.

Corburn[1]将19世纪50年代以后的美国城市规划与公共健康卫生的关系分成5个时代（表3-1-5），认为在20世纪之前，美国的城市规划与公共卫生有所联系；但20世纪以后，除了少数例外两者出现了脱节。值得注意的是，作者专门将1990—2000年的城市类型设定为"社会流行病学和韧性城市"，显示出疾病及健康与韧性城市的关联性。

美国城市规划与公共卫生关系所表达的城市类型　　　　表 3-1-5

时代	城市类型
1850—1900	空气污染与卫生城市（miasma and the sanitary city）
1910—1920	细菌理论与理性城市（germ theory and the rational city）
1930—1950	生物医学模型与致病城市（the biomedical model and the pathogenic city）
1960—1980	危机和活动家城市（crisis and the activist city）
1990—2000	社会流行病学和韧性城市（social epidemiology and the resilient city）

（表格来源：笔者根据"Jason Corburn，2009"整理制作）

黄献明等[2]对近30年国际上"韧性社区"相关研究关键词分布进行了分析，笔者将分析结果绘制成（表3-1-6）。可发现国际上关于"韧性社区"的研究关注点在2010年提到了"社区健康"，属于一种将健康与韧性紧密关联的状态。

近30年国际"韧性社区"研究关键词　　　　表 3-1-6

时间（年）	关键词
1990	稳定性
2000	气候变化
2002	管理脆弱性和生物多样性
2006	风险适应能力
2010	社区健康
2013	转换能力
2016 以后	社会系统适应性；食品安全；碳排放

（表格来源：笔者根据"黄献明，朱珊珊（2020）"整理）

纽约州立大学布法罗分校开发的韧性能力指数（Resilience Capacity Index，RCI），分三个维度（图3-1-9）：①区域经济，含收入公平程度、经济多元化程度、区域生活成本可负担程度、企业经营环境情况；②社会-人口，含居民教育程度、有工作能力者比例、脱贫程度、健康保险普及率；③社区联通，含公民社

---

[1] Corburn J. Toward the healthy city：People，Places，and the Politics of Urban Planning [M]. London：The MIT Press，2009.

[2] 黄献明，朱珊珊. 基于气候灾害影响下的韧性社区评价及建设研究进展 [J]. 科技导报，2020，38（08）：40-50.

会发育程度、大都会区稳定性、住房拥有率、居民投票率❶。可发现，在"社会-人口维度""韧性"与"健康"之间产生了关联。

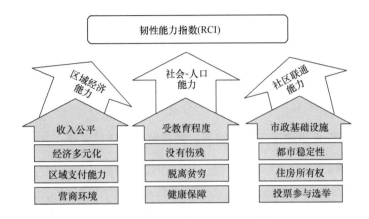

图3-1-9 纽约州立大学布法罗分校开发的韧性能力指数
（图片来源：http：//bangportal.com/wp-content/uploads/2017/06/Resilience-Capacity-Index.pdf［2020-08-25］）

1.3 国内健康-韧性城市研究动态

城市领域将健康与韧性关联研究的文献并不是很多。经扩大文献梳理对象和范围，发现两者关联研究的文献主要有如下类型：

1.3.1 城市韧性理念与城市健康

臧鑫宇等❷认为，城市韧性理念以城市本体为研究对象，以增强城市在承受扰动时保持自身功能不被破坏的能力为主要目标，是保障城市健康及可持续发展的有效途径。构建城市韧性的根本目的是在当前各种不确定性的危机发生频率增加的背景下，使得人居环境在不同尺度上更加健康、稳定和宜居，最终保障人类的可持续发展❸。

---

❶ http：//bangportal.com/wp-content/uploads/2017/06/Resilience-Capacity-Index.pdf［2020-08-25］.
❷ 臧鑫宇，王峤．城市韧性的概念演进、研究内容与发展趋势［J］．科技导报，2019，37（22）：94-104.
❸ 沈清基，孟海星．韧性城市：应对城市挑战与危机//中国城市科学研究会．中国低碳生态城市发展报告（2016）［M］．北京：中国建筑工业出版社，2016.

1.3.2 韧性城市与健康城市人居环境

王昕皓[1]强调，构建韧性城市不仅限于城市对某种灾害的应对能力，而是应将城市作为天人合一的生态实践，实现生态、经济、社会生活健康、和谐的人居城市环境。张明斗等[2]认为，韧性城市是抗击风险灾害、保护人类生存的关键力量，韧性城市的建设要求城市能够具备灵活应对外界灾害的基本能力，弱化城市发展的脆弱性，增强抵抗风险的能力，这将有效地降低人类面对不确定性风险的概率，对于实现健康有序的城市建设具有核心意义。

1.3.3 韧性城市建设与生态健康、经济健康及居民健康

李瑞良等[3]指出，韧性城市建设包括城市经济韧性、社会韧性、基础设施韧性和生态韧性的全方位塑造。其核心是转变传统防范风险思维，坚持常态预防与非常态化解相结合，由末端应急转向全过程管理，努力实现城市风险灾害预防的常态化、制度化、规范化，以构建兼顾生态健康、工程质量、经济活力、社会安全的韧性城市。赵博艺等基于"资产负债表"对经济的健康与韧性展开了初步的关联思考[4]。李瑞良等认为，韧性城市社会建设包括街道网络等基础设施的可达性和安全性、居民健康、城市居民防灾意识的培养等[5]。

1.3.4 韧性健康与健康卫生保障系统

赵宏展等指出，韧性健康卫生系统具有危机意识、多样性、自我规制、整合、适应性5个特征。该系统既关注慢变量（如卫生人力、管理者、信息系统等），同时也关注快变量（如隔离病房、防护装备、监测等）。快变量需要及时给予干预方案，否则会带来不可逆后果，而慢变量则只需给予合理的针对性方案即可，对时间的要求并不高。韧性健康卫生系统不仅需要关注系统硬件（基础设施、人力资源、经费），而且更需要关注系统软要素（知识、技术、组织体系、价值、标准等）。通过构建健康事件"领结图"，可为健康事件风险管控提供简洁、可视化的框架，有助于韧性健康卫生保障系统的运行（图3-1-10）[6]。

---

[1] 王昕皓. 城市化的韧性思维[J]. 城市与减灾, 2017（4）: 10-13.

[2] 张明斗, 冯晓青. 韧性城市的建设框架及推进策略研究[J]. 广西城镇建设, 2018（12）: 10-23.

[3] 李瑞良, 李燕, 沈洁, 等. 多维视角下云南少数民族地区韧性城市建设及对策研究[J]. 江苏科技信息, 2020, 37（02）: 72-77.

[4] 赵博艺, 董惠敏. 健康、合理、稳定—从"资产负债表"看中国经济韧性[J]. 国家治理, 2015（28）: 13-19.

[5] 同[3]

[6] 赵宏展, 贺晓珍, 杨意峰, 等. 建设网格化递阶医疗救助体系提升应急处置能力[J]. 现代职业安全, 2020.

1 健康-韧性城市研究动态及展望

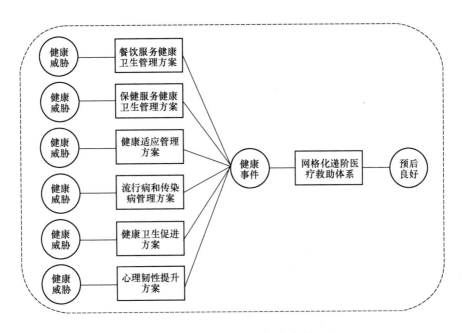

图 3-1-10　韧性健康卫生保障系统模型

1.3.5　生态韧性建设促进城市健康发展

陶懿君[1]认为，城市生态韧性建设可以由低至高分为三重维度，分别是"生态安全""生态效益"和"生态人文"，均对城市健康发展具有重要意义；冯远[2]认为，通过在政策制度、工程技术、社会管理、文化观念等方面进行系统的韧性城市建设，可促使城市健康发展。

1.3.6　气候变化下的健康韧性提升研究

气候变化是目前人类面临的现实威胁，健康韧性城市必须对此有所回应。梁巍等[3]论述了哈尔滨市以"热浪"为研究样本所开展的为期 3 年的城市社区灾害韧性能力提升实验，主要包括热浪健康风险预警系统的建立、气候变化健康风险的预警预报，以及综合干预措施（包括健康教育与健康促进）的实施与评估等。

---

[1]　陶懿君. 从城市生态韧性建设的三重维度探讨河川再生对城市健康发展的重要意义——以吉隆坡"生命之河"为例［J］. 住宅与房地产，2018（24）：255-256.
[2]　冯远. 加强"韧性城市"建设 让城市持续健康发展［J］. 中国勘察设计，2020（06）：28-29.
[3]　梁巍，兰莉，杨超，等. 哈尔滨市社区居民应对气候变化知识、态度、行为干预效果分析［J］. 中国卫生工程学，2016，15（4）：322-324.

1.3.7 健康与韧性结合的城市规划

冯宇晴等❶提出，应将增强城市韧性和保障城市健康安全作为未来城市规划与治理的核心要务。肖婧等❷提出了健康韧性城市规划的 EERR 模型，包括健康风险评估、城市韧性评估、空间规划响应、治理体系响应。其中，健康风险评估包括潜在疾病类型、传播机理、空间蔓延途径、健康风险点位置；城市韧性评估包括监控预警系统、分区隔离与疏散草案、城乡卫生设施布局、应急物质储备和输送通道控制系统等（图 3-1-11）。此外，《上海市城市总体规划（2017—2035 年）》在"健康"和"韧性"方面提出的针对性举措也一定程度上具有健康与韧性关联的特征（表 3-1-7）。

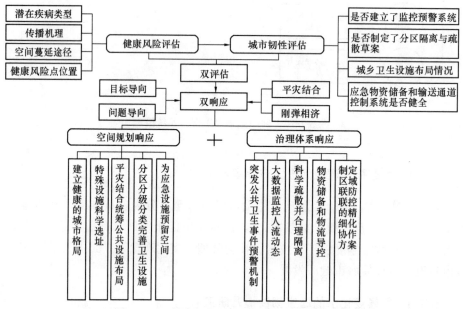

图 3-1-11 健康韧性城市规划的 EERR 模型❸

《上海市城市总体规划(2017—2035 年)》中的"健康""韧性"规划若干举措 表 3-1-7

关键词	规划描述（章节）
健康	推动上海城市**健康**可持续发展（第 4 条指导思想）
	不断完善多层次高水平的公共服务和社会保障体系，满足人民日益增长的美好生活需要，成为城市治理完善、共建共治共享的幸福、**健康**、人文城市（第 13 条目标愿景）

---

❶ 冯宇晴，柴铎. 后疫情时代：面向"韧性"和健康的城市规划与治理 [N]. 中国房地产报，2020-04-13（011）.

❷ 肖婧，李松平，梁姗. 健康的韧性城市规划模型构建与策略 [J]. 规划师，2020，36(06)：61-64.

❸ 同❷.

续表

关键词	规划描述（章节）
健康	产业园区转型：重点发展创新孵化、文化创意和无污染的研发中试、都市型工业等功能，增加居住、公共空间和公共设施配套，提高教育、**健康**等社会性基础设施服务水平，形成产业融合、功能复合的产业社区（第55条产业社区）
健康	建设与城市功能地位相适应的国际教育培训、**健康**医疗、文化交流中心（第56条人才环境）
健康	增加各类体育运动场地、休憩健身设施和地方性文化设施，构建由社区文化活动中心、**健康**休闲中心、社区菜场等组成的社区交往空间体系（第57条社区环境）
健康	完善社区卫生服务中心和卫生服务点等设施，提供全方位全周期**健康**服务（第58条基本公共服务体系）
韧性	注重绿色发展：突出底线约束、低碳**韧性**的路径模式，把保护生态环境和保障城市安全放在优先位置（第5条总体思路）
韧性	构筑城市生态安全屏障，不断提升城市的适应能力和**韧性**，成为引领国际超大城市绿色、低碳、安全、可持续发展的标杆（第13条目标愿景）
韧性	上海市城市总体规划核心指标——更可持续的**韧性**生态之城：河湖水面率；人均公园绿地面积；森林覆盖率；细颗粒物（$PM_{2.5}$）年均浓度；原生垃圾填埋率；水（环境）功能区达标率；消防站服务人口；应急避难场所人均避难面积（第13条目标愿景）

（表格来源：根据《上海市城市总体规划（2017—2035年）》整理制作）

1.4 思考与展望

基于以上对国内外"健康"和"韧性"、"健康城市"和"韧性城市"文献分布及研究动态的梳理与分析，笔者提出如下衍生的思考与展望。

1.4.1 加强"健康-韧性城市"的关联研究

首先，根据上文对国内外"健康-韧性城市"文献动态的梳理分析可知，尽管客观上存在着健康城市研究中的韧性思维，以及韧性城市研究中的健康意识，但是，明确将健康城市与韧性城市关联研究的系统性成果仍属鲜见。陈轶等[1]的研究对本文这一观点有所支撑。如，他们选取 Landscape and Urban Planning、

---

[1] 陈轶，葛怡，陈睿山，等. 气候变化背景下国外城市韧性研究新进展——基于 Citespace 的文献计量分析[J]. 灾害学，2020，35（02）：136-141.

Urban Studies、*Cities*、*Habitat International* 4本权威城市规划领域杂志1993—2018年共25年的文献作为分析来源，发现国外城市韧性的研究热点从"关键词的年度变化"到"关键词个数最多的7个聚类（Sihouette0.7）"（分别为：社区部门、推进城市可持续性理论、土地利用变化、自然保护、城市周边水景、地理设计、城市化），均不包含"健康"。这在一定程度上说明，在该文所选取的4本权威杂志的范畴内，韧性研究既未与健康研究明确关联，更非学术研究的主流。

其次，相关城市实践信息也表明健康韧性城市关联未引起足够重视，如，根据蔡竹君❶对世界34个城市（主要为欧美城市，包括纽约、伯克利、丹佛、新奥尔良、多伦多、渥太华、哥本哈根、伦敦、曼彻斯特、阿姆斯特丹、鹿特丹、墨尔本、悉尼、新加坡、曼谷、雅加达等）的韧性发展目标所进行的统计，笔者再依据其统计对34个城市的"韧性城市目标/愿景""相关的韧性目标"进行梳理，发现只有美国丹佛市、加拿大渥太华、澳大利亚墨尔本提到了"健康"。其中，丹佛是"保护丹佛公民的健康"；渥太华是"生态系统健康"；墨尔本是"促进社会的凝聚力、平等的机会和健康的环境"。这说明，34个国外城市的韧性规划目标中大部分未包含"健康"的内容。

第三，发布于2016年11月21日、来自全球100多个城市的市长共同签署的《健康城市上海共识》❷指出：健康和福祉是联合国2030发展议程和可持续发展目标的核心；健康与城市可持续发展相辅相成、密不可分，应坚定不移推进二者共同发展。该《共识》提出了健康城市治理五大原则、健康城市十大优先行动领域。但是，该文件未出现"韧性""城市韧性"与"韧性城市"，一定程度上说明并未明确将"健康"与"韧性"关联。此外，发布于2018年的《全国健康城市评价指标体系（2018版）》中5个一级指标分别为健康环境、健康社会、健康服务、健康人群、健康文化，尽管相比以往将健康局限在"健康人群"上有很大的改善，但是，仍然未将"韧性""城市韧性"和"韧性"纳入"城市健康"考虑问题的视野。由此可见，在一些层次及重要性均较高的文件及规范中，"健康"与"韧性"的关联尚未引起重视。

鉴于健康与韧性均是人居环境以及人类生存的两个基础性的属性与需求，在人居环境领域的学术研究及实践中，加强健康-韧性城市的研究极有必要。具体举措之一是明确将"健康城市"与"韧性城市"合成并称之为"健韧城市"。"健韧城市"是包含"健康城市"与"韧性城市"的所有核心特质，但同时又具有两者不具备的优秀属性的、应对不确定性和挑战的新型城市类型。"健韧城市"的

---

❶ 蔡竹君. 气候变化影响下城市韧性发展策略的国际经验研究［D］. 南京：南京工业大学，2018.
❷ https://www.who.int/healthpromotion/conferences/9gchp/healthy-city-pledge/zh/［2020-08-25］.

提出，将使得"健康城市"与"韧性城市"两者的有机耦合、协调共生、双向融合更加全面和彻底。

1.4.2 确立健康-韧性城市的"投入-产出"意识

首先，健康与韧性作为城市的优良属性，实际上是城市自然条件和社会经济发展水平以及城市治理能力的综合体现，是在一定投入条件下的"产出"。从这一角度而言，城市的健康-韧性必须持续予以多个方面的投入和恰当合理的经营，才能保证不断产出满足城市发展需求的功能和属性。其次，城市健康与韧性具有公共产品的特性。公共产品需要合理的公共制度保障。如，一些城市的租界在有限的用地范围内总是放弃商业经营的巨大收益而保留一定的用地作为公共休闲娱乐用途，其目的是保障租界整体的生活质量。这一制度设计既体现了某种公共属性，也保证了租界整体上的连续收益。再如，世界范围内广泛存着的休耕休渔制度，也是在明确的制度设计下的产物：通过放弃暂时的短期收益（投入），而获得长远的不间断的土地收益和渔业收益（产出）。因此，根据以上内容，可以提炼出一个提升城市健康-韧性的理论思考——"舍得理论"。即，要获得城市的健康和韧性，在空间规划、制度政策设计上等很多方面要有"舍"（投入）才能有"得"（产出）。当然，健康-韧性城市的投入与产出所包含的范围是很大的。从资本角度而言，人力资本、社会资本、文明资本、资金资本等均属于投入的范畴，相应的，城市安全感、幸福感、文明氛围、祥和景观、丰裕生活等均属于"产出"的范畴。

1.4.3 提倡健康-韧性的耦合思维、前置思维与全域思维

所谓"健康-韧性"的耦合思维，是指"健康-韧性"城市不是将健康城市与韧性城市两者简单地叠加，而是两者的相互渗透、有机融合及升华优化。其中，"将健康融入所有政策"是健康-韧性耦合思维的重要体现。"将健康融入所有政策"是2013年芬兰召开的第八届全球健康促进大会的主题，大会要求确保健康的社会决定因素作为政治优先，确立实施"将健康融入所有政策"所需的组织结构和程序❶。

"健康-韧性"的前置思维，是将城市人居环境优质状态所需的除了健康与韧性以外的城市功能或属性等予以预防性、扩展性考虑。如，"安全"显然是达成"健康""韧性"的前提和基础，强调健康-韧性发展，"安全"是必须予以先期考虑的（表3-1-8）。

---

❶ 中国健康教育中心. 第九届全球健康促进大会重要文献及国际案例汇编 [M]. 北京：人民卫生出版社，2017.

表 3-1-8 上海市总体规划实施监测指标表中的"安全韧性"指标

安全韧性	更低碳的资源利用	碳排放总量较峰值降低率（%）
		可再生能源占一次能源供应的比例（%）
		新建筑绿色建筑达标率（%）
		绿色交通出行比例（%）
		万元 GDP 水耗（立方米/万元）
		万元 GDP 能耗（吨标准煤/万元）
	更有效的安全保障	满足消防和院前紧急呼救响应时间
		应急避难场所人均避难面积（平方米）
		年径流总量控制率（%）
		分散式能源占全市供电能源总量的比例（%）
		全市年平均地面沉降量（毫米）
		本地蔬菜及食品自给供应率（%）

（表格来源：上海市规划和国土资源管理局❶）

健康-韧性的全域思维建立在这样的认知基础上——尽管健康与韧性的融合很有必要，但两者并不是城市发展的终极目标，更不是高品质的城市可持续发展的全部；许多其他的城市高品质目标及属性也应予以同样的高度重视。首先，全域思维强调健康-韧性城市除了考虑人的健康韧性以外，还要满足人以外生物的健康韧性需求；其次，全域思维要将高品质城市所需的全部优质属性（如文明、道德、秩序、协调；经济、社会、生态环境……）都予以统筹整合；第三，全域思维还应将人类与人居环境遇到的与生存相关的所有问题都纳入视野。仅举一例，气候变化作为目前人类遇到的最大的威胁之一，在讨论健康-韧性城市时必须加以重点关注。

1.4.4 重视"城格"在"健康-韧性城市"建设中的基础性作用

"城格"概念由"人格"概念引申而来。人格定义有三层含义，其一是指人的性格、气质、能力等特征的总和；其二是指人的道德品质；其三是指人作为权利、义务主体的资格。一般，人格定义中第一层含义是其最通用和常见的定义。人格包括7个维度：活跃、坚韧、重情、随和、爽直、利他、严谨；人的心理健

---

❶ 上海市城市规划设计研究院. 上海市城市总体规划（2017—2035 年）实施年度体检报告（2017 年度）[R]. 2018.

康量表与人格量表大部分呈负相关，表明人格状况越好，心理健康方面的问题越少❶。人格具有不同的类型。以生态人格为例，生态人格是指蕴涵生态意识和生态智慧的人格❷。生态人格包含了生态理智性、生态宜人性、生态开放性、生态外倾性和生态责任心的五维结构概念；城市居民生态人格的状态对于城市生态环境演变具有关键的意义❸。

笔者将"城格"定义如下：城格是指城市的性格、气质、能力等特征的总和，是城市的道德文明方面的品质，是城市所具有的权利与义务。显然，城格是城市最基本的属性与特征的较为恰当的表征视野、表征角度与表征概念，是许多具体化的城市属性（包括健康与韧性）的"发源地"。城格是一个中性词。一个城市可以有很高水平的城格，也完全可能有很低水平的城格。研究城市的具体品质与具体属性（包括韧性与健康）极有必要从"城格"的层面展开思考并实施实践。

与人格特质是指在不同时间与情境中保持相对一致的行为方式倾向类似❹，城格特质也具有其时空稳定性，并因为稳定性而持续不断地发挥积极或消极的作用。与人格是激发个体信念、决定其价值观和态度的深层次因素及核心部分相同，城格也是城市整体、各个系统及城市主体的价值观、理念的核心部分。城市健康与韧性既是城格的"派生之物"和反映，城格的水平也会影响并决定城市健康-韧性的水平。因此，采取综合措施提升城格水平，是优化城市健康-韧性水平的基础性且具有"元属性"性质的工作，值得引起充分的重视。

1.5 结　　语

世界和城市正面临着前所未有的挑战，城市及人类应如何应对可能将是城市长久需要思考的问题。2020年4月3日，美国前国务卿基辛格在《华尔街日报》发表评论，指出"新冠肺炎大流行将永远改变世界秩序"。在气候变化可能引致的气候破坏——气候紧急状态——气候危机——气候灾难的宏观背景下，在贫富差距、社会割裂、经济挑战、资源短缺等发展条件的持久制约下，在危害城乡人类健康生存的慢变量日益增多、快变量出现的频率与强度不断突破常规的形势下，探讨健康-韧性城市这一议题的重要意义和价值所在，也许正与人类试图厘

---

❶ 倪亚红，戴劲松，沈雪萍. 民航飞行学员心理健康及影响因素调查［J］. 中国心理卫生杂志，2007（7）：473-475.

❷ 彭立威. 生态人格论［D］. 长沙：湖南师范大学，2009.

❸ 魏佳，陈红，龙如银. 生态人格及其对城市居民低碳消费行为的影响［J］. 北京理工大学学报（社会科学版），2017，19（02）：45-54.

❹ 李敬强，王蓓，赵宁. 基于元分析的中国飞行员人格特质特征研究［J］. 航天医学与医学工程，2017，30（03）：164-169.

清、整顿、优化其所处环境秩序的期望和愿景有密切关系。本文对健康-韧性城市研究动态的梳理及在此基础上的延伸思考（包括提出"健韧城市"）是这种期望与愿景的初步体现，还有待于今后不断深化和完善。

2 城市对气候变化的适应
2 Adaptation of Climate Change in Cities

2.1 适应气候变化与城市❶

2.1.1 气候变化是人类面临的非传统安全威胁

十九大报告指出,气候变化是人类共同面对的非传统安全威胁。IPCC 第五次评估报告识别了气候变化带来的 8 大关键风险,包括海平面上升、沿海洪涝和风暴潮;干旱、降水变化导致粮食安全;内陆洪水;缺水对农村带来损失;极端事件导致基础设施崩溃;海洋生态系统及服务丧失;陆地生态系统丧失;极端高温引发健康问题等(图 3-2-1)。其中 4 项属于中国面临的等级较高的气候变化风险。

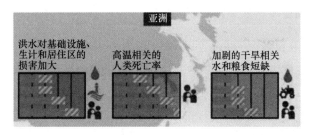

图 3-2-1 气候变化对亚洲造成的威胁

中国是全球气候变化的敏感区,气候变化对中国的影响高于全球,近 30 年来,温升速率是全球同期的 2 倍,1991—2018 年中国平均气候风险指数较 1961—1990 年平均值增加了 54%,21 世纪以来,气候变化造成的直接经济损失每年占国内生产总值的 1.07%,是同期全球平均水平(0.14%)的 7 倍多。如图 3-2-2 所示,从 1990 年到 2020 年,中国气温距平从 -0.7℃ 增长到了 $+0.6$℃。

《中国气候变化蓝皮书(2019)》指出,在气候变化等非传统安全威胁持续蔓延的大背景下,人类面临许多共同挑战。我国应健全国家安全体系,加强国家安

---

❶ 杨秀,清华大学气候变化与可持续发展研究院,研究部主任。根据杨秀在中国城市科学研究会生态城市研究专业委员会与雄安新区生态环境局共同策划与组织的《2020 雄安新区应对气候变化挑战与适应》学术论坛发言稿整理。

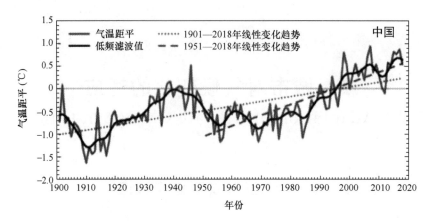

图 3-2-2　1990—2020 年中国气温距平变化趋势

全法治保障，提高防范和抵御安全风险能力，并增强驾驭风险本领，健全各方面风险防控机制，还要坚持环境友好，合作应对气候变化，保护好人类赖以生存的地球家园。同时还应加大生态系统保护力度，实施重要生态系统保护和修复重大工程，优化生态安全屏障体系，构建生态廊道和生物多样性保护网络，提升生态系统质量和稳定性。

2.1.2　中国适应气候变化的政策与行动

为面对气候变化这一项非传统威胁，我国从 1990 年起设立了不同部门、颁布多项政策面对气候变化（图 3-2-3）。

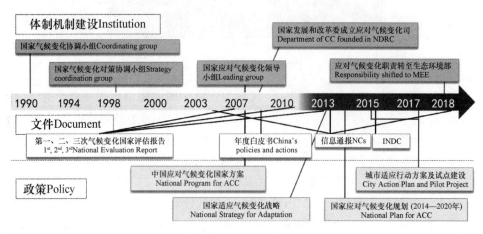

图 3-2-3　中国适应气候变化的体制机制和政策

（1）中国实施减适并重的应对气候变化原则

2007 年我国提出减缓与适应并重原则：《应对气候变化国家方案（2007）》。

该方案明确了减缓和适应气候变化是应对气候变化挑战的两个有机组成部分。对于广大发展中国家来说，减缓全球气候变化是一项长期、艰巨的挑战，而适应气候变化则是一项现实、紧迫的任务。在2016年的"十三五"规划纲要中，中国提出主动适应气候变化的行动方案：在城乡规划、基础设施建设、生产力布局等经济社会活动中充分考虑气候变化因素，适时制定和调整相关技术规范标准，实施适应气候变化行动计划。在2017年的十九大报告中我国首度把气候变化和恐怖主义、网络安全、重大传染性疾病并列为非传统安全威胁。

（2）国家适应气候变化的目标与任务

我国适应气候变化的总体目标为适应能力显著增强，重点任务全面落实，适应区域格局基本形成。具体任务见表3-2-1。

国家适应气候变化的具体任务　　　　表3-2-1

基础设施	农业	水资源	海岸带和相关海域	森林和其他生态系统	人体健康
加强风险管理	加强监测预警防灾减灾措施	加强水资源保护与水土流失治理	合理规划涉海开发活动	完善林业发展规划	完善卫生防疫系统建设
修订相关标准	提高种植业适应能力	构建水资源分配格局	加强沿海生态修复和植被保护	加强森林经营管理	开展监测评估和公共信息服务
完善灾害应急系统	适度调整种植北界、作物品种布局种植制度	健全防汛抗旱体系	加强海洋灾害预测预警	有效控制森林灾害	加强应急系统建设
科学规划城市生命线系统	引导畜禽和水产养殖业合理发展			促进草原生态性循环	
	加强农业发展力度			加强生态保护治理	

（3）适应气候变化的政策要求

2007年提出的《中国应对气候变化国家方案》首次把农业适应能力、林业适应能力、水资源适应能力、海岸带和海平面等问题列入国家方案中。2013年由国家发展改革委、财政部、农业部等9部门历时两年多联合编制完成的中国首部《国家适应气候变化战略》标志着中国首次将适应气候变化提高到国家战略的高度，其主要涵盖了法律法规规划中考虑适应因素、应急管理体系、监测、预报、预警、适应资金机制、科学技术清单等事项。2014年提出的《国家应对气候变化规划（2014—2020年）》提出了2020年的目标，并主要重视适应能力评价综合指标体系、管理和监督考核体系、适应纳入相关发展规划、编制适应气候变化方案、建立协调机制、风险分析、国际合作等方面。

(4) 气候适应型城市试点政策

在2016年和2017年，国家发展改革委分别印发了开展气候适应型城市建设试点工作的通知和气候适应型城市建设试点工作的通知。通知中指出城市适应气候变化应在统筹协调的基础上进行分类指导，通过开展试点示范，探索和推广有效的经验做法，逐步引导和推动相关工作。

(5) 推动适应气候变化国际合作

中国积极推动适应气候变化国际合作，2018年10月16日，全球适应委员会启动仪式暨首次会议在荷兰海牙举行，生态环境部部长李干杰代表中方在启动仪式上致辞；2019年6月27日，国务院总理李克强在北京人民大会堂同荷兰首相吕特、联合国前秘书长潘基文共同出席全球适应中心中国办公室揭牌仪式；2019年9月10日，全球适应委员会高级别圆桌会议在京举行，全球适应委员会委员、生态环境部部长李干杰出席会议并作主旨发言。

2.1.3　城市适应气候变化的对策与建议

适应气候变化城市建设试点政策的目标是：在统筹协调的基础上进行分类指导，探索和推广有效的经验做法，逐步引导和推动相关工作，同时加强适应气候变化能力建设，开展城市气候变化影响和脆弱性评估，出台城市适应气候变化行动方案，组织开展适应气候变化活动。

(1) 澄清适应气候变化的概念

适应和减缓是应对气候变化的两大战略，二者相互关联又存在区别，在现有研究与实践中有时会出现一些概念的混淆，需要对适应的定义进行澄清。减缓主要是指通过二氧化碳等温室气体的减排与增汇，从而减缓气候变化；而适应则更侧重于应对极端天气气候事件、气候变化带来的基本趋势及海平面上升、冰雪消融、海洋酸化、生物多样性改变等后果。

适应是当气候条件发生了改变，灾害出现新特征时的一种"趋利避害"的行为。人类经济社会活动必须在自然规律之下进行，尊重自然、顺应自然、保护自然，促进人与自然和谐发展。

具体的，人类应通过调整自然系统和人类系统的行为，应对实际发生的或预估的气候变化和影响，并完善灾害应急系统、加强风险管理、修订相关标准，特别要保障城市生命线系统的安全运行，以适应气候变化，降低其影响。

城市是经济社会发展和人民生产生活的重要载体，是集聚人口、资源、产业的最大平台。气候变化造成的高温、雾霾、暴雨、强风、缺水等对城市影响尤为严重，且城市生命线对气候变化异常十分脆弱,因此城市应作为适应气候变化的重点。

(2) 跟踪试点建设的进展

为跟踪试点建设进展,应通过找问题、明方向、抓落实、建机制来识别并解决试点建设过程中的问题。

找问题:通过开展城市气候变化影响和脆弱性评估,识别城市的突出性、关键性问题,合理评估城市不同领域、区域和人群的脆弱性。

明方向:出台城市适应气候变化行动方案,明确工作思路和中长期适应气候变化行动目标、重点任务和保障措施,统筹监测预警基础设施建设、产业结构调整、水资源管理、生态绿地、防灾减灾等相关工作。

抓落实:组织开展适应气候变化行动,根据自身面临的气候变化主要风险和问题,从建筑、交通、能源、水资源管理、地下工程、海岸带管理、绿化防沙、公众健康、灾害治理、投融资等方面组织开展适应气候变化行动,形成可复制、能推广的经验做法。

建机制:加强适应气候变化能力建设,建立推进适应工作的长效机制,建立完善政府、企业、社区和居民等多元主体参与的管理体系,开展适应气候变化的风险交流与宣传。

(3) 识别面临的形势与挑战

体制机制建设有待完善。以往的各类规划、基础设施建设、项目布局等在制定和实施过程中对气候变化因素仍然考虑不足。同时,随着发展环境的变化,灾害与经济社会系统相互作用的方式越来越复杂,对城市规划体系、防灾减灾体系、应急管理体系等方面提出了更高要求。

监测预警体系仍需加强。观测站网特别是农村边远地区以及一些天气关键地区和敏感地区的时空密度不够;观测系统整体上立体观测能力不强;观测技术的自动化程度不高,观测精度和稳定性还较差;对灾害性天气的定点、定时、定量预报、预警能力不足,灾害预报预警的准确率有待提高。

基础设施能力略显不足。面对愈来愈频繁的极端气候事件,城市防护设施和调节能力明显不足,基础设施建设、运行、调度、养护和维修的技术标准尚未充分考虑气候变化的影响,供电、供热、供水、排水、燃气、通信等城市生命线系统应对极端天气气候事件的保障能力不足。

社会公众意识有待提高。相对于低碳生活等减缓气候变化的行动而言,公众对适应气候变化的认识还比较模糊,决策能力不高,遇到气候变化带来的问题,多是采取短期应急手段解决,对长远认识和准备不足。公众对于气候变化的科学知识,以及如何科学应对各种极端天气和气候事件,认识和理解程度还不深。

(4) 明确试点建设的路径

通过脆弱性与风险评估,监测、观测与预警,工作进展评估找到存在的问题。随后为规划战略、出台政策找明方向。以基础设施建设、灾害应急处置等作为重点工作来落实。最后协调资金、技术来构建应对风险机制。"找问题、明方向、抓落实、建机制"是明确试点城市建设的有效路径。

2.2 适应性规划：风险及脆弱性评估[❶]

2.2.1 发展背景

(1) 整体背景：城市对于适应气候变化的重要性

城市化和气候变化共同加剧了灾害风险。城市是人类高能耗、高强度和高温室气体排放活动的密集地。当前占全球地表面积2%的城市，容纳了约50%以上人口（2050年将达到70%~75%），创造了80%以上GDP，消费了全球总能耗量的75%，排放了约80%的人为温室气体。在全球气候变化背景下，越是经济发达、单位面积经济附加值大的地区，气象灾害造成损失越重，引发社会问题的可能性也越大。

城市是对气候变化较为敏感的脆弱区域。人口、资源的高度聚集，使城市成为气候变化风险的重要承担者；气候变化可能会在全球范围内影响各个城市的供水、能源供给、工业及生态系统服务等，威胁城市公共安全、粮食安全和生态安全等。

城市是应对气候变化的中心和实施平台。城市是应对气候变化的首要着力点，也是最重要的政策和实施平台；城市规划作为引导城市发展和管理城市建设的重要手段，无论是其政策属性还是技术属性都决定了城市规划能够在加强城市应对气候变化能力的工作中发挥积极作用。

(2) 理论基础：适应决策的理论基础

在IPCC2014年发布的第五次评估报告中，适应决策的理论基础转变为"风险"，适应的方式也分为减少脆弱与暴露程度、渐进适应、转型适应与整体转型。IPCC AR5提出的核心概念：与气候相关影响的风险来自气候相关危害（包括危害性事件趋势）与人类和自然系统的暴露度和脆弱性相互作用。图3-2-4为理论基础转变为风险模型，气候系统的变化（左）与包括适应和减缓在内的社会经济过程的变化（右）是危害、暴露度和脆弱性的驱动因子。

(3) 适应型规划的技术路线

住房和城乡建设部于2017年3月颁布的《气候适应性城市建设试点工作方案》中着重强调了开展城市气候变化影响和脆弱性评估、出台城市适应气候变化

[❶] 王雅捷，北京市城市规划设计研究院。根据王雅捷在中国城市科学研究会生态城市研究专业委员会与雄安新区生态环境局共同策划与组织的《2020雄安新区应对气候变化挑战与适应》学术论坛发言稿整理。

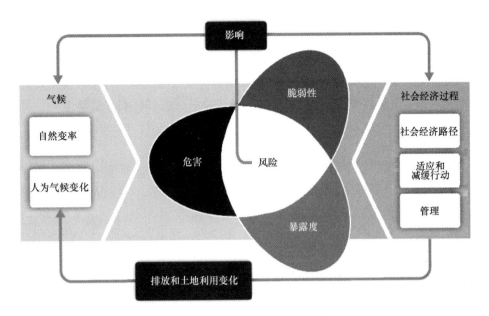

图 3-2-4 理论基础转变为风险模型
(图片来源：IPCC AR5)

行动方案、组织开展适应气候变化行动、加强适应气候变化能力建设。

中国适应气候变化项目（ACCC）"基于风险的适应规划路线图"，提出风险适应的 8 个步骤分别为：问题识别、目标设定、风险评估、方案制定、方案评价、方案选择、方案实施、监测评估。图 3-2-5 为适应型规划技术路线。

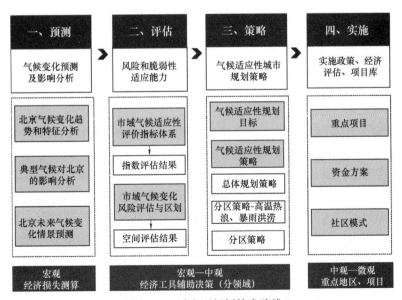

图 3-2-5 适应型规划技术路线

2.2.2 风险及脆弱性评估

（1）气候变化分析预测

通过对历史及现状梳理判断趋势，对城市区域气温、降水等气候要素，采取基本气候态势分析（平均值、距平等）、趋势分析（线性回归、滑动平均、显著性检验等）、突变分析（滑动 t 检验、Mann-Kendall 法等）的方法，研究气候变化的发展趋势与规律。

IPCC 第五次报告中未来气候变化影响的模拟结果，主要采用的是典型浓度路径（RCPs）和 IPCC 排放情景特别报告（SRES）情景。对于碳排放预算提出了一种新的场景假设。在温度方面，阈值（相对 1986—2005 年基准期升温 1.5℃，2℃，3℃，4℃）下的五个气候变化"关注理由"（RFCs）的风险水平。在排放方面，AR5 主要采用了 RCPs 的气候变化排放情景，评估 RCP2.6、4.5、6.0、8.5 不同排放情景下的不同领域和区域的气候变化风险。

BAU：最高气温持续升高，加大了城市高温热浪风险；年际间的高震荡，加大了极端强降水灾害风险。如图 3-2-6 所示，全球气候模式在 RCP4.5 和 RCP8.5 两个排放情景下对北京地区气温和降水预估表明：2050 年前两个情景的预估气温整体均呈上升趋势，2050 年后 RCP8.5 高排放情景下的气温继续显著升高，而 RCP4.5 情景下气温则相对稳定。预估的降水量总体呈年际震荡并略有增加趋势，特别是随着预估时间越长，年际震荡越幅度越大。

在 2020—2035 年，夏季增温 1～1.2℃，夏季市域大部地区降水增加 25%。从 RegCM4 区域模式在 RCP4.5 排放情景下，对华北区域近期（2020—2035 年）的气温预估显示，未来整个华北区域内年平均、冬季、夏季气温将一致上升，其中夏季的升温幅度最大，北京夏季可增温 1～1.2℃，加大了高温风险。对华北区域近期的降水预估显示，北京年平均降水以增加为主，其中冬季有所减少，而夏季市域大部地区增加突出，可增加 25%，未来降水更加集中于夏季，面临的极端强降水灾害风险加剧。

在 2046—2065 年华北地区夏季增温 2.4℃，降水整体呈增加态势。对华北区域中期（2046—2065 年）的气温预估显示，华北区域内年平均、冬季、夏季气温将继续上升，升温幅度均大于 1.6℃，明显高于近期，北京和华北其他区域类似，夏季升温幅度最大可达 2.4℃，市域东南部升温幅度高于西北部山区，将加剧平原高温风险较大的状况。华北区域中期降水预估显示，年平均降水整体也呈增加态势，值得注意的是北京一带降水夏季增加较冬季显著，加大了暴雨风险。

（2）风险及脆弱性评估

极端气候条件识别应从数据库中世界城市相关的极端气候出发，并结合城市历年极端气候事件的统计及网络挖掘等手段识别城市的主要极端气候条件类型，

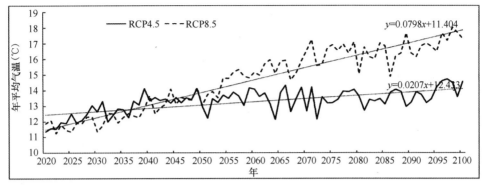

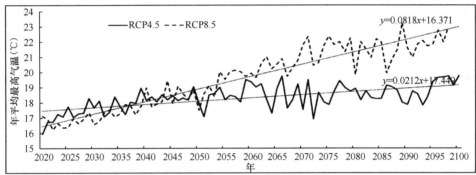

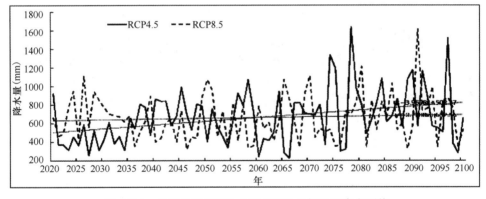

图 3-2-6 北京地区 RCP4.5 和 RCP8.5 气温和降水预估

明确其危险因子。对城市极端气候危险性进行评估应构建指标评价，并结合专家打分法对极端气候条件的危险程度进行分级，从而得到极端气候条件的危险地图。对城市承载体的脆弱性进行评估应结合城市片区的经济、社会、文化等情况，构建承载体脆弱性指标体系，进行分类定级，综合评判脆弱性。

2.2.3 北京市气候变化综合风险评估与区划

（1）主要气候风险因子识别

北京地区面临的主要气候风险包括暴雨洪涝和高温热浪。

暴雨洪涝会加大城市内涝风险和市政排水压力，严重时导致城区雨水排水系统瘫痪，对城市基础设施造成严重破坏和影响。大量径流污染物短时间溢流排放会对城市河流水质产生重大冲击，受纳水体污染，从而破坏水生生物栖息地。未经有效处理的径流雨水排入水源地，城市供水污染威胁人体健康。这些会对居民生命财产安全造成威胁，影响交通运输、工业生产及城市经济的正常发展。

高温热浪对北京的影响：在人体健康方面，高温会使心血管病和呼吸系统等疾病的发病率和死亡率增高，导致中暑，降低人体舒适度。如果平均温度上升1℃，全球每年将有350000人死于心脑血管和呼吸系统疾病。在基础设施方面，高温热浪会增加高热供水和供电需求，增加了能源需求的峰值，基础设施的容峰错峰能力要求更高。2018年8月北京持续高温天气，电网负荷创历史新高，其中降温负荷约占全部负荷的50%。同时，城区供水处于高位运行状态。2015年以来，每年夏季若出现连续一周以上高温，供电供水设备都会面临满载或超载运行。高温热浪同样会导致空气质量下降，水质恶化，城市绿化耗水量增加等问题。

(2) 北京市气候变化综合风险评估与区划方法

北京市气候变化综合风险评估与区划方法如图3-2-7所示，从致灾因子危险性、孕灾环境敏感性和承灾体暴露度三个方面出发，对典型极端天气气候事件的风险进行评估，分析主要气象风险的影响范围。

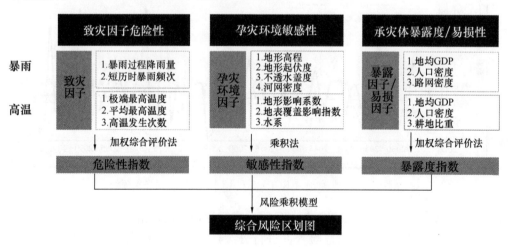

图3-2-7 气候变化综合风险评估与区划方法

1) 致灾因子危险性评估

通过致害因子提取，统计出北京293个自动发气象站历史发生年平均短历时暴雨频次和各自动站暴雨日（24h降水量≥50mm）发生的年均累计降雨。危险性指数由规范化年均暴雨量与年均暴雨频次相乘而得。通过致害因子危险评估，利用自然断点法对危险性指数进行低危险、次低危险、中等危险、次高危险和高危险 5 个等级划分。

2）孕灾环境敏感性评估

基于 2016 年北京地区 30m 空间分辨率 Landsat8 卫星，采用线性光谱混合法与植被-不透水-土壤（V-I-S）模型法可有效提取 30m 空间分辨率不透水盖度影像，再利用平均值重采样技术获取 1km×1km 网格分辨率不透水盖度来提取孕灾环境因子。

参考扈海波等（2013）利用北京暴雨积涝事件确定各因子权重方法，得出地形、河网密度和不透水盖度的权重，并划分孕灾环境敏感性。

3）承灾体风险暴露度评估

以县级行政区统计人口，结合高分辨率土地利用类型进行 1km 空间格网化，得出北京路网密度，并用北京暴雨积涝事件确定各因子权重方法（灾损法），得出地均 GDP、人口密度和路网密度的权重。通过以上数据计算划分出北京读取风险暴露度。

4）暴雨灾害综合风险评估

通过综合风险指数由致灾危险性指数、孕灾环境敏感性指数、风险暴露度指数加权求和而得，综合计算出北京暴雨灾害综合风险评估区划结果。结果显示：暴雨灾害综合风险最高区域位于中心城区，特别是中心城区的西北部。其次是丰台、朝阳和通州北部，市域东北部密云、怀柔、顺义、平谷片区，市域南部的房山良乡、长阳及大兴南部也属于暴雨灾害风险较高的区域。考虑到本研究主要针对是暴雨对城市安全的影响，因此，在影响因子选择时偏重于城市，造成西部和北部山区的暴雨灾害风险相对较低。

5）高温综合风险评估及区划

由综合风险指数、孕灾环境敏感性指数、承灾体易损性指数加权求和得到的北京高温灾害综合风险评估区划结果。结果显示：北京市域高温综合风险总体呈西部、北部低，中心城和东南部高的分布特点，高风险区分布于首都核心功能区、中心城内部集中建设区、昌平和顺义南部，以及市域东南和西南部分平原地区。结合北京市土地利用类型，城镇区域整体高温风险高，但其内部绿地一般为次高或中等风险，可一定程度上缓解高温风险。

2.2.4 对策措施

可根据 IPCC 的框架体系（图 3-2-8），分部门、分需求制定措施（图 3-2-9）。例如，为防止暴雨灾害，供水排水部门应指导雨水管理方法；渗透、增加蓄水量，提升下水道排水能力；设置雨污分离，可持续排水系统；设置区域绿道，可滞纳雨水的绿色建筑；在街道和空间采用温润的植被及多孔的铺装。为防止高温侵袭，城市绿化部门应把城市绿带、公园、滨水走廊等作为城市通风走廊的空间事先规划保留；采取措施使建筑物更耐热，如采用白色和绿色屋顶、易于打开的窗口、遮阳帘等。

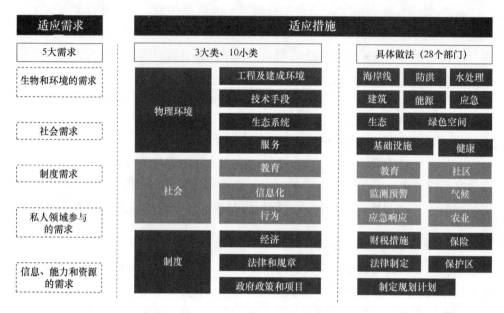

图 3-2-8　IPCC 的框架体系

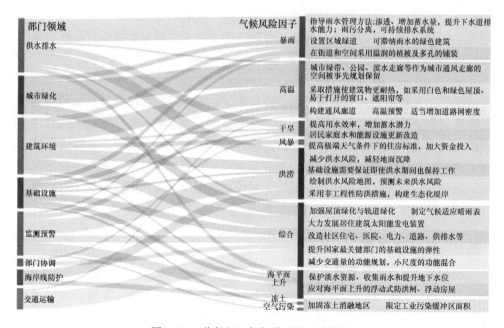

图 3-2-9　分部门、气候类型的适应措施

3 城市建设管理适应气候变化：情景预测、风险评估、行动方案[1]

3 Adaptation of Urban Construction Management to Climate Change: Scenario Prediction, Risk Assessment and Actions

3.1 我国城市建设需要适应气候变化带来的不可逆转影响

在城市应对气候变化方面，城市适应气候变化实施工作起步比减缓工作相对滞后。在 2017 年，中国启动了建设气候变化适应城市的试点工作，28 个城市被批准为适应气候变化的试点城市[2]，城市建设是适应气候变化的主要应对领域，而城市气候变化方面的气象科学研究早已有展开，罗成德等分析全国各区域有代表性的 10 个城市的气候资料，指出 10 个城市 1986—2012 年的年平均气温是 13.19℃，比 1951—1980 年的年平均气温 12.07℃ 上升了 1.12℃[3]。陈正洪等指出城市气象灾害及其影响越来越突出，呈现和传统气象灾害不一样的特征和演变规律，可以发现中国城市气象灾害有暴雨、低温冰冻、高温热浪等多种类型[4]。刘中丽和欧阳宗继也指出气候变化带来了"北京市水资源严重不足"的影响[5]。郑祚芳应用 1960—2009 年数据分析北京地区极端气温的时间变化特征及其对城市化的响应过程，表明北京极端最高、最低气温的线性倾向率显著增加[6]。

---

[1] 叶祖达，香港规划师学会原会长，北京大学城市规划设计中心研究员，新加坡南洋理工大学-南科创新公司创始人。
[2] 国家发展改革委、住房和城乡建设部印发《气候适应型城市建设试点工作的通知》(2017)，呼和浩特、大连等 28 个城市被列为试点名单。
[3] 罗成德，罗驰，王付军. 以 10 个城市气候数据为主看中国气候变化 [J]. 乐山师范学院学报，2014 (12): 100-105.
[4] 陈正洪，杨桂芳. 城市气象灾害及其影响相关问题研究进展 [J]. 气象与减灾研究，2012 (9): 1-7.
[5] 刘中丽，欧阳宗继. 气候变化对北京水资源的影响 [J]. 北京农业科学，1999 (10): 42-45.
[6] 郑祚芳. 北京极端气温变化特征及其对城市化的响应 [J]. 地理科学，2011 (4): 459-463.

近期在城市适应气候变化研究方面的建设内容与方法开始受到关注。曹逸希提出城市需要建造有韧性的开放空间、提供保护性的基础设施、恢复种群重建自然栖息地、提升交通基础设施韧性、倡导公共交通绿色出行，促使城市吸收与融合灾害对城市发展产生的破坏影响❶。陈奇放等构建了厦门市海平面上升影响分析，结果表明2050年在海平面上升的影响下，受灾人口将增加到8万人，受灾建设用地将增加8.3平方公里，而受灾道路将增加24公里❷。叶祖达提出把适应气候变化内涵纳入我国城市规划建设管理体制的框架，建议需要进行三方面的深化：确定城市规划建设管理工作要支撑国家适应气候变化目标的工作领域、建立地方城市建设适应气候变化的管理工作技术框架、深化法定建设管理流程❸。我国将在"十四五"规划期间加大应对气候变化的力度，生态环境部指出：下一步要把应对气候变化的目标任务纳入"十四五"规划纲要和"十四五"生态环境保护规划，进一步强化温室气体排放控制和适应气候变化工作❹。

然而，我国在城市建设管理针对适应气候变化的实践累计的经验却相对不足，缺乏适应气候变化项目评估相关技术实施方法和配套体制。要在"十四五"期间成功开展落实战略的具体行动和建立有效的体制机制，笔者建议在城市建设体制中引入三方面的工作：

◆ 收集城市气候变化数据，预测未来气候变化对城市建设不同情景；
◆ 建立城市气候变化风险管理与评估工具；
◆ 编制《城市建设适应气候变化行动方案》。

3.2 收集城市气候变化数据，预测未来气候变化对城市建设不同情景

目前我国城市建设管理部门对气候变化具体对城市带来的影响缺乏基础数据收集整理和分析的能力，城市建设管理人员需要提升气候变化数据分析与预测的专业能力，把相关技术纳入日常建设管理信息系统，对气候变化带来的影响有清晰和科学的了解。相关的能力提升和技术应用方法需要包括：①数据收集分析；②气候变化排放情景预测；③通过降尺度方法把全球气候模式提供的大尺度气候信息转化为城市空间尺度的信息。

---

❶ 曹逸希. 韧性城市理念下应对气候变化影响的规划策略［J］. 陕西水利，2020（5）：220-224.
❷ 陈奇放，翟国方，施益军. 韧性城市视角下海平面上升对沿海城市的影响及对策研究［J］. 现代城市研究，2020(2)：105-116.
❸ 叶祖达. 城市适应气候变化与法定城乡规划管理体制：内容、技术、决策流程［J］. 现代城市研究，2017(9)：2-7.
❹ 生态环境部. 将把应对气候变化的目标任务纳入"十四五"规划纲要［R/OL］.（2019-8-31）[2020-08-25］. http：//www.gov.cn/xinwen/2019-08/31/content_5426003.htm.

3.2.1 气候变化数据收集分析

数据来源除了气象部门的数据外，可以在其他多种来源获得相关数据和资料，如地方政府规划或技术报告、有关部门的统计和信息表、地方大学或研究机构、非政府组织或其他机构的研究论文或报告。这些数据和信息可以包括：气候变化影响的地理区域和空间、气候条件变化的性质、极端事件的发生和持续时间，例如洪水发生、未来预期变化量和范围、变化程度（季节间的预期变化，如夏季和冬季之间的变化；和/或事件，如高降水后干旱）、气候变化带来影响的空间分布。

3.2.2 气候变化排放情景预测

在收集分析数据的工作基础上，预测未来气候变化对城市建设不同情景的影响。预测未来气候变化的趋势是通过建立不同情景分析，根据国际与国家的气候变化预测规式，可以将2030年或2050年定为目标年，利用数据创建一个或多个气候变化情景。通过使用自下而上（本地数据）和自上而下（全局和区域建模）的方法，预测未来气候变化的情况。情景预测需要建立在不同的排放路径上，建议参考联合国政府间气候变化专门委员会（IPCC）的CMIP第5阶段（CMIP5 - Coupled Model Inter-comparison Project 5）模型方法❶，CMIP模型对中国气候变化的预测能力近年已基本上被国内研究肯定❷，它的全球气候变化数据、排放情景（典型的浓度路径Representative Concentration Pathway，RCP）与方法都是城市气候变化模拟工作的基础。这四种情景为：RCP2.6、RCP4.5、RCP6.0和RCP8.5，以表示温室气体浓度（而非排放量）（图3-3-1）。

3.2.3 气候变化情景信息转化为城市空间尺度信息

CMIP5能很好地预估未来全球气候变化，但目前它输出的空间分辨率（通常为300千米左右）较低，缺少详细的区域气候信息，难以对区域气候做出合理

---

❶ IPCC 的 CMIP5（Coupled Model Inter-comparison Project）气候系统模式是目前具有比较高的空间分辨率，而且对动力框架和物理过程有更好的表述的模型。CMIP5气候预测在四种不同的情景下进行了模拟，这四种情景由典型的浓度路径（RCP）定义：RCP2.6、RCP4.5、RCP6.0和RCP8.5。这些情景由RCPs界定，以表示温室气体浓度（而非排放量）：（1）RCP8.5：辐射效应持续上升至2100年时达到8.5W/m²；（2）RCP6.0：辐射效应持续上升但不超过6.0W/m²，到2100年时达到稳定；（3）RCP4.5：辐射效应持续上升但不超过4.5W/m²，并到2100年时达到稳定；（4）RCP2.6：在21世纪中达到3.1W/m²，然后到2100年降低至2.6W/m²。在四种方案中，RCP2.6被认为是与《巴黎协定》商定结果相对应的最低排放情景（比工业化前不超过2.0℃）。RCP4.5和RCP6.0是中高排放情景，但它们的差异仅在21世纪后期才显现出来。RCP8.5是预测最显著变化的极端排放情况。

❷ 孙侦,贾绍凤,吕爱锋,等. IPCC-AR5全球气候模式对1996—2005年中国气温模拟精度评价[J]. 地理科学进展, 2015 (10): 1229-1240.

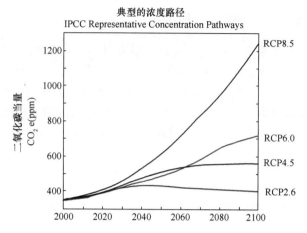

图 3-3-1　IPCC CMIP5 全球未来排放的典型的浓度路径
(图片来源：IPCC Fifth Assessment Report (AR5)，2014)

的预测。城市气候变化预测工作可以通过降尺度方法把全球气候模式提供的大尺度气候信息转化为区域尺度的气候信息（如气温、降水等），从而实现对城市空间尺度的气候预测。

在气候预测和气候变化预估的研究中，通常定义降尺度（down scaling）是为了建立代表大尺度信息变量与小尺度信息变量之间的关系。大尺度变量的变化过程缓慢，它代表一个广大区域的环流特征，如大气涛动、环流型等；而小尺度变量的变化过程较快速，它代表局地的气温、降水等。之所以提出降尺度，是为了解决模式的预测能力无法满足现实预测预估的需要这一问题。虽然，大尺度变量的可预报性较高，但现实中我们需要更多的局地气象要素信息，而模式直接输出的气象要素不能满足精度要求，这就需要把大尺度变量进行降尺度处理，来得到小尺度的要素信息。降尺度方法可以使用 2m 的大尺度温度作为站点降尺度温度的预测因子，利用线性回归方法，通过建立再分析的大尺度温度与各站观测日温度之间的关系，建立统计降尺度模型（图 3-3-2）。

常用的技术是统计降尺度（Statistical downscaling model - SDS）。SDS 是基于局部观测建模的，首先是发现和确立大尺度气候要素和局地气候要素之间的经验关系，然后是将这种经验关系应用于全球模式或地区模式的输出[1]，只要给出全球模式的输出就可获得城市空间地点的相应信息，预测的空间尺度可降到 2 米。它可以（直接或间接）反映局部非气候信息（如地形、海陆分布、土地利用等）对局部气候信息的影响，特别有利于估计局部极端天气事件，如暴雨、高温和热浪。

---

[1]　http：//www.cccsn.ec.gc.ca/? page=downscaling [2020-08-25].

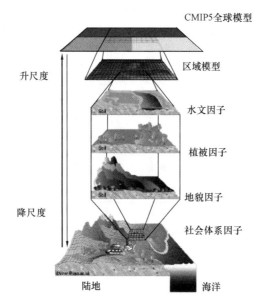

图 3-3-2　统计降尺度方法

(图片来源：David Viner，Spatial Downscaling)

3.3　建立城市气候变化风险管理与评估工具

城市建设决策需要建立城市气候变化风险管理意识与评估工具，通过了解城市将如何受到气候变化的影响（风险），就有可能针对最大的风险制定有效和有针对性的气候变化适应方案。

3.3.1　识别和评估气候变化危害敏感性

城市建设管理适应气候变化工作需要列出在气候变化场景下可能会出现的潜在气候变化"灾害"。亚洲开发银行技术项目建议中国面对的气候危害包括高温、干旱、蒸发增加、食品和水不安全、水污染、海平面上升和风暴潮、内陆洪水、极端天气事件、强降雨和强风、海洋酸化和环境加速退化在内的气候变化相关影响[1]。城市地区尤其容易受到气候变化的不利影响，持续的快速城市化，以及气候变化相关的灾害频率和严重程度的预期增加，都加剧了风险的暴露程度。

评估气候对系统暴露程度的一个有用的方法是考虑其敏感性。IPCC 将敏感

---

[1] ADB. 2016. Country Partnership Strategy：Transforming Partnership：People's Republic of China and Asian Development Bank，2016-2020，Sector Assessment (Summary)：Urban and Urban-Rural Development. Manila.

性定义为"与气候有关的刺激对系统产生的不利或者有利影响的程度"❶。UN Habitat 对此定义进行了扩展❷:"现今的气候变化对暴露的人、地方、机构和部门的正面或负面影响程度以及未来可能受到的影响程度"。敏感性可能与气候变化直接相关(例如,城市供水因为与气候变化有关的降水减少而产生变化,可能导致人口中有 50%的人在干旱期间每天有 20 个小时没有饮用水)或更少的直接影响(例如,依靠稳定供水的生产受影响)。表 3-3-1 是解读分析敏感性的案例❸。

气候变化影响-敏感性阈值例子　　　　　表 3-3-1

气候变化风险	敏感性阈值	主要/次要影响	数据来源
干旱	● 当河流流量小于 100 m³/s 时,水库无法蓄水	● 生活用水供应 ● 影响发电	● 工程部门 ● 电力公司
	● 干旱超过一个月将需要灌溉方面的投资(或改种新作物)	● 农业产量降低	● 农业部 ● 农业组织/农民群体
洪水	● 堤防溢流时的河流流量大于 100000m³/s 时导致低桥处的河流高度增加 1.5m,从而威胁到车辆甲板; ● 当超过 70cm 的水位持续两天,或超过 120cm 的水位持续一天,或任何超过 220cm 的水位时,社区认为该洪水是灾难性事件	● 住宅/工业地区洪水泛滥	● 工业部门 ● 交通部门 ● 社区咨询
热浪	● 当大于 45℃的高温持续一周或者更长时间,诊所接收到的发病率(如中暑、脱水)有所增加	● 社区卫生:中暑和呼吸问题的发生率增加	● 卫生部门/诊所 ● 卫生部
海平面上升	● 海平面上升 0.5m,洪水面积为 10ha; ● 海平面上升 1m 时,洪水面积为 200ha	● 住宅及商业区受淹	● 气候变化办公室 ● 工程部门

(表格来源:UN Habitat. Planning for Climate Change Tool Kit)

---

❶ IPCC. Summary for Policy Makers. https:// www. ipcc. ch/site/assets/uploads/2018/02/WG1AR5 _ SPM _ FINAL. pdf [2020-08-25].

❷ UN Habitat. Climate Change Vulnerability and Risk(M),UN Habitat 2020.

❸ UN Habitat. Planning for Climate Change - Tool Kit. https://unhabitat. org/planning-for-climate-change-toolkit [2020-08-25].

3.3.2 风险可能性和后果严重性分析

风险是相对的概念。气候变化风险可以定义为由于气候变化而导致受伤或损失的机会,对健康、财产、环境或其他有价值的事物产生不利影响的可能性和严重程度的度量。城市建设管理可以使用风险评估工具确定气候影响的优先级,然后再对最高风险进行脆弱性评估。

城市建设的气候变化风险评估可以通过两个维度综合分析:风险的优先等级是通过考虑气候影响发生的"可能性"以及发生的"后果严重性"来进行的。城市可以对每种气候影响进行风险等级评定或评分。当一个城市存在许多潜在的危害和影响时,这一重要步骤可以将该城市高危的风险标识出来。建议参与风险评估的包含范围广泛的城市代表,最好与其他利益相关者重复此过程以确认优先级。表3-3-2是风险的可能性等级评估方法❶。

每一项气候风险的后果评估等级可以分为1分到5分(5分表示极端,而1分表示微不足道)。表3-3-3是一种评估风险后果的方法,为每个确定的气候风险,按照"可能性"和"后果"来评分(表3-3-4、表3-3-5),将这些值相乘即可得出每种气候影响的综合风险矩阵,最后根据分数评估风险优先级。

气候变化风险可能性等级评估　　　　　表3-3-2

可能性等级	风险描述	分数
几乎确定	极有可能发生,可能每年发生几次; 可能性可能大于50%	5
很可能	适度的可能性,可能每年出现一次; 机会出现的可能性是50%	4
可能	可能会发生,也许每10年发生一次; 可能性小于50%,但可能性仍然很高	3
不太可能	不太可能但仍应考虑会出现,可能在10到25年内出现一次; 可能性概率明显大于零	2
少见	在可预见的将来不太可能,可能性很小	1

(表格来源:Ontario Centre of Climate Impacts and Adaptation Resources)

风险后果等级评估　　　　　表3-3-3

风险后果等级	对系统的影响	对市政府的影响	分数
灾难性的	● 系统完全故障,无法提供关键服务,可能导致连接的其他系统故障	● 由于未能充分处理危机局势,对市政府普遍丧失信心并指责	5

---

❶ Ontario Centre of Climate Impacts and Adaptation Resources. http://www.climateontario.ca/tools.php [2020-08-25].

续表

风险后果等级	对系统的影响	对市政府的影响	分数
重大的	● 严重影响系统提供关键服务的能力，但没有完全破坏系统	● 对市政府失去信心并指责，市政府实现愿景和任务的能力严重受到影响	4
中等的	● 系统遇到重大问题，但仍能够提供一定程度的服务	● 市政府的声誉可能会受到影响，可能会带来一些政治影响	3
较小的	● 遇到一些小问题，降低了服务的效率，可能会影响一部分其他系统或组	● 对市政府声誉的影响不大，实现愿景和任务都没有重大问题	2
微不足道的	● 对系统的影响最小，可能需要进行一些检查或维修，但仍能正常运行	● 对市政府声誉有一点影响，可能为审查和改进系统提供机会	1

（表格来源：Ontario Centre of Climate Impacts and Adaptation Resources）

综合城市气候变化风险可能性/后果评估矩阵　　　　表 3-3-4

可能性	后果				
	微不足道的	较小的	中等的	重大的	灾难性的
几乎确定	中（RS=5）	中（RS=10）	高（RS=15）	极端（RS=20）	极端（RS=25）
很可能	低（RS=4）	中（RS=8）	高（RS=12）	高（RS=16）	极端（RS=20）
可能	低（RS=3）	中（RS=6）	中（RS=9）	高（RS=12）	高（RS=15）
不太可能	低（RS=2）	低（RS=4）	中（RS=6）	中（RS=8）	中（RS=10）
少见	低（RS=1）	低（RS=2）	低（RS=2）	低（RS=4）	中（RS=5）

注：RS 表示风险分数。

（表格来源：Ontario Centre of Climate Impacts and Adaptation Resources）

个别气候变化风险优先级（例）　　　　表 3-3-5

气候影响	可能性	后果	风险分数（可能性×后果）	危险状态
降水增加，扰乱/破坏供水基础设施	4	4	16	高
降水增加，导致水在水管中冻结	4	4	16	高
温度升高，将导致对水的需求增加，从未给供水系统带来额外的压力	3	3	9	中等

（表格来源：Ontario Centre of Climate Impacts and Adaptation Resources）

3 城市建设管理适应气候变化：情景预测、风险评估、行动方案

以上的风险评估工作可以对城市的气候变化带来的影响提供客观的评估，作为制定行动方案和资源配置的依据。

3.4 《城市建设适应气候变化行动方案》的编制

虽然目前在我国城市建设管理体制内没有要求管理部门编制具体的城市建设适应气候变化行动方案，为了要有效适应气候变化，城市需要把编制《城市建设适应气候变化行动方案》（简称"行动方案"）列入常规的工作并得到实施的体制保障。

3.4.1 行动方案需要明确风险预测评估与相对的行动目标

《城市建设适应气候变化行动方案》有前期的气候变化影响预测和风险评估作为依据，可以通过风险评估的成果和优先分析，订立具体的行动方案目标。以风险评估为依据订立目标，从而再挑选行动项目是城市有效适应气候变化的基础路径（图3-3-3）。城市的适应气候变化目标可以包括：

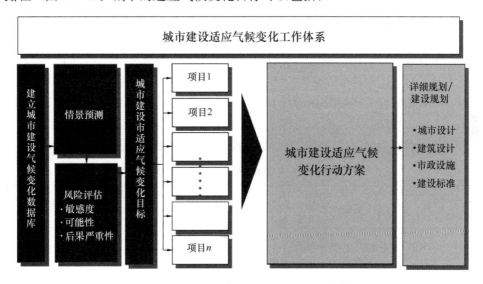

图 3-3-3　建议城市建设适应气候变化工作体系

（1）合理规划和完善城市河网水系，改善城市建筑布局，缓解城市热岛效应；

（2）改造原有排水系统，增强城市排涝能力，构建和完善城市排水防涝和集群区域防洪减灾工程布局；

（3）保护并合理开发利用水资源，采用透水铺装，建设下沉式集雨绿地，补充地下水，促进节水型城市建设；

（4）减少不透水地面面积，逐步扩大城市绿地和水体面积，结合城市湿地公园，充分截蓄雨洪，明确排水出路，减轻城市内涝；

（5）加强沿海城市化地区应对海平面上升的措施，提高城市基础设施的防护标准，加高加固海堤工程；

（6）采取河流水库调节下泄水量、以淡压咸和生态保护建设等措施应对河口海水倒灌和咸潮上溯；

（7）完善海港、渔港规划布局，加强防灾型海港和渔港建设；

（8）加强对台风、风暴潮、局地强对流等灾害性、转折性重大天气气候事件的监测预警能力，做到实时监测、准确预报、及时预警、广泛发布；

（9）重点加强对城市生命线系统、交通运输及海岸带重要设施的安全保障；

（10）加强城市周边防风固沙生态屏障建设；

（11）建立健全城市气象、地质灾害的应急防范机制，构建综合监测网；

（12）实现部门间气候变化大数据信息共享；

（13）其他。

3.4.2 行动方案的项目内容需要纳入城市详细规划和相关的近期建设规划

行动方案应该是城市详细规划和相关的近期建设规划的一部分，可以由城市规划部门和建设管理部门共同组织编制。《城市建设适应气候变化行动方案》是对城市近期建设区域内新建或改建地段的各项适应气候变化建设所做的具体安排和资金保证。城市法定详细规划可以给予行动计划明确的实施保障。行动计划内项目期限一般为五年。行动方案内的具体建设项目范围可以包含城市建设 4 方面的技术领域：城市设计、建设标准、建筑设计、市政工程/基础设施管理（表 3-3-6）。

城市建设适应气候变化行动方案项目内容　　　　表 3-3-6

城市建设适应气候变化行动	城市详细规划/近期建设规划项目内容
城市设计	● 气候变化风险与气候承载力分析 ● 地下空间开发利用 ● 公共消防设施 ● 人防设施以及防灾避险场所设施 ● 城市道路建设与交通设施布局 ● 城市应急通道网络建设 ● 城市公交专用道网络 ● 建立绿楔、绿道、绿廊构成生态安全空间布局 ● 城市绿地系统/城市绿地率 ● 城市通风廊道 ● 城市建筑、交通、给水排水、能源等重要生命线系统

续表

城市建设适应气候变化行动	城市详细规划/近期建设规划项目内容
建设标准	● 城市生命线系统标准 ● 城市地下工程在排水、通风、墙体强度和地基稳定等方面的建设标准 ● 能源设施标准 ● 能源工程与供电系统运行的技术标准 ● 交通设施标准 ● 道路设计中的排水设计标准 ● 道路照明、标识、警示等指示系统标准
建筑设计	● 被动式超低能耗绿色建筑 ● 屋顶花园、垂直绿化 ● 城市更新和老旧小区综合改造 ● 既有建筑节能、节水改造 ● 建筑中水回用 ● 小区绿地、植被数量，设置遮阴设施 ● 装配式建筑的应用 ● 在地震多发地区积极发展钢结构和木结构建筑
市政工程/ 基础管理	● 海绵城市建设：建设屋顶绿化、雨水花园、储水池塘、微型湿地、下沉式绿地、植草沟、生物滞留设施 ● 雨水利用：建设雨水箱、储水罐等雨水收集设施 ● 城市河湖水域空间管控 ● 城市节水：用水需求管理、城市备用水源地和应急供水设施建设、城市水循环利用体系、非常规水源利用、海水淡化技术利用 ● 城市防洪排涝：城市防洪堤建设和管理、雨洪径流调控能力 ● 城市电力供应、供暖、供气 ● 废物处理设施

3.5 总　　结

城市建设管理工作要达到城市适应气候变化的目标，减低城市建设系统面对的风险，现有的管理体制需要提升能力和提供实施保障措施。本章就城市建设适应气候变化，提出要把适应气候变化纳入城市建设管理体制的框架。建议的体制深化和能力提升需要包括三方面：收集城市气候变化数据，预测未来气候变化对城市建设不同情景；建立城市气候变化风险管理与评估工具；编制《城市建设适应气候变化行动方案》并纳入法定纤细规划和近期建设规划。

4 大气污染物与温室气体协同控制的术与道
4 Coordinated Control of Air Pollutants and Greenhouse Gas

当前,我国生态环境保护工作同时面临着国内环境质量、全球气候变化等多重严峻挑战。统筹协调环境保护与低碳发展,提出污染防治与温室气体协同治理对策,已成为重要的研究领域。

我国城市绿色低碳发展面临多重挑战,大气污染防治形势严峻。2017年338个地级及以上城市达标比例仅29.3%;京津冀及周边地区、长三角以及汾渭平原地区依旧存在成片污染区域,因此协同控制传统污染物与温室气体,是我国"十四五"时期面临的重要任务之一。

4.1 国内外研究现状及对比[1]

4.1.1 污染物与温室气体协同控制的国际进展及特点

国际上认识污染物与温室气体的协同关系从21世纪初开始,在2001年的《气候变化框架公约》《IPCC第三次评估报告》中首次出现了"协同效应(co-benefits)"一词。此后,研究人员在协同效应的机理、评估方法等方面开展了一些基础性研究,并以此为基础在行业、区域等层面开展了一些评估。这些工作为开展和实施协同控制政策提供了依据。

一是开展污染物与温室气体协同效应的机理研究。相关科学研究发现,温室气体与传统污染物在大气中存在相互作用的关系。比如,根据斯德哥尔摩环境研究所的相关研究报告,地球气候变化归因于过去的150年中二氧化碳与其他温室效应气体在大气中的积聚,而平均温室效应气体造成的潜在热效应的40%被某些气溶胶(或气溶胶与云的混合体)抵消。另外,OECD(经济合作与发展组织)详细归纳了温室气体与传统大气污染物的相互作用关系,也归纳了传统大气污染物影响生态环境、农作物产量与人体健康的途径。

二是开发和完善定量评估协同效应的方法和模型。随着对协同效应理念认识

---

[1] 李媛媛. 污染物与温室气体协同控制方案建议[N]. 中国环境报, 2020-07-28(003).

的逐步加深，国际上开始使用模型对协同效应进行定量评估。在方法学的使用上，国际上现有研究的通用方法主要包括 4 个基本步骤：计算排放量—模拟污染物浓度—估算和比较造成的影响—对影响进行货币化或量化。在模型选择上，国际应用系统分析研究所（IIASA）开发了温室气体—大气污染相互作用和协同模型，并利用该模型模拟了《京都议定书》附件一国家实施温室气体减排措施的效果；韩国构建 Gains-Korea 模型，结合气候变化、空气质量、排放方面的研究，以及自然和人为方面的影响，利用模型对温室气体与空气质量改善方面进行模拟研究。

三是协同效应评价研究从关注"小协同"到"大协同"，研究领域不断拓展。在衡量和评估协同效应之后，国际社会开始关注协同控制大气污染物和温室气体的政策和措施，以促进协同效应最大化。近几年，国际社会开始拓展协同效应研究的范围，认为协同效应不只是污染物和温室气体的协同，更是整个生态系统的协同。

四是协同控制政策开始应用到排放清单制定等领域。在相关基础研究的基础上，欧盟在排放清单制定等方面实现了协同。根据欧盟《监测机制条例》要求，在每年的温室气体排放清单报告中须提交一氧化碳、二氧化硫、氮氧化物和挥发性有机化合物等大气污染物排放数据，同时温室气体清单编制的技术支持机构通常也是本国大气污染物排放清单的编制单位。

五是国际社会善于利用各种平台推动协同控制。日本搭建了国际污染物与温室气体协同控制合作与交流的平台——亚洲协同效应伙伴关系（ACP）。自 2010 年起每年都邀请东南亚国家、韩国、中国、瑞典等国及联合国环境规划署等国际组织专家召开会议，加强信息分享，促进协同效应的区域合作。

4.1.2 我国污染物与温室气体协同控制政策进展及特点

我国在污染物与温室气体协同控制研究方面基本与国际同步，在某些协同控制立法和相关政策制定方面甚至走在前列，但在协同控制政策落地、宣传、方法学研究等方面还需进一步加强。

我国协同效应研究最早可追溯到 21 世纪初，以重点行业、典型城市、重大政策等为案例分别开展了分析研究。在重点行业层面，以电力、钢铁、水泥、交通、煤化工等行业为案例开展了大气污染物与温室气体排放协同控制政策与示范研究；在典型城市层面，如以攀枝花市和湘潭市"十一五"总量减排措施为对象进行评估，发现这些减排措施对降低温室气体排放有显著协同效应；在重大政策层面，对西气东输、煤炭总量控制、清洁供暖等政策开展了协同效应评估。

中国在协同控制立法和政策制定等方面走在世界前列。2015 年，我国新修订的《中华人民共和国大气污染防治法》、国务院颁布的《"十三五"控制温室气体排放工作方案》和国务院印发的《打赢蓝天保卫战三年行动计划》中都明确提出将污染物和温室气体协同控制。此外，2019年生态环境部出台的《重点行业挥发性有机物综合治理方案》和《工业炉窑大气污染综合治理方案》等部门规范性文件中也提出了要协同控制温室气体排放的目标。

地方机构改革完成以后，气候变化职能并入生态环境部门，特别是2019年开始，地方生态环境部门开始关注和推动打通一氧化碳和二氧化碳。许多省级生态环境部门专门组织举办关于污染物和温室气体协同控制相关的培训，并将协同控制作为未来工作的重点。有些地方开始尝试将排污权交易制度与碳排放权交易制度等衔接与协调。

但是与国际相比，我国在协同控制方面还有一定差距。

首先，方法学方面仍有待加强。我国的协同效用评估研究缺乏对行业整体的系统评估，相关方法学还不够完善，尤其在模型构建上同国外相比有较大差距，协同效应的经济效益和健康效益的货币化研究还不成熟，并没有形成系统性、完整性和科学性的指南来指导政策制定和实施。

其次，协同控制政策很少有落地。目前的一些政策文件，只有原则性规定，没有具体可操作的措施，很难真正落地。

第三，在国际上的影响力不够。尽管我国在协同控制方面已开展大量工作，但与日本等国家相比，我国在宣传力度、影响力等方面仍然比较弱，国际上对中国的了解还不够。

4.1.3 我国城市污染物与温室气体排放现状

如图3-4-1、图3-4-2所示，目前我国城市绿色低碳发展面临多重挑战，大气污染防治形势严峻。2017年全国仍有64.2%的城市$PM_{2.5}$浓度高于35 $\mu g/m^3$，同时有53%的城市PM_{10}浓度高于70 $\mu g/m^3$。臭氧、NO_2等污染物困扰着许多城

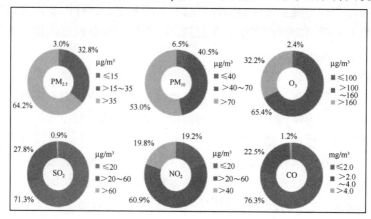

图3-4-1　2017年388个城市六项污染物不同浓度间城市比例

市。此外338个地级及以上城市达标比例仅29.3%；京津冀及周边地区、长三角以及汾渭平原地区依旧存在成片污染区域，2017年京津冀区域和汾渭平原地区$PM_{2.5}$年均浓度分别为64 μg/m³和65 μg/m³，均远超国家二级标准线35 μg/m³。长三角地区$PM_{2.5}$浓度也高达44 μg/m³。因此协同控制传统污染物与温室气体，是我国"十四五"时期面临的重要任务之一。

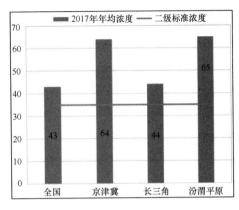

图3-4-2　$PM_{2.5}$年平均浓度（μg/m³）

中外76个城市单位GDP碳排放强度的比较如图3-4-3所示，排名前30名中有25个中国城市，单位GDP排放在

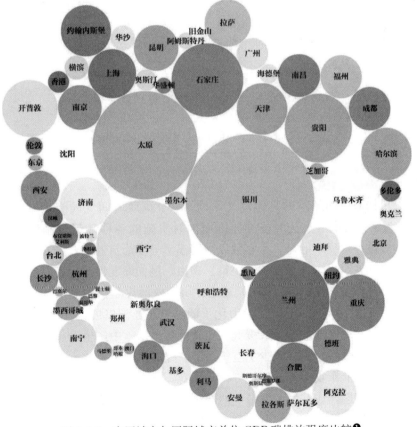

图3-4-3　中国城市与国际城市单位GDP碳排放强度比较❶

---

❶《中国城市温室气体排放（2015年）——一图一故事》系列。

0.85~8.18吨/万元人民币（美元汇率按6.23计）。单位GDP排放处于0.1~0.7吨/万元人民币的27个城市中，中国城市有5个（海口、广州、长沙、香港和台北），非洲1个（拉各斯），亚洲（不包括中国）城市3个（横滨、首尔、东京），欧洲6个，拉丁美洲5个，北美洲5个（多伦多、奥斯汀、纽约、芝加哥、华盛顿），大洋洲2个（奥克兰、墨尔本）。单位GDP排放低于0.1吨/万元人民币的城市有14个，主要为欧洲、北美洲的城市（各6个），大洋洲1个（悉尼），仅有澳门1个中国城市。

4.2 协同控制之"道"[1]

4.2.1 协同控制的定义

协同系列（图3-4-4）概念包含协同效应、协同效益、协同控制。三者并不相等，协同效应是客观现象；协同效益是量化或货币化的协同效应；协同控制是发挥协同效应，实现协同效益的一种手段。正外部性是协同效应的经济学含义，协同控制有利于优化资源配置。

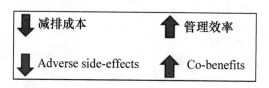

图3-4-4 协同系列

不同机构对协同效益的具体定义不同。联合国政府间气候变化专门委员会（IPCC）规定：协同效益是因各种原因而同时实施的各种政策措施所产生的效益。协同效益一词反映的是，大多数以减缓温室气体为目的的政策在其初始阶段也常常涉及其他至少同样重要的（决策）理由，例如发展目标、可持续发展及和平等；经济合作发展组织（OECD）规定：协同效益仅是指在温室气体减缓政策制定中明确考虑了影响并把影响货币化了的部分；亚洲发展银行（ADB）规定：从全球视角看，协同效益是从减缓气候变化的各项措施中产生的超越了温室气体减排目的的附加效益，例如减少了空气污染、提高了健康效益、增加了能源的可获取性从而提高能源安全等，从地方视角来看，温室气体排放所产生的额外的效益还包括发展问题，如空气污染带来的健康问题和能源安全的欠缺，以及其他经

---

[1] 冯相昭，生态环境部环境与经济政策研究中心气候变化政策研究部副主任、研究员。根据冯相昭在中国城市科学研究会生态城市研究专业委员会与雄安新区生态环境局共同策划与组织的《2020雄安新区应对气候变化挑战与适应》学术论坛发言稿整理。

济社会问题等;美国环保局(US EPA)的定义是:协同效益应当包括由于当地采取减少大气污染和相关温室气体的一系列措施所产生的所有正效益。

生态环境部环境与经济政策研究中心对协同效益的诠释为:一方面,在控制温室气体排放的过程中减少了其他局地污染物排放,例如 SO_2、NO_x、CO、VOC 及 PM 等;另一方面,在控制局地污染物排放及生态建设过程中同时也可以减少或者吸收 CO_2 及其他温室气体排放。

4.2.2 实施协同控制的原因

不同的污染源会排放多种一次污染物,而污染物的叠加会造成二次污染物的形成,影响生态系统和人类健康等。因此协同控制中多方面,多维度减少污染物是维持生态平衡,是减少污染的关键(图 3-4-5)。

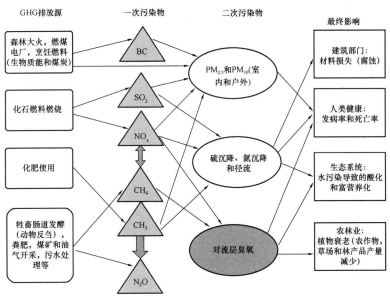

图 3-4-5 协同控制原因

4.3 协同控制之"术"[1]

4.3.1 实施协同控制的主要部门和领域

企业是落实协同控制的主体,同时各相关部委配合企业进行协同控制的重要

---

[1] 冯相昭,生态环境部环境与经济政策研究中心气候变化政策研究部副主任、研究员。根据冯相昭在中国城市科学研究会生态城市研究专业委员会与雄安新区生态环境局共同策划与组织的《2020 雄安新区应对气候变化挑战与适应》学术论坛发言稿整理。

部分。

化工生产、交通运输、电力热力、煤矿油气开采、钢铁水泥生产等部门是"传统污染大户",电力和热力供应部门占二氧化碳总排放的48.6%,工业占30.6,交通超过7%。因此这些部门是开展协同控制的主要领域。

4.3.2 实施协同控制的方法

不同领域中实施协同控制政策手段和技术措施是不同的,其主要分为命令控制型、经济激励型、劝说教育型。例如在交通部门的燃油方面,就需要实行命令控制型协同控制,通过制定燃油经济性标准、燃油消耗限制标准等来达到节能减排的目的。具体分类详见表3-4-1和表3-4-2。

不同部门领域协同控制政策手段　　　　　表3-4-1

类型	名称	主要涉及部门
命令控制型（包括标准法规）	燃油经济性标准,燃油耗限值标准等	交通
	节能建筑标准,电器设备能效标准和标识制度	建筑
	工业能效标准,协同控制核算技术指南	工业
经济激励型（包括市场机制）	碳税	终端能源消费部门
	燃油税	交通
	《京都议定书》三个灵活机制（主要是碳排放贸易,如EU ETS,CDM）	电力、钢铁、水泥等部门
	税费减免或补贴,如节能与新能源汽车购置补贴	各相关部门
劝说教育型	倡导绿色出行,地球1小时,全民节能减排行动	交通

不同部门领域协同控制技术措施　　　　　表3-4-2

部门	关键技术
能源生产部门	整体煤气化联合循环（IGCC）,天然气燃气轮机（NGCT）,燃气轮机蒸汽轮机联合循环（CCGT）,热电联产（CHP）,风电、光伏、生物质能等发电技术
工业	高效工业锅炉,钢铁、建材、化工行业先进的节能技术,高能效电动机,废气余热余压利用技术等
建筑	先进供暖和制冷技术,中央空调系统用风机水泵采用变频调速技术,节能建筑材料,热泵、太阳能热水器,节能灯等
交通	CNG、LPG、燃料乙醇、生物柴油技术,混合动力汽车,燃料电池,纯电动汽车,轨道交通技术等

4.4 加强污染物与温室气体协同控制研究建议[1]

密切跟踪协同控制国际进展，加强对协同效应评估方法和相关指南的研究。积极参加相关国际研讨会，了解国际社会研究前沿，与其他国际研究机构探讨协同效应研究的技术路线和方法学。加强协同效应的量化研究，建立基于国内技术应用现状、经济运行情况的模型框架和数据库平台，开发适用于我国不同行业、不同城市和不同政策的污染物减排协同效应评估模型和评估方法。加强我国出台的相关政策协同效应的事前、事中和事后定量化研究，选择最佳协同控制措施组合，实施综合控制。

从监测入手，加快协同控制政策落地，推动我国污染排放与温室气体清单一体化协同编制。从具体措施入手，尽快推动协同控制政策落地，近期可借鉴欧盟经验，从监测角度入手。我国目前污染排放清单与温室气体清单编制仍分散在不同部门，大气污染排放与温室气体排放均主要来源于能源消耗、工业生产过程等，建议加快整合大气污染和温室气体排放清单一体化协同编制技术研究，选择典型城市进行建立大气污染和温室气体排放源一体化清单编制技术试点工作。

进一步加强协同效应和协同控制领域的国际合作与交流，将中国的相关政策和好的做法向国际宣传。进一步加强污染物减排协同效应领域的国际合作和交流，"走出去"与"引进来"并重，推进协同效应与协同控制领域相关工作向纵深发展，落实落地。笔者建议，可进一步加强与世界银行、亚洲银行等国际机构的联系，在"南南合作""一带一路"的平台上把中国协同控制立法、评估方法、技术筛选、项目实施等方面的经验与其他发展中国家分享。同时，加强与国外其他机构的合作。

---

[1] 李媛媛. 污染物与温室气体协同控制方案建议 [N]. 中国环境报, 2020-07-28 (003).

5 面向微气候环境健康的综合模拟方法及其应用❶❷

5 Integrated Simulation Method for Microclimate Environmental Health and Application

早在20世纪80年代,健康城市就作为"面对城市化问题给人类健康带来挑战而倡导的一项全球性行动战略"被提出。2017年,"健康中国"上升为国家战略,人民健康正式成为我国城市发展的核心。世界卫生组织提出的"健康城市10条标准"中将"为市民提供清洁安全的环境"放在首位,可见环境健康对人民健康起到至关重要的影响。

城市环境涉及的方面较为广泛,包括大气环境、热环境、风环境、水环境、声环境、光环境以及园林绿地等多种环境类型❸。2020年春节疫情暴发后,众多环境类型中,可能影响病毒在空气中传播的大气污染、环境温度以及空气流通这些微气候条件,一时成为人们关注和讨论的焦点。相关研究表明,大气污染加重、合适的温湿度、通风不畅等条件都会有助于病毒传播。因此本文在后疫情时代背景下,主要围绕污染环境、热环境、风环境三种微气候环境类型展开。此外,在没有突发公共卫生事件的常态下,微气候环境作为人们日常活动场所的气候环境,长期影响人的舒适度和健康,也是城市环境治理中需要重点关注的部分。

大量研究表明,不同的环境类型之间存在一定的相互影响,并不是孤立存在的❹❺。目前已有的微气候研究已涉及风环境、热环境、风-热环境或风-污染环境

---

❶ 彭翀,华中科技大学建筑与城市规划学院,教授,博导;李月雯,华中科技大学建筑与城市规划学院,硕士研究生;杨满场,江苏省城市规划设计研究院,助理规划师;张梦洁,华中科技大学建筑与城市规划学院,博士研究生;王波,中建科技深圳分公司未来城市人居环境研究院,技术专家;HENG Chye Kiang,新加坡国立大学设计与环境学院,教授,博导。

❷ 国家自然科学基金重点项目(项目编号:51538004):城市形态与城市微气候耦合机理与控制;国家自然科学基金面上项目(项目编号:51778511):复杂城市街谷环境中污染物传播规律及多场协同机理研究;中央高校基本科研业务费资助(项目号:HUST2019kfyRCPY088):居住区$PM_{2.5}$时空分布与居民室外活动的相关性研究。

❸ 李升峰. 城市人居生态环境[M]. 贵阳:贵州人民出版社,2003.

❹ 冯章献,王士君,金珊合,等. 长春市城市形态及风环境对地表温度的影响[J]. 地理学报,2019,74(5):902-911.

❺ 朱焱,刘红年,沈建,等. 苏州城市热岛对污染扩散的影响[J]. 高原气象,2016,35(6):1584-1594.

等，本文尝试探索纳入风-热-污染综合的微气候环境数值模拟方法，以期反映更加真实的微气候环境模拟效果。

5.1 健康微气候环境构成及研究方法

5.1.1 健康微气候环境构成

近年来，空气污染、极端天气等微气候问题层出不穷，严重威胁人类健康和生存环境❶。2019年欧洲经历了前所未有的高温热浪，其中法国卫生部数据显示仅6月24日—7月27日间高温天气导致高达1435人死亡。不仅如此，国内研究也表明，上海2013—2015年高温热浪期与非高温热浪期相比，全人群非意外死亡风险增加8.78%❷。值得注意的是，高温天气除了直接威胁人体健康外，还会间接加重空气污染的程度。一方面，持续高温降低生态环境承载力，不利于污染吸附，从而导致颗粒物和臭氧等空气污染物积聚；另一方面，城市热岛使中心区域空气上升形成低压漩涡，造成污染物容易向中心较热区域聚集，污染加重更易引发呼吸、神经系统疾病等健康风险❸。可见，热和污染两类微气候环境对人体内环境健康存在直接威胁，是健康微气候环境关注的核心内容。相比之下风环境更多影响的是人体外环境的舒适性和安全性，如人的情绪等心理健康层面。同时，风环境作为改善热环境和污染环境的重要抓手，也会间接影响人体内环境健康，因此风环境也是健康微气候环境的构成要素之一。

5.1.2 微气候环境健康研究方法

健康微气候环境研究具有典型的学科交叉特点，涉及学科广泛，包括城乡规划学、建筑环境学、大气科学、环境科学、物理学等❹。学者通常使用实验观测、风洞试验和计算机仿真模拟等方法进行研究❺。其中，计算机仿真模拟方法可以弥补定点采样的非连续性缺陷，大大缩减成本，逐渐成为微气候环境研究的主流技术方法。不同尺度适用的具体模拟方法和技术有所细分，宏观层面主要采

---

❶ 尹宜舟，李多，孙劭，等. 2019年全球重大天气气候事件及其成因[J]. 气象，2020，46（4）：538-546.

❷ 许丹丹，班婕，陈晨，等. 2013—2015年上海市高温热浪事件对人群死亡风险的影响[J]. 环境与健康杂志，2017，34（11）：991-995.

❸ http://www.china.com.cn/opinion/think/2020-05/26/content_76090813.htm [2020-08-25].

❹ 丁沃沃，胡友培，窦平平. 城市形态与城市微气候的关联性研究[J]. 建筑学报，2012（7）：16-21.

❺ 郭琳琳，李保峰，陈宏. 我国在街区尺度的城市微气候研究进展[J]. 城市发展研究，2017，24（1）：75-81.

用遥感反演❶、土地利用回归模型❷、WRF❸、BP 神经网络❹等方法；中微观层面，CFD（Computational Fluid Dynamics）仿真模拟技术是微气候模拟的核心技术，常用工具有 Fluent❺、ENVI-met、MISKA❻、OSPM❼等。其中，Fluent 和 Envi-met 是目前比较主流、也较为综合的工具，可同时满足风、热、污染三类健康气候环境模拟需求。比较而言，Fluent 工具具备应用尺度更广、网格划分更灵活、模拟结果更精细的特点❽❾。

从健康微气候环境构成关系来看，风、热、污染三者在同一时空下存在复杂的相互影响。基于理论上的相关性，技术上也应当综合考虑盛行风、自然对流、热辐射、污染源等多重机制对最终模拟结果的影响，构建流体、热传导模型对风、热、污染进行依次迭代计算，最终得到风-热-污染综合的计算结果。使用的方程主要包括由牛顿三大定律推导而来的连续性方程、动量方程、能量方程，以及 k-ε 湍流方程❿⓫、组分输运方程等，微分形式如下：

(1) 连续性方程：$\dfrac{\partial \rho}{\partial t} + \dfrac{\partial (\rho u_i)}{\partial x_i} = 0$

(2) 动量方程：$\dfrac{\partial (\rho u_i)}{\partial t} + \dfrac{\partial (\rho u_i u_j)}{\partial x_j} = \rho g_i - \dfrac{\partial p}{\partial x_i} + \dfrac{\partial \tau_{ij}}{\partial x_j}$

(3) 能量方程：$\dfrac{\partial (\rho c_p T)}{\partial t} + \dfrac{\partial (\rho c_p u_j T)}{\partial x_j} = \dfrac{\partial}{\partial x_j}\left(\lambda \dfrac{\partial T}{\partial x_j}\right) + \tau_{ij}\dfrac{\partial u_i}{\partial x_j} + \beta T \left(\dfrac{\partial p}{\partial t} + u_j \dfrac{\partial p}{\partial x_j}\right)$

---

❶ Engel-cox J A, Holloman C H, Coutant B W, et al. Qualitative and Quantitative Evaluation of Modis Satellite Sensor Data for Regional and Urban Scale Air Quality [J]. Atmospheric Environment, 2004, 38 (16): 2495-2509.

❷ Miri M, Ghassoun Y, Dovlatabadi A, et al. Estimate Annual and Seasonal Pm1, Pm2.5 and Pm10 Concentrations Using Land Use Regression Model [J]. Ecotoxicology and Environmental Safety, 2019, 174: 137-145.

❸ 蒙伟光，张艳霞，李江南，等. WRF/UCM 在广州高温天气及城市热岛模拟研究中的应用 [J]. 热带气象学报, 2010, 26 (3): 273-282.

❹ 冯蕊，刘戈，黄勇，等. 基于 BP 神经网络的天津市 PM_(2.5) 浓度预测研究 [J]. 环境科学与管理, 2016, 41 (6): 121-125.

❺ Chatzidimitriou A, Yannas S. Microclimate Design for Open Spaces: Ranking Urban Design Effects on Pedestrian Thermal Comfort in Summer [J]. Sustainable Cities and Society, 2016, 26: 27-47.

❻ 杨小山，赵立华. 城市风环境模拟：ENVI-met 与 MISKAM 模型对比 [J]. 环境科学与技术, 2016, 39 (8): 16-21.

❼ 周姝雯，唐荣莉，张育新，等. 城市街道空气污染物扩散模型综述 [J]. 应用生态学报, 2017, 28 (3): 1039-1048.

❽ 同❼.

❾ 马舰，陈丹. 城市微气候仿真软件 ENVI-met 的应用 [J]. 绿色建筑, 2013, 5 (5): 56-58.

❿ 彭翀，邹祖钰，洪亮平，等. 旧城区风热环境模拟及其局部性更新策略研究——以武汉大智门地区为例 [J]. 城市规划, 2016, 40 (8): 16-24.

⓫ Peng C, Ming T, Tao Y, et al. Numerical Analysis on the Thermal Environment of an Old City District During Urban Renewal [J]. Energy and Buildings, 2015, 89: 18-31.

(4) k-ε 湍流方程：$\dfrac{\partial}{\partial t}(\rho k)+\dfrac{\partial}{\partial x_i}(\rho k u_i)=\dfrac{\partial}{\partial x_j}\left[\left(\mu+\dfrac{\mu_t}{\sigma_k}\right)\dfrac{\partial k}{\partial x_j}\right]+G_k+G_b-\rho\varepsilon$

$\dfrac{\partial}{\partial t}(\rho\varepsilon)+\dfrac{\partial}{\partial x_j}(\rho\varepsilon u_j)=\dfrac{\partial}{\partial x_j}\left[\left(\mu+\dfrac{u_t}{\sigma_\varepsilon}\right)\dfrac{\partial\varepsilon}{\partial x_j}\right]+\rho C_1 S\varepsilon-\rho C_2\dfrac{\varepsilon^2}{k+\sqrt{\nu\varepsilon}}+C_{1\varepsilon}\dfrac{\varepsilon}{k}C_{3\varepsilon}G_b+S_\varepsilon$

(5) 组分输运方程：$\dfrac{\partial(\rho Y_1)}{\partial t}+\nabla\cdot(\rho\bar{v}Y_1)=-\nabla\cdot\vec{J}_i Y_1+R_i+S_i$

其中 ρ、c_p、λ、μ 和 β 分别为流体密度、定压比热容、导热系数、动力黏度和体胀系数；u_i 和 u_j 为 i 和 j 方向的速度矢量；x_i 和 x_j 为 i 和 j 方向的坐标；p 为压力；t_{ij} 为黏性力；k 和 ε 分别为湍动能和湍动度；t 为时间；T 为温度；g_i 为 i 方向上的重力加速度；C_i 为各种基于流体湍流黏性的模型常数；G 为浮升力有关的源项；R_i 为第 i 组分在化学反应中的净生成率；S_i 为扩散项和用户自定义原项生成率的总和；J_i 为有浓度梯度引起的扩散流量。

5.2 面向微气候健康的仿真模拟技术流程

基于 CFD 技术，以"前处理-核心计算-后处理"三阶段的技术流程作为主线，将微气候类型、微气候模拟主要参数、常用软件、CFD 计算过程四个方面串联，构建面向微气候环境健康的风-热-污染一体化仿真模拟技术框架（图 3-5-1）。

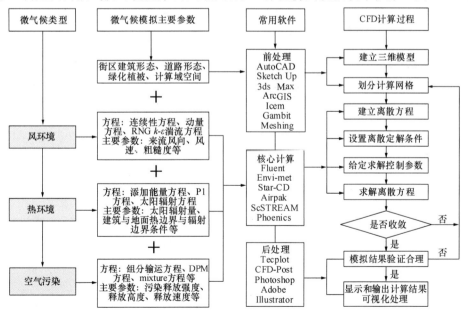

图 3-5-1 健康微气候的 CFD 数值模拟技术流程图

（图片来源：笔者自制）

CFD 仿真模拟的系列软件较多，本文选取国际主流软件进行介绍：前处理的网格划分软件为 ICEM，核心计算的软件为 Fluent，后处理软件为 CFD-post 与 Tecplot。

5.2.1 前处理：三维模型与网格划分

建成环境较为复杂，需要在模拟时适当简化建成环境模型来提升模拟效率与模拟结果的精确度。在三维模型中，一般不考虑室外活动设施、屋顶形态的影响，对建筑形态、绿化水体、道路交通等要素则需要进行规整化处理。例如，将建筑形态处理成较为规整的建筑单体或组合形态，屋顶统一为平屋顶；忽略建筑立面开窗、凸起与凹陷形态；涉及弧线、形态较为复杂的建筑形体，在保证其基本形体不变的基础上，简化弧线、建筑交接区域、较短边区域；统一乔灌草高度，简化湖泊岸线局部微弱变化，控制总体形态不变等（图 3-5-2）。需要说明的是，中小尺度研究中树木、灌木、草坪等不同绿化类型和组合情况下，其蒸腾作用、反射率、污染物吸附率、阻挡效果等对风、热、污染的影响效果存在较大差异，由于本文重点关注建筑空间形态对微气候的影响，具有一定局限性，所以在构建绿化模型时未将其中的差异考虑在内。

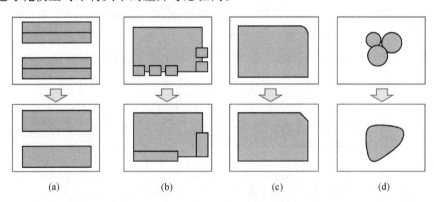

图 3-5-2　三维模型简化示意图
（图片来源：笔者自制）
（a）屋顶形态；（b）组合形式；（c）弧线形态；（d）绿化形态

模拟对象周围需要构建一个虚拟环境作为仿真模拟的计算域，合理的计算域有利于保证来流风充分发展以及计算的收敛性❶。本文按照上海市地方标准《建筑环境数值模拟技术规程》DB31/T 922—2015，规定计算域水平方向的长和宽

---

❶ Tominaga Y，Mochida A，Yoshie R，et al. Aij Guidelines for Practical Applications of Cfd to Pedestrian Wind Environment Around Buildings [J]. Journal of Wind Engineering and Industrial Aerodynamics，2008，96（10）：1749-1761.

在模拟对象各向延伸 4～6H、垂直方向高度在 3～6H。由于三维计算模型需要导入 Icem 等网格处理软件，要注意结合网格划分软件所能识别的模型文件选择建模软件。

网格划分目的是将计算域划分为若干个较少的单元，以进行离散化求解。在网格处理过程中，需要重点关注网格类型、网格尺寸、网格数量、网格质量。第一，网格类型分为结构化网格❶❷与非结构化网格❸，两者各有优势，结构化六面体网格与非结构化四面体网格是目前微气候研究常用的网格类型，应根据实际需要选择网格类型（图 3-5-3）。第二，网格尺寸对网格数量、网格质量影响较大，合理控制网格尺寸有利于提升网格质量与计算精度。网格最大尺寸应控制在计算

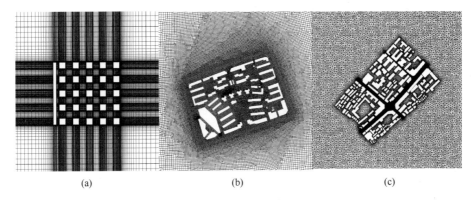

图 3-5-3　计算网格示意图
（图片来源：作者自绘）
（a）结构化六面体网格 1；（b）结构化六面体网格 2；（c）非结构化四面体网格

域最短边的 1/10 左右，网格最小尺寸可根据建筑尺寸进行设置，同时可适当提升核心区域的网格数量，以增强核心区域的计算精度。第三，网格尺寸决定最后生成的网格数量，而网格数量对计算量与计算精确性均有直接影响，因此需要进行网格无关性检查来降低网格数量对模拟的影响。第四，在网格计算完成后，要对网格质量、最小角等衡量指标进行检查，以保证获取较优的计算网格。网格划分工具包括 Icem、Fluent meshing、Gambit 等，本文采用的 Icem 为国际上认可度较高的主流前处理网格划分软件。

---

❶ Blocken B, Stathopoulos T, Van Beeck J. Pedestrian-level Wind Conditions Around Buildings: Review of Wind-tunnel and Cfd Techniques and Their Accuracy for Wind Comfort Assessment [J]. Building and Environment, 2016, 100: 50-81.

❷ Ming T, Peng C, Gong T, et al. Pollutant Dispersion in Built Environment [M]. [S.l.]: Springer, 2017.

❸ 王纪武，王炜. 城市街道峡谷空间形态及其污染物扩散研究——以杭州市中山路为例 [J]. 城市规划, 2010, 34 (12): 57-63.

5.2.2 核心计算：计算方程与边界条件

网格划分后，基于不同类型微气候环境产生与流动机理，在理想条件下进行数值模拟。不同模拟软件在模型与参数设置中具有各自特点，本文主要介绍国际上较为流行的 CFD 软件包 Fluent。将风、热、空气污染环境模拟的计算方程和边界条件汇总如表 3-5-1 所示，然后分别进行详细阐述。

微气候模拟的计算方程与边界条件　　　　表 3-5-1

	风环境	热环境	空气污染
基本方法	压力-速度求解、稳态模拟、湍流运动、不可压缩流体、采用 simple 算法		
主要方程	连续性方程、动量方程、能量方程（基本方程）；湍流模型（针对湍流运动）	热辐射模型；太阳辐射模型	组分输运方程；DPM 模型；Mixture 模型等
主要参数	风向、风速、梯度风、粗糙度、湍动能、湍流耗散率	太阳高度角、太阳辐射量、天气状况、建筑与地面材质（如热导系数、比热容等）、热边界参数（如初始温度、对流换热效率、辐射发射率等）、太阳辐射边界参数（如太阳辐射吸收率、反射率等）	污染源释放速度、释放高度、释放强度等
边界条件	来流风入口为速度入口、污染入口为质量入口、出口为压力出口或自由出口、建筑壁面与地面为墙面、顶面与侧面为对称面		

（资料来源：笔者总结）

在风环境的模拟中，根据牛顿三大定律首先需要开启连续性方程、动量方程、能量方程。城市风运动为湍流，主要使用的两方程湍流模型为标准 k-ε 模型、RNG k-ε 模型、Realizable k-ε 模型[1]。同时考虑自然对流，在模拟中加入来流的风向和风速，一般选择城市长期统计的盛行风向、风速，或者通过实验测量进行获取。此外，在模拟中还需要考虑来流风垂直高度的变化，以及建筑表面与地面的粗糙度特征[2]。在计算域的边界条件设置时，来流风入口边界为速度入口，出口边界为自由出口或压力出口，建筑壁面与地面为无滑移墙面，顶面与侧面为对称面。

在风环境计算收敛的基础上，加入热环境相关方程和边界条件继续计算。室

---

[1] Soe T M, Khaing S. Comparison of Turbulence Models for Computational Fluid Dynamics Simulation of Wind Flow on Cluster of Buildings in Mandalay [J]. International Journal of Scientific and Research Publications, 2017, 7 (8): 337-350.

[2] 刘加平. 城市环境物理 [M]. 北京：中国建筑工业出版社, 2011: 129.

外热传递模式为辐射、对流、热传导，其中辐射包括太阳辐射与热辐射，对流主要指建筑与建筑、建筑与地面、建筑与空气之间由于温度不同形成的相对流动，热传导主要指建筑墙体、地面、植物绿化、水体表面的蓄热导热过程❶。本文主要考虑辐射与对流作用开启太阳辐射模型与热辐射模型，其中太阳辐射量可根据当地既有数据设置，也可根据 Fluent 自带的太阳辐射模块进行计算。同时需要设置模拟地点、具体时间、天气状况等要素，并选择相应的热辐射模型。在边界条件中要对建筑壁面与地面的热边界条件、太阳辐射边界条件进行具体设置。

基于风热环境计算结果继续模拟街区空气污染。空气污染模型需要结合污染物类型进行选择，如对于 CO、NO 等气体污染物往往采用组分输运模型，对于 $PM_{2.5}$、PM_{10} 等颗粒物则更多采用 DPM、Mixture 等模型。在污染扩散模拟中需要设置污染源，城市街区污染源多数来自道路线性污染源，也包括点源污染与大气背景污染，在污染源设置中应明确污染源释放高度、释放强度值。

5.2.3 后处理：导出数据与可视化处理

后处理主要对模拟数据进行导出与空间可视化处理，目前与 Fluent 相匹配且较为常用的后处理软件主要为 Tecplot 与 CFD-Post。后处理主要通过建立二维切片获取任意截面的微气候分布图，对微气候环境水平与垂直分布状态进行可视化显示，来认识空间形态与微气候特征之间关系（图 3-5-4）。

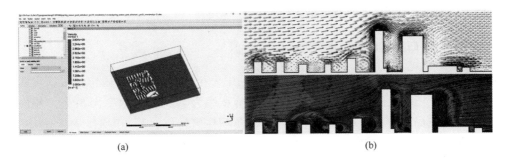

(a)　　　　　　　　　　　　　　(b)

图 3-5-4　后处理操作平台与可视化效果示意
（图片来源：笔者自制）
(a) 后处理操作平台；(b) 风速分布图（矢量图、云图、流线图）

风环境特征是热环境与空气污染分析的基础，应首先获取风速分布矢量图、流线图或云图了解研究区域风场的分布规律，热环境与空气污染主要以获取云图

---

❶　Chen H，Ooka R，Harayama K，et al. Study on Outdoor Thermal Environment of Apartment Block in Shenzhen, China with Coupled Simulation of Convection, Radiation and Conduction [J]. Energy and Buildings，2004，36（12）：1247-1258.

为主，颗粒物污染也可获取颗粒物运动轨迹。具体而言，水平截面的截取需要结合街区三维空间特征，获取人行高度、低层高度、多层高度、高层高度等不同高度的微气候分布图，其中，人行高度（1.5m）是居民日常活动的高度，其风-热-污染水平对居民活动的舒适度与身体健康影响较大，是微气候研究中需要重点关注的高度。除此之外，通过其他高度水平面的微气候状态有利于进一步了解微气候分布规律，指导不同楼层高度居民对微气候的适应行为。垂直截面根据研究对象选择典型方位的竖直面进行截取，如有关街谷污染物扩散❶、建筑高度起伏对风的影响以及街区与自然资源之间的要素交换等研究中，都会对其中能够反映突出微气候特征的垂直截面进行分析。重点观察该截面水平和垂直方向上因为建筑高度变化、公共空间规模形态、下垫面性质等影响的风速、温度和污染浓度变化。总体上由1.5m高度的水平截面获取对人体健康存在威胁的主要矛盾空间，然后结合垂直截面探索其微气候状态形成机制和规律，以便通过设计手段针对性改善。

5.3 面向微气候健康的数值模拟技术应用

本文选取武汉中央花园小区为实例对以上技术流程进行应用示例。将中央花园小区风环境、热环境和污染环境依次迭代模拟出来的结果，用实测数据加以验证，证明该微气候环境综合模拟方法的可行性。

5.3.1 研究区域与数据来源

研究区域为夏热冬冷地区的武汉市南湖中央花园小区。该小区位于武汉市武昌区二环、三环之间，总用地面积19ha，容积率为1.81，绿地率为32%。小区建筑空间布局丰富，景观体系清晰，具备典型住区特征：共40栋住宅，分为5个组团，建筑排列形式包括典型的行列式、院落围合式、点式，建筑层数包括6+1层、8层、11+1层、18层，以多层为主；同时，小区中央景观、组团景观层次清晰，结构明确，中央景观处于南北主轴线上。

对住区内外的微气候环境数据进行了采集，用于模拟初始条件设定和模拟结果的验证。在小区中均衡选取七个点位进行监测，每天测量4次，每次10分钟，连续测量3天（图3-5-5）。最终获取到$PM_{2.5}$和气象两种数据，$PM_{2.5}$数据包括：①大气背景污染浓度，通过官方网站获取；②道路机动车尾气释放量，通过获取机动车流量数据计算可得；③住区测点$PM_{2.5}$浓度数据，通过美国TSI Dus+

---

❶ 杨满场，彭翀，明廷臻. 应对机动车尾气污染的临街建筑控制策略研究——以武汉市中山大道街区为例[J]. 南方建筑，2019（2）：75-80.

Trak8530气溶胶监测仪监测获取。气象数据包括：①武汉市春季盛行风向、风速，通过官方网站获取；②住区测点风速、风向、温度、湿度、太阳辐射，通过HOBO风速风向便携式传感器监测获取。

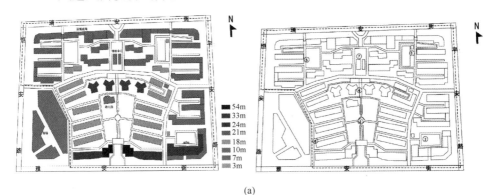

(a)

(b)

图 3-5-5　微气候环境数据采集

(a) 中央花园小区建筑布局与测点分布图；(b) 数据测量现场

5.3.2　模拟技术应用与结果验证

5.3.2.1　前处理阶段

首先，通过地图信息、现状调研及规划图纸，确定居住区建筑功能、建筑形态、建筑层高等基本信息，使用 AutoCAD 与 Sketch Up 构建住区三维模型，在保证不影响风场效果以及几何基本型不变的情况下，依据上文提出的原则对模型进行简化处理，同时根据实际情况增加简化的绿化植被覆盖条件（图 3-5-6）。然后，综合考虑来流风充分发展和计算量控制，将计算域设为 600m（长）×750m

（宽）×108m（高）。之后使用 Icem 将计算域划分成高分辨率结构化六面体网格，总数为 5904636 个，节点数达到 5792161 个，网格尺寸为 1m×1m～10m×10m，网格质量（Quality）大于 0.9 的占比达 60.67%，高于 0.5 占比高达 99.27%，质量总体较好（图 3-5-7）。

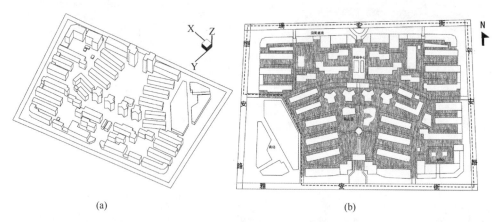

图 3-5-6　中央花园小区三维模型

（a）三维模型；（b）绿化植被覆盖范围

图 3-5-7　中央花园小区结构化六面体网格示意图

5.3.2.2　核心计算阶段

使用 Fluent19.2 软件进行核心计算。首先，设置方程和相关参数：计算方程与上文阐述内容一致，采用的湍流模型为 Realizable k-epsilon，辐射模型中热辐射模型为 P1，污染扩散模型为 Mixture 模型；相关参数根据实际情况设置（表 3-5-2）。然后，按照风、热、污染的顺序依次迭代计算，即在风环境算至稳定后加入热环境条件继续计算，风热环境稳定后加入污染条件继续计算，直至三者综合计算收敛。

健康微气候环境模拟相关参数设置　　　　表 3-5-2

环境类型	参数设置
风环境	根据武汉市近三年春季盛行风向，确定模拟初始风向为北风，风速为 1.87m/s，风速高度为 10m，并考虑垂直高度梯度风的变化，粗糙度为 0.22
热环境	确定模拟地点为武汉市，模式时间按照中央花园数据采集时间为 4 月 26 日 15 点，天气状况为晴朗无云，根据 Fluent 软件自带模块计算太阳辐射量与太阳高度角。建筑表面与地面均为混凝土材质，建筑不作为热源，建筑与地面对流换热效率为 30W/（m^2·k），地面初始温度为 25℃，建筑表面太阳辐射吸收率为 0.48，地面太阳辐射吸收率为 0.57
污染环境	考虑道路污染源与背景浓度污染，根据机动车流量数据计算可得，道路污染源发尘量为 1.31kg/h，平均面积发尘为 $9.92575×10^{-5}$kg/（h·m^2），观测日污染背景浓度为 55 μg/m^3

5.3.2.3　后处理阶段

将 1.5m 人行高度模拟结果导出并与实测数据进行比较验证（图 3-5-8）。总体来看，居住区各测点风速、温度、污染浓度的模拟均值与实测值对应关系较好，总体趋势基本相同，误差在可以接收的范围内。虽然相比之下测点 6 误差偏大，但结合该点实际绿化植被覆盖情况与模拟条件设置比较来看，误差能够得到合理解释。除了数值上的比较，模拟结果经过 CFD-Post 处理形成的空间云图也显示，本文采用的 CFD 模拟模型总体精度足够接近的实际测量条件，能够较好反应微气候环境空间分布的真实状态（图 3-5-9）。

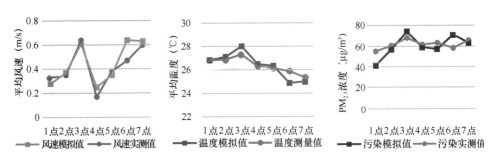

图 3-5-8　中央花园微气候模拟值与实测值对比验证

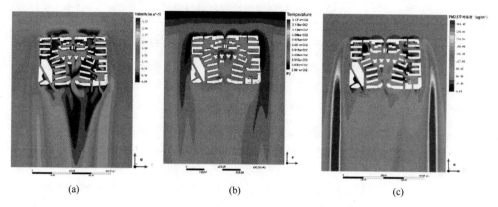

图 3-5-9 人行高度（1.5 m）微气候分布云图
（图片来源：笔者自绘）
(a) 风速场；(b) 温度场；(c) 污染浓度场

5.4 结　　语

　　人居微气候环境的健康性和宜居性对人们工作、学习和生活意义重大。本章所提出的"风-热-污染"综合模拟与应用将有助于支撑规划研究、导则编制和设计实践工作的开展。未来仍可继续在以下方面深入探索：（1）面向人体健康的微气候环境是个极其复杂的系统，除了风、热、污染三个主要环境要素外，还可以综合考虑空气湿度、植被种类等更多因素对人体舒适度或污染改善的影响；（2）在现状模拟和规划设计方案比选模拟时，考虑加入更为细致的绿化覆盖条件，实现与建筑空间形态的综合模拟，体现真实情况下不同绿化覆盖条件对局地微气候影响；（3）得到现状的高温、污染等不良微气候在人行高度的空间分布后，需要重点关注如何构建三者耦合的优化设计方案或模式，整体提升微气候环境品质。

6 复杂城市立体交通系统污染物传播规律研究❶❷

6 Study on Pollutant Propagation Law of Complex Urban Transportation System

6.1 概　　述

传统碳能源的大量消耗，产生大量温室气体以及颗粒物，对大气环境造成了严重破坏。全球范围内城市空气质量连年下降，不能满足人们对健康生活环境的需求。研究表明，目前我国城市大气污染的主要来源已经渐渐由传统的工业污染转变为机动车尾气污染❸。机动车尾气排放物不仅增强了全球的温室效应❹，而且污染城市环境❺，成为城市空气质量恶化的主要原因之一❻❼。而随着我国城市化进程的加快，大中型城市越来越多，城镇人口的大量增加造成了市区交通拥堵现象频发，交通堵塞严重。为缓解交通压力，空间立体交通系统应运而生，在一定程度上方便了人民生活出行。本文从数值模拟的角度探究了以机动车尾气为代表的气态污染物在转盘-地下通道形式的复杂城市交通系统中的传播规律，并对交通设计、大众活动行为给出一定的建议。

以武汉市二环线某路段为实际案例，构建了一个包含下沉式公交站、高架

---

❶　明廷臻，武汉理工大学土木工程与建筑学院，教授；窦鸿文，武汉理工大学土木工程与建筑学院，硕士；石天豪，武汉理工大学土木工程与建筑学院，硕士研究生。

❷　基金资助：国家自然科学基金面上项目（51778511），复杂城市街谷环境中污染物传播规律及多场协同机理研究，湖北省自然科学基金群体项目（2018CFA029），城市建筑外环境污染传播机理及调控。

❸　李昭阳，汤洁，孙平安，等. 长春市城市道路交通 CO 污染的空间分布模拟研究［J］. 环境科学研究，2005，18（1）：78-82.

❹　De _ Richter R, Ming T, Davies P, et al. Removal of non-CO_2 greenhouse gases by large-scale atmospheric solar photocatalysis［J］. Progress in Energy & Combustion Science, 2017, 60：68-96.

❺　Yassin M F, Ohba M. Experimental study of the impact of structural geometry and wind direction on vehicle emissions in urban environment［J］. Transportation Research Part D, 2012, 17（2）：161-168.

❻　Karakolios E A, Vosniakos F K, Mamoukaris A, et al. Vehicle emissions in the city of Leptokaria (Greece) and its contribution to the atmospheric air and noise pollution［J］. Fresenius Environmental Bulletin, 2013, 22（3）：879-883.

❼　杨笑笑，汤莉莉，胡丙鑫，等. 南京城区夏季大气 VOCs 的来源及对 SOA 的生成研究——以亚青和青奥期间为例［J］. 中国环境科学，2016，36（10）：2896-2902.

桥、交通转盘及双洞交通隧道等多种典型几何特征的复杂立体交通系统。通过建立三维的物理数学模型，数值分析污染物在该交通系统中不同环境风向和环境风速下的传播特征。

6.2 转盘-隧道-高架立体交通系统几何模型

如图 3-6-1 给出的本模型几何结构，交通转盘外圆直径为 100m，机动车道宽度为 5m，内圆为一个居民活动广场。转盘在南侧与两个高架相连接，北侧与两个交通辅道相连。如果沿平行于 X 轴的方向作一条直线，该直线穿越转盘圆心，那么北侧交通辅道外侧距离该直线的距离为 20.5m，南侧高架距离该直线距离为 21.5m，也就是说北侧交通辅道在 Y 轴上与转盘的连接距离更近。这样一来便也形成了较为复杂的机动车道与转盘连接结构。下面将进行探讨该种类型的复合交通系统中污染物传播特征。

图 3-6-1 模型实际交通图

6.3 风向风速的影响

6.3.1 下沉式公交站处

图 3-6-2 给出了不同环境风向时敞开式公交站处的流线图，图中可以发现环境风在进入到这样一个凹形区域时，凹形区内的速度明显降低。模拟的几种风向条件表明，来流风在到达下沉式公交站区域时均会产生漩涡。其中漩涡的发展视环境风向与几何结构之间的关系情况而定：对于环境风向 $\theta=0°$，$\theta=180°$ 的情况，由于几何结构的对称性，来流风风向平行于对称结构的轴线方向，所以漩涡的最终形态呈现出较为规则的特征；而对于 $\theta=90°$ 的情况，漩涡的形态在区域的东西两侧相对不均衡，这主要是由于公交站处这种大型公交站牌设立的影响，阻

6 复杂城市立体交通系统污染物传播规律研究

碍了下沉区涡流向下游发展；对于 $\theta=45°$，$\theta=135°$ 的情况，漩涡的形态则沿着来流风向，在公交站周壁范围内发展，且形状极不规则。

在模拟的几种环境风向下，只有在 $\theta=90°$ 时西隧道和东隧道内气流运动方向不同，其余模拟情况两隧道内气流运动方向均是相同的。说明隧道内气流的运动要受环境风向的影响，且与环境风向在 X 轴向的速度分量方向保持一致。

敞开式公交站位置北侧和市政双洞交通隧道毗邻，南侧和敞开式地下通道衔接，这种南北侧结构的不对称性必然造成不同风向下该区域流场的分布有着显著的变化。图 3-6-2 (a) 和图 3-6-2 (e) 对比可发现，由隧道流出的气流更易在站

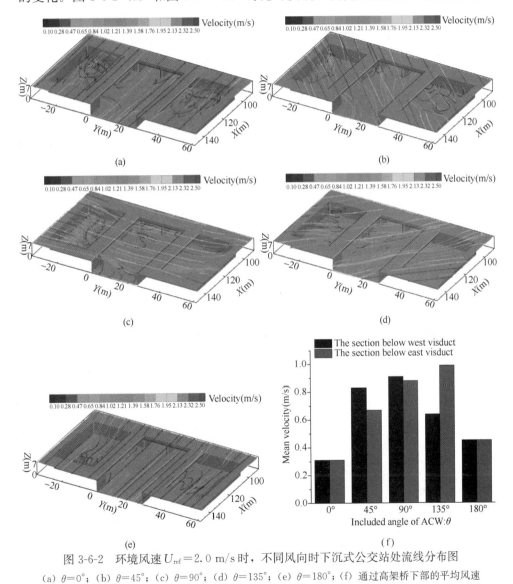

图 3-6-2 环境风速 $U_{ref}=2.0$ m/s 时，不同风向时下沉式公交站处流线分布图
(a) $\theta=0°$；(b) $\theta=45°$；(c) $\theta=90°$；(d) $\theta=135°$；(e) $\theta=180°$；(f) 通过高架桥下部的平均风速

牌位置发生偏转，而在 $\theta=0°$ 时站牌处气流更易从站牌底边缘与地面之间的空隙中穿过，这主要是因为气流在流出隧道时受到了约束，而隧道的高度为 5m，气流在南开口流出时有一个突扩的过程，但随即又受到公交站牌的阻挡受迫从站牌的表面聚集通过。而在 $\theta=180°$ 时由南侧敞开式地下通道流入隧道的气流并未受到像 $\theta=0°$ 时流出隧道的气流一样的管束，图 3-6-2（e）可清晰地看出在隧道的南开口处，气流在进入隧道的过程中有很大一部分发生了偏折，这主要是由于气流在流通方向上进入两个流通面积较窄的隧道时，受到了阻碍而向四周发生偏转。模拟结果表明，该环境风向下气流向公交站牌方向的偏转较多地发生在站牌与高架之间的空间。而在 $\theta=45°$ 和 $\theta=135°$ 时造成的公交站区域内流场分布的不同也主要与这一南北两侧毗邻结构的不同及公交站牌的影响有关。这两种风向整体来说，$\theta=135°$ 来流风进入该区域更为顺畅，南侧的敞开式地下通道相对于北侧隧道对空气流通的阻碍作用更小，更易进入该区域。可以预测，$\theta=135°$ 比 $\theta=45°$ 时造成的该区域内风速更大。

图 3-6-2（f）给出了不同环境风向下，高架桥下部流通截面上的基于面积积分的平均风速，可以发现在 $\theta=90°$ 时无论在西侧高架下部还是东侧高架下部，速度都是最大的（除却 $\theta=135°$ 时的东隧道）。说明通过高架下部的流量直接正比于环境风在 Y 方向的速度分量，因为 Y 方向速度与高架桥下部流通平面垂直，容易引起整个公交站区域内空气的流通。若单独对比经过东侧高架的平均速度可以发现在 $\theta=135°$ 时的速度最大，这一现象出现的原因在于该风向条件下东高架下部的法线通量在来流方向上是最大的。

上述分析表明风向的改变对于这种具有复杂几何特征的交通结构中流场的分布影响是十分显著的，为更进一步揭示风向的改变对空间流场的影响，图 3-6-3 给出了 $Z1$、$Z2$ 上的速度分布曲线。可以发现，对于东站牌在 $\theta=45°$，$\theta=90°$ 和 $\theta=135°$ 的情况，曲线出现了两个速度高峰，且高位置处速度高峰幅度明显比低位置处要大出很多。这三种风向下，气流在流经 $Z1$ 线时受公交站牌的阻挡，气流会从站牌四周散溢而出。站牌与地面之间形成一个流通空间，而与高架之间也形成一个流通空间。为此气流在这两个空间中流通时会形成这种峰值分布的特性；上部空间相对于下部空间较大而且上部风速较之于下部风速也较大，为此高处的峰值会比低处峰值大出很多。

在 $\theta=0°$、$\theta=180°$ 时仅出现了一个速度高峰区，不同的是 $\theta=0°$ 时速度高峰表现得不是很明显，$\theta=180°$ 时高峰较为明显且出现在上部。$\theta=0°$ 时 $Z1$ 处于隧道开口区的突扩区，由北侧隧道出流的气流在流出隧道南侧开口时，气流速度会有一个向西（东）的分量，但又受西（东）站牌的阻挡，气流会受迫沿站牌表面向南运动，这样就会使得站牌前区域的气流运动加快，但在站牌上部气流的流通空间变大，为此表现出流速变化平缓。而在 $\theta=180°$ 时，由上述分析知气流在公交站向隧道灌入的过程中，会在该处发生偏转，且主要发生在站牌上部空间，因此速度高峰发生在高处。

对比图 3-6-3（a）和图 3-6-3（b），可发现在 $\theta=0°$ 和 $\theta=180°$ 时，Z1、Z2 线上曲线变化相同，这一现象主要是由于模型几何结构的对称性，而该两种情况下环境风速方向又与模型对称轴方向平行，为此形成的这种流速的分布在 Z1、Z2 线上也是对称的。

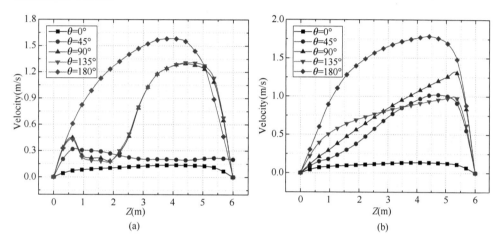

图 3-6-3　U_{ref} 恒定时（2m/s），不同风向下 Z1、Z2 线上速度分布曲线图
(a) Z1 线；(b) Z2 线

图 3-6-4 给出了 P4 平面上 CO 质量分数分布场图，整体来看由于几何结构的对称性，环境风向在 $\theta=0°$ 和 $\theta=180°$ 时所引起的污染物分布也有对称性的特点，如图 3-6-4（a）和图 3-6-4（e）所示。如仅就两站牌之间区域而言，可以发现在 $\theta=45°$ 时情况是最不利的。

图 3-6-4（f）给出了 P2、P3 两个平面上 CO 平均质量分数，可发现无论在 P2 还是 P3 平面上，$\theta=0°$ 时都是污染物水平最高的，这一现象引起的原因主要是该种环境风向下隧道内高浓度污染物顺着气流被带到这一区域，虽风速相对于 $\theta=180°$ 时较高，可见来流风所含高浓度的污染物这一因素显然也起到了不可忽略的作用。而在 $\theta=0°$ 和 $\theta=180°$ 时 P2、P3 平面上同样的平均质量分数，进一步佐证了该两种环境风向下污染物分布的对称性。而对于 $\theta=45°$、$\theta=90°$ 和 $\theta=135°$ 的情况，就环境风向而言，东西站牌总存在着一个上下游的关系：西站牌在上游，东站牌在下游，因此污染物的分布不具备对称性，除 $\theta=45°$ 上游污染物水平大于下游，其余两种情况下均是上游污染物水平要小于下游。通常情况下的分布特征，应该是上游污染物水平要小于下游，出现这种反常现象的主要原因是 $\theta=45°$ 时该区域内通气不畅，污染物扩散不利。模拟结果得出 P2、P3 平面上污染物平均值之和，可发现模拟情况下几种风向的大小关系为 $\theta=0°>\theta=45°>\theta=180°>\theta$

=$-135°>\theta=90°$,可见$\theta=90°$对于敞开式公交站区域的污染物扩散是最为有利的,而在$\theta=0°$时是最不利的。

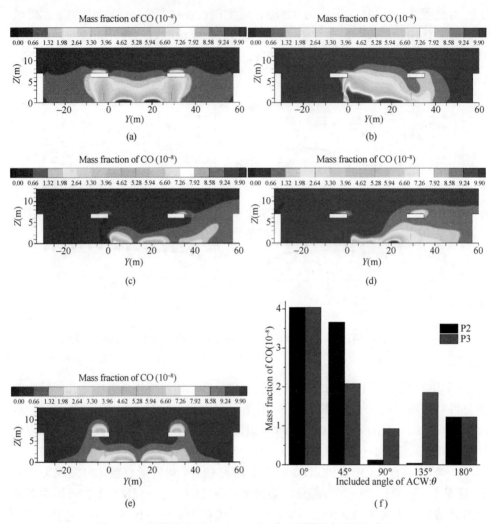

图 3-6-4　环境风速$U_{ref}=2.0$ m/s 时,不同风向下 CO 在 P4 上的分布情况及在 P2、P3 平面的平均值
(a) $\theta=0°$;(b) $\theta=45°$;(c) $\theta=90°$;(d) $\theta=135°$;(e) $\theta=180°$;
(f) P2、P3 平面上 CO 平均质量分数

图 3-6-5 给出了 $Z1$、$Z2$ 线上 CO 质量分数曲线图,整体来看 $Z1$ 线上部分污染物水平变化幅度相对较大,而 $Z2$ 线上污染物水平变化相对平稳,呈现出随着位置的升高,污染物水平越来越小的趋势。对比两幅图可以发现在$\theta=0°$和$\theta=180°$时曲线变化规律是一致的,再一次佐证了这两种环境风向下污染物分布的对称性。在$\theta=90°$、$\theta=135°$和$\theta=180°$时污染物水平是最低的。

对图 3-6-5（a）来讲，$\theta=45°$情况下在 $Z=2.5m$ 时浓度有一个高峰值，这一变化趋势与图 3-6-4（b）相对应，由于 Z1 线处于西站牌前 1m 位置，存在有一个高峰区。而在 $\theta=90°$时也有一个变化幅度相对较小的高峰区出现，这也与图 3-6-4（c）相对应。但对于 $\theta=0°$和 $\theta=180°$的情况，浓度的变化则是逐渐降低的，这一点主要是由于，首先，Z1 线距离敞开式地下通道处的污染源较近；其次，随着高度的升高，距离污染源越来越远，虽往上距离高架桥处的污染源距离越来越近，但毕竟处于高架桥的底部，且数值计算结果表明该位置向下的速度分量很小，高架的污染物被输运到 Z1 线上的量很少；最后，高架桥和公交站牌之间流通面积较大，空气流通较为顺畅，对污染物的稀释作用也较大。受上述原因的影响，污染物水平呈现出由下至上逐渐降低的变化趋势。

对图 3-6-5（b）来说，在 $\theta=0°$和 $\theta=180°$时 Z2 线上污染物水平变化趋势与 Z1 线上是同样的原因；相对于图 3-6-5（a）在 $\theta=45°$、$\theta=90°$和 $\theta=135°$时，模拟结果表明 Z2 线上污染物水平均值都高于相同风向下 Z1 线上的值。这主要是由于，首先 Z2 线处于污染源风向下游位置；其次受上游公交站牌的影响，该位置处风速值相对较小，对污染物的输运作用减弱。

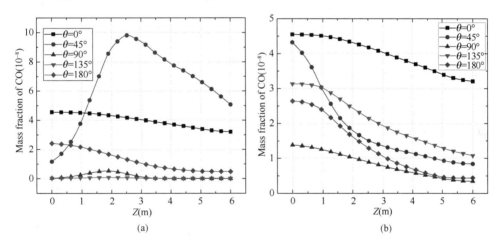

图 3-6-5　$U_{ref}=2m/s$ 时，不同风向下 Z1、Z2 线上 CO 质量分数分布曲线图
(a) Z1 线；(b) Z2 线

6.3.2　交通转盘处

图 3-6-6 给出了 P1 平面上 CO 质量分数分布场图。整体来看，污染物的分布和风向有着直接的关系，除 $\theta=45°$和 $\theta=135°$部分区域外，污染物的分布呈现出沿风向对称分布的特点。主要是由于模型上部区域，一方面污染源的分布在东西方向上呈对称分布，另一方面与风向和模型位置有关。因此 P1 平面污染物的分布有如此的特点。对于 $\theta=0°$的情况，由于 P1 平面处于模型北侧交通辅道的下游区，

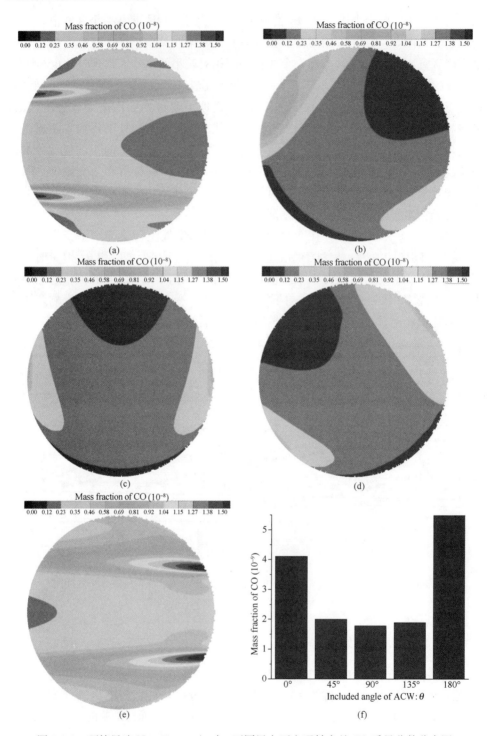

图 3-6-6　环境风速 $U_{ref}=2.0$ m/s 时，不同风向下交通转盘处 CO 质量分数分布图
(a) $\theta=0°$；(b) $\theta=45°$；(c) $\theta=90°$；(d) $\theta=135°$；(e) $\theta=180°$；(f) P1 平面上 CO 平均质量分数

为此图 3-6-6（a）中出现两个污染物水平较高且呈对称分布的区域。同样的情况还发生在 $\theta=180°$ 时，只不过此时高架桥处的污染源处于 P1 平面的上游，为此会在图 3-6-6（e）中右侧出现两个污染物水平较高且呈对称分布的区域。

对于 $\theta=45°$、$\theta=90°$ 和 $\theta=135°$ 的情况，在图 3-6-6（b）（c）（d）中出现污染物浓度较低的区域，主要是由于来流风在 P1 平面的上游区是清洁空气，且风向的上游方向没有污染源，为此浓度分布情况较低。对于 $\theta=90°$，污染物分布呈现出严格的对称性特点，而对于 $\theta=45°$ 的情况，若以来流风向为分割线，可发现在分割线左侧污染物浓度较高。这一特点的形成主要与环境风向有关。模型北侧地面辅道处的污染源处于 P1 平面的上游区，再加上环形交叉口西北侧污染源的影响，污染物会被输运到这一区域，形成图示分布情况；图 3-6-6（d）的形成原因与此类似，但高架桥和环形交叉口西南侧污染源处于 P1 平面上游区，导致分割线右侧污染物水平较高。

图 3-6-6（f）给出了不同环境风速下 P1 平面上 CO 平均质量分数，可发现在 $\theta=180°$ 时污染物水平最高，这一点可由图 3-6-6（e）更清晰地说明，来流风为南风，流经敞开式公交站区域后气流向上偏转，由于 P1 平面南部机动车道较长，这也意味着污染源更多，这样夹杂着更多污染物的气流便会扩散到这一区域，使得 P1 平面上的污染物水平升高；同样的，$\theta=0°$ 的情形也属于同一情况，但 P1 平面北侧污染源相对于南侧较少，为此由上游风带来的污染物相对较少，故污染物水平要小于 $\theta=180°$ 时的情形。对于 $\theta=90°$ 的情形，P1 平面上污染物水平除受本身环形交叉口的影响外，受其他位置污染源的影响很小，为此 $\theta=90°$ 时污染物浓度最低。$\theta=45°$ 时，P1 平面上污染物水平除受本身环形交叉口处污染源的影响，还处于地面辅道处污染源的下游区，为此会比 $\theta=90°$ 高；$\theta=135°$ 时 P1 处于高架桥污染源处的下游区，会受到高架桥污染源的影响，因此也会比 $\theta=90°$ 时要高。对比 $\theta=45°$ 和 $\theta=135°$，虽都在 P1 平面上游区存在污染源，然而 $\theta=135°$ 时，高架桥处的污染源由于敞开式公交站的存在，会有一部分向下扩散；而对于 $\theta=45°$ 时，P1 平面北侧的地面交通辅道处的污染源在其下游方向上虽有敞开式地下通道和市政双向隧道，但毕竟不如敞开式公交站区域开阔，因此 $\theta=45°$ 时向下部扩散的污染物也较少，即被带到 P1 平面处的污染物相对较多，为此 $\theta=45°$ 时比 $\theta=135°$ 时 P3 平面上污染物水平高。

6.3.3 下沉式公交站处

大型公交站牌的设立对于垂直公交站牌的环境风的阻挡作用是不容忽视的。图 3-6-7 给出了有西风时，不同环境风速下公交站处的流线图，可知在这种下沉式公交站的西侧形成了漩涡，受公交站牌的阻挡，气流在流经该处时会从站牌周围区域穿过。西站牌北侧气流流向发生了巨大的偏转进入西侧隧道，部分从站牌下部穿过的气流也会发生偏转进入西隧道，并在隧道进口处形成漩涡；同时部分从西侧高架上部穿过的气流会向下发生偏转从东侧隧道下部流出，尽管流经西侧高架的流线会部分进入西隧道，但在模拟情况下东隧道内会有气流从南出口流出，并在东隧道出口处发生巨大的偏转从东侧高架下部流出，这样一来又补充了流经东侧高架下部的流量。然而部分流经公交站西侧下部的气流进入南部的敞开式地下通道，这一作用又使得流经东侧高架下部的流量减少。

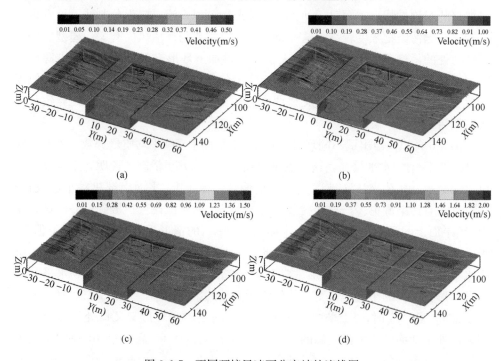

图 3-6-7　不同环境风速下公交站处流线图
(a) $U_{ref}=0.5m/s$；(b) $U_{ref}=1.0m/s$；(c) $U_{ref}=1.5m/s$；(d) $U_{ref}=2.0m/s$

由于公交站牌的阻挡作用不可忽视，尤其是对于垂直于它们的环境风向。图 3-6-8 显示了平面 P4 上的流线图。可以看出气流在公交车站西侧和东侧形成了两个涡流。相比之下，随着环境风速的增大，下风向涡的尺度变大，漩涡更靠近壁面。这个情景与街道峡谷的结构相似，但在街谷内部只会形成一个更大的漩涡❶。在我们的研究中，漩涡被高架桥和公交站牌隔断，形成两个大小不一的漩涡。与 Ming 等❷的研究结果相一致，风速越大漩涡中心越靠近背风侧。由此可

---

❶ Zhong J, Cai X M, Bloss W J. Modelling the dispersion and transport of reactive pollutants in a deep urban street canyon: using large-eddy simulation. Environmental Pollution, 2015, 200: 42-52.

❷ Ming T Z, Gong T R, Peng C, et al. Pollutant Dispersion in Built Environment. Singapore: Springer, 2017.

见,复杂三维交通的几何特性严重影响其内部流场的分布,这比街道峡谷中的单通道流场更为复杂。

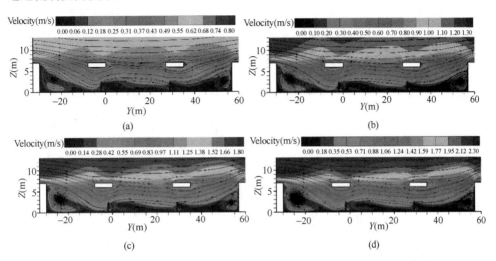

图 3-6-8 不同环境风向下 P4 平面上流线图及速度分布场图
(a) $U_{ref}=0.5$m/s;(b) $U_{ref}=1.0$m/s;(c) $U_{ref}=1.5$m/s;(d) $U_{ref}=2.0$m/s

图 3-6-9 (a) 表明 Z1 线上 Y 向速度随环境风速的增大而增大,沿竖直方向表现为速度先增大,随着高度的增高,速度先是降低为 0 然后反向增加,高度进一步增高,在站牌上部速度进一步增大,直至受西侧高架底部的影响降低为 0。沿高度方向速度出现了三个峰值,其中两个正值峰值,一个负值峰值,且环境风速越大,相对应的峰值也越大。从下往上第一个峰值的出现是由于公交站牌的离地间隙为 0.5m,在这么小的距离内可以认为来流风速是均匀的,在进入到这个间隙时来流风上下均受到阻挡,贴壁处风速为 0,故会在某个中间区域内达到速度最大值。来流风在站牌的背风侧会形成一个压力低区,压力低区的存在会导致气流的流向发生偏转,形成回流,故此表现出图 3-6-9 (a) 所示的情形。环境风速越高时,该压力低区的压力越小,回流拖拽力越大,形成的负值流速也越大。在此位置往上,气流在站牌上部和高架底部之间的区域内流通顺畅,将带动回流风往正 Y 轴方向运动,所以 Y 轴正向风速会越来越大。而该处正向峰值速度的出现与站牌底部正向峰值速度出现的原因类似,上下均受阻碍物的影响,故会在中间某位置出现速度高峰。不同的是,该处峰值要远大于底部正向峰值,模拟结果表明,该处正向峰值的最大值 $V_{y1}=1.3$m/s,而底部正向峰值 $V_{y2}=0.38$m/s。这一现象主要是由于底部流通间隙较小,仅为 0.5m,而上部流通间隙很大,为 3.5m,故流动的发展底部不如上部充分。

图 3-6-9 (b) 给出了 Z2 线上 Y 方向速度分布曲线,可见该处的风速分布并不如 Z1 处变化那么剧烈,仅出现了一个正向速度峰值,且峰值出现位置要高于

Z1 处。这种现象的出现，一方面由于受到西站牌对来流风的阻挡，两个站牌间区域内风速本就很小，为此东站牌下部虽有空隙但空气的流动不如西站牌下部变化剧烈，这一点由图 3-6-8 可更清晰地看出。另一方面，Z2 线处于东站牌的上风向，来流受到东站牌的影响，气流发生偏转，在阻碍物的下风向处受到的影响更大，而在上风向处对气流的影响范围较小。这一点与 Ramponi[1] 的研究成果相一致，气流在流动方向上受到阻碍时，建筑物迎风侧气流受到的影响要小于背风侧。

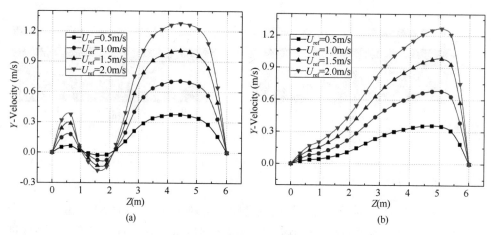

图 3-6-9 不同环境风速下 Z1、Z2 线上 Y 向速度曲线图
(a) Z1 线；(b) Z2 线

图 3-6-10 给出了不同环境风速时 P4 平面上 CO 质量分数分布场图。首先，环境风速增大时，CO 质量分数减小。其次，西风时东站牌位置处的 CO 浓度远大于西站牌处，主要是因为，一方面，西站牌来流风均是清洁空气，可以十分有效地稀释西站牌处的污染物，导致西站牌处污染物浓度很低；另一方面，污染物随气流迁移到下风向的东站牌处，气流在稀释污染物的同时自身浓度也变高，当运动到东站牌时造成了该处污染物浓度的增高。在两个站牌中间区域污染物水平相对较高，主要是由该处空气流通不畅所造成的，这一点可由图 3-6-8 更清晰地看出。而 CO 质量分数梯度在水平方向上明显小于竖直方向上，可见污染物在竖直方向上更易扩散。

为更清晰地说明公交站处污染物的分布特点，图 3-6-11 给出了 Z1、Z2 这两条线上的 CO 质量分数曲线图。该位置污染物的输运扩散主要依靠风力，可见风

---

[1] Ramponi R, Blocken B. CFD simulation of cross-ventilation flow for different isolated building configurations: Validation with wind tunnel measurements and analysis of physical and numerical diffusion effects. Journal of Wind Engineering & Industrial Aerodynamics，2012，s 104-106 (3)：408-418.

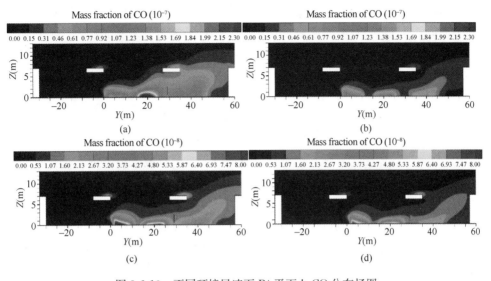

图 3-6-10 不同环境风速下 P4 平面上 CO 分布场图

(a) $U_{ref}=0.5$m/s；(b) $U_{ref}=1.0$m/s；(c) $U_{ref}=1.5$m/s；(d) $U_{ref}=2.0$m/s

速越大时同一位置的 CO 质量分数越小。气流的回流造成了该高度区间内空气流通不畅，流向的反复改变也使得该处速度绝对值相对较小，为此该高度区间内污染物浓度较大，形成浓度高峰。而在此高度范围，上部便进入了站牌和高架下部的流通区，空气流通加快，污染物浓度变小。

图 3-6-11（b）给出的是 Z2 线上 CO 质量分数值的分布，可发现随着高度的增高，污染物浓度值随之降低，这主要与高处风速较大有关，这一点由图 3-6-9（b）更易看出，浓度曲线的变化基本和速度曲线的变化呈反相关关系。不同于西

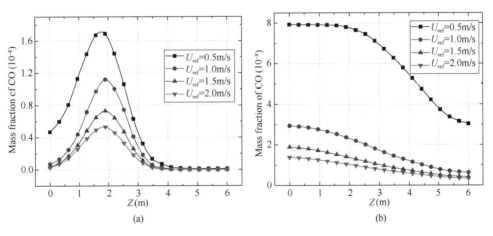

图 3-6-11 不同环境风速下 Z1、Z2 线上 CO 质量分数分布图

(a) Z1 线；(b) Z2 线

侧高架底部的情况,该处污染物浓度不仅表现出随环境风速增高,污染物浓度减小的特点,而且数值计算结果表明该处浓度相对于西侧高架底部较大。主要是由于 Z2 线处于东公交站牌的上风向处,这与 Blocken 等[1]的研究相吻合:沿流动方向顺风向发生较弱的阻塞作用。

6.4 讨论和小结

探究复杂立体交通系统的污染物传播规律,对了解城市污染物分布、缓解空气污染有着重要参考意义。本章通过对城市转盘-地下通道模型的数值模拟分析,得到以下结论:(1)下沉式公交站处,大型站牌的设置严重阻碍了空气流通及污染物的传播;(2)迎风侧站牌处污染物分布呈现出马鞍形分布,背风侧则呈现出由下往上依次降低;(3)某些环境风向下污染物会从隧道迁移至公交站处,引起该处污染物浓度大为增加。交通转盘处,污染物分布受转盘与周围车道复杂连接的影响已超越环境盛行风的影响,不同污染源位置分布导致转盘内局部污染物浓度较高。隧道处,污染物沿空气流通方向发生堆积,而在开口处又迅速降低;不同环境风速下引起上下游隧道内气流的运动方向不同,由此引起的污染物堆积位置也不同;同时,污染物在隧道进风口侧趋向于竖直分层,出风口趋向于水平分层。

对于下沉式公交站和交通转盘的研究可以给交通系统设计和交通管理等提出一定的建议,对交通规划者而言可以考虑缩小交通站牌的尺寸,或把公交站迁移至通风良好的区域,以减少对候车人员健康的影响;对交通道路规划设计者而言,在道路设计之初就应该综合考虑道路便捷、减少污染物浓度这些因素,以期最大程度减少对行人居民健康的影响。

---

[1] Defraeye T, Blocken B, Carmeliet J. CFD simulation of heat transfer at surfaces of bluff bodies in turbulent boundary layers: Evaluation of a forced-convective temperature wall function for mixed convection. Journal of Wind Engineering & Industrial Aerodynamics, 2012, s 104-106 (3): 439-446.

7 城市生物多样性与建成环境的关系——城市规划视角的研究与思考[❶]

7 The Relationship between Urban Biodiversity and Built Environment

7.1 通过城市规划提升生物多样性的必要性

7.1.1 人类活动对生物多样性的破坏日益严重

人类长期以来对生物资源及土地的过度利用，引发全球性的物种灭绝危机、环境污染等一系列问题。与其他全球环境问题相比，生物多样性的持续丧失对人类当代和子孙后代的福祉具有重大的影响[❷]。联合国环境规划署（UNEP）在《千年生态系统评估报告》中的《生态系统与人类福祉：生物多样性综合报告》指出，生物多样性的不断丧失，已使生物系统服务功能不断恶化，从而加剧了生态系统的脆弱性，减少了食品的供应，极大地影响了人类的健康[❸]。

生物多样性的危机是多种因素综合作用的结果。《全球生物多样性展望（第三版）》报告指出，全球人类活动所造成的物种灭绝速度，是自然条件下的1000倍[❹]。在人类活动中，工业化和城市化首当其冲——无序蔓延的城市开发造成许多野生动植物栖息地日趋萎缩；铁路和公路等区域基础设施建设导致野生动植物栖息环境破碎化，直接威胁种群繁衍；水利设施尤其是水闸堤坝的修筑造成江河与湖泊的隔断，堵塞了鱼类洄游与种群交流的通道；农业生产中农药和化肥的大量施用，以及工业废物和生活垃圾的无序排放，改变了生物物种的生理特征及栖息环境，导致许多种类灭绝或种群数量大大减少。

由此可见，人类活动尤其是快速城镇化发展对自然生物栖息空间的侵占，不

[❶] 干靓，同济大学建筑与城市规划学院副教授，中国城市科学研究会生态城市专业委员会委员，绿色建筑与节能专业委员会委员。
[❷] 联合国环境规划署.生物多样性公约秘书处.全球生物多样性展望[R].3版.蒙特利尔，2010.
[❸] United Nation Environment Program. A summary of the millennium ecosystem assessment: biodiversity synthesis [R]. Nairobi: UNEP, 2005.
[❹] 同[❷].

仅会影响城市生态系统最根本的基底，也间接干扰着城市居民的身心健康❶。

7.1.2 生物多样性对城市环境的支撑作用常常被低估

生物多样性是城市生存的根本条件，对维持城市的生态平衡和可持续发展具有至关重要的意义。城市生物多样性为该地区建成环境提供的生态系统服务不胜枚举，而其支撑作用和价值却又常常被低估。从生态系统服务功能的视角来看，除了美学与文化服务价值之外，生态系统调节了水、空气、土壤的供给和品质，为提高空气湿度、修复污染土壤、提高土壤肥力和降低噪声提供了服务。供应城市地区的水通常来自城市边界附近的集水区，这些集水区因为有了能储藏和净化水源的自然生态系统而得以持续发挥功能。城市绿化补氧、固碳，吸收太阳辐射，降低空气污染，保持水的平衡，通过遮阴和蒸散调节城市景观的表面温度，降低热岛效应。公园和自然区域在支撑城市自然生态亚系统与多种物种栖息生境的同时，也为居民提供休闲和教育的机会，促使市民接触自然，创建场所感，对人的身心健康产生积极影响❷。而从经济价值而言，英国和美国的多项研究结果显示，行道树以及可见的自然景观和水体可以使物业增加5%～18%的价值❸。因此，城市生物多样性常被作为评价城市生态系统服务功能和城市生态环境优劣的重要指标，对维护城市系统生态安全和生态平衡、改善城市人居环境具有重要意义。

7.1.3 城市在生物多样性保护方面的作用日益受到关注

随着全球进入城市时代，城市在保护生物多样性方面的作用变得日益重要。城市土地的有效使用和自然生态系统的管理可以使城市及其周边的居民和生物多样性同时受益。因此，城市成为遏制全球生物多样性丧失解决方案的重要组成部分。2008年5月在德国波恩召开的《生物多样性公约》缔约方大会第九次会议（COP9），大会所采纳的第Ⅸ/28号决议，鼓励各国政府让本国的城市参与履行生物多样性公约。此外，第Ⅸ/28号决议还为各个城市、地方当局与次国家级政府提供了有利条件，使其能够更多地参与地方当局生物多样性公约计划方面的工作。这意味着城市生物多样性的重要性首次得到联合国及缔约方官方的确认。同年5月21—24日在埃尔夫特举办的"城市生物多样性和设计——在城镇实施生

---

❶ 干靓. 城市生物多样性与建成环境［M］. 上海：同济大学出版社，2018.

❷ Gómez-Baggethun E, Gren Å, Barton D N, et al. Urban ecosystem services［C］//Michail Fragkias, Julie Goodness, Burak Güneralp, Peter J. Marcotullio, Robert I. McDonald, Susan Parnell, et al. (Eds.): Urbanization, Biodiversity and Ecosystem Services: Challenges and Opportunities. A Global Assessment. Dordrecht: Springer Netherlands; Imprint: Springer, 2013: 175-251.

❸ UCD Urban Institute Ireland. Green city guidelines: advice for the protection and enhancement of biodiversity in medium to high-density urban developments［R］. 2008.

物多样性公约"大会，邀请了来自 50 个国家的 400 多名科学家、规划师和其他从业人员，首次讨论了生物多样性的科学知识和实践与城市环境规划、设计和管理之间的关系，并在会后发布的同名论文集中指出城市生物多样性的重要性在于：①特殊但对整个地球的生物多样性而言极其重要；②反映了人类文化；③在日益全球化的社会中帮助提升生活品质；④人有着亲近自然生物的本能，城市生物多样性是大部分人类能够体验的唯一生物多样性❶。

在学术领域，根据同济大学图书馆对 2006—2015 年全球城镇化领域国际学术论文的研究，生物多样性（biodiversity）与土地使用（land use）、保护（conservation）并列成为过去 10 年间城镇化领域研究的年度五大热点中仅有的每年都出现的三大关键词之一❷，体现出生物多样性议题在城镇化研究中日益显著的地位。

7.2 我国城市规划领域生物多样性研究与实践的不足

自 1971 年联合国教科文组织（UNESCO）的"人与生物圈"（MBA）计划开始，人与自然在城市建成环境中的和谐共生一直是生态城市研究的热点问题，城市生物多样性保护与提升也是生态城市规划的重要组成部分。欧洲和其他一些国家非常重视城市规划中的生物多样性保护，在城市规划的各个阶段将生物多样性列为重要内容，基于长期监控土地使用变化对生物多样性的影响，帮助规划设计人员将生物信息数据与土地使用数据结合，并在规划系统中明确提出保护生物多样性的路径和方法❸。我国自建设部 2002 年颁布《关于加强城市生物多样性保护工作的通知》以来，也逐渐明确了城市规划对生物多样性保护的重要作用，尤其在近年来的生态城市建设中，与生物多样性相关的城市规划研究日益得到关注，2018 年中国城市规划学会城市生态规划学术委员会年会专门以"生物多样性与社会包容性"作为主题，专题讨论了城市规划视角的生物多样性议题。但总体上看，我国城市规划领域对生物多样性的研究与实践尚处于起步阶段，当前规划在视角、范畴、尺度与对象四方面存在问题❹。

---

❶ Müller N, Werner P. Urban biodiversity and the case for implementing the convention on biological diversity in towns and cities [C] // Müller N, Werner P, John G, et al. Urban biodiversity and design. Oxford: Wiley-Blackwell, 2010: 1-34.

❷ 慎金花. 城镇化领域国际研究态势 [R]. 同济大学高密度区域智能城镇化协同创新中心种子基金课题报告, 2015.

❸ 徐溯源, 沈清基. 城市生物多样性保护规划理想与实现途径 [J]. 现代城市研究, 2009 (9): 12-18.

❹ 干靓, 吴志强. 城市生物多样性规划研究进展评述与对策思考 [J]. 规划师, 2018 (1): 87-91.

7.2.1 规划视角——重保护，缺提升

从语汇上看，国内的城市多样性规划策略全部采用"保护"（conserve）作为核心目标，而国外则将"保护"与"提升"（enhance）并重，体现出对于城市生物栖息空间利用的不同态度。虽然城市生物多样性规划在中国已日益得到重视，但由于当前尚有大量城市社会和防灾问题亟待解决，生物多样性规划策略研究与实践在整个规划体系中仍处于较为弱势的地位。此外，中国在经历了30多年高速度、高密度、高强度的城镇化之后，支撑生物栖息的生态空间已被大量挤占，因此生物多样性规划的首要作用尚处在"底线防守"的保护阶段。而处于城市化平稳发展期的西方国家，则已有余力落实满足城市居民对其他生灵的亲近本能，因此在保护的同时还渴求提升生物多样性及其所附带的生态系统服务功能。

7.2.2 规划范畴——重局部，缺整体

与国内研究与实践较多关注自然保护区、大型公园绿地和特定物种的生境所不同的是，国外更强调所有城市空间全覆盖的生物多样性潜力，尤其在规划对策的研究中，无论是英国的"go wild"还是美国的"going native"，也无论是日本的"将自然引入城市"还是新加坡的"花园中的城市"，都体现了对城市生物、城市自然、城市野趣价值的认同和尊重，并且出现了大量由各级规划管理部门、设计企业和NGO发布的保护和提升生物多样性规划设计的导则，涵盖区域、城市、社区、建筑等多个尺度，帮助规划师、开发商、业主通过自己的努力，共同建设人与生物共生的城市环境。

7.2.3 规划尺度——重两端，缺衔接

在规划尺度上，国内外的研究与实践比较关注宏观尺度和微观尺度，而中观尺度的研究与实践较少，这在国内的研究中尤为明显。事实上，作为承接落实宏观尺度目标并为微观尺度预留空间的中观尺度，在整个规划体系中是不可或缺的重要环节。尤其是对于高密度建设的中国城市，近年来在生态文明国家战略的指引下，已经在宏观尺度日益重视基本生态空间和生态网络的划定，为在新一轮城市建设中保护生物多样性奠定了基础。而中观尺度作为直接面对开发建设的第一线，如果不增加对生物多样性的关注，是最容易在生物栖息环境的保障中失守的一环。而这一环节的缺失，也势必使微观尺度的生境营造更为破碎零散，使得整体生物多样性和生态系统服务功能受到更大影响。

7.2.4 规划对象——重植物，轻动物

我国城市规划领域生物多样性研究与实践的不足，尤其在总体规划层面的保

护规划实践中，国内的研究更偏重于植物而较少考虑城市野生动物，生态城市指标体系中也较多聚焦"本地植物指数"等偏重植物多样性的生物生境系统指标。实际上，野生动物是城市不可或缺的组成元素，为城市带来无限生机，使人们在工作之余拥有更多亲近自然和释放压力的机会。更重要的是，野生动物处于城市生物营养级类群的更高层级，相对于人工化程度更高的植物而言，它们在城市中的空间行为是其本身对城市生态系统适应的结果，更能体现城市生态环境的优劣。如蛙类是城市水系水质的指示物种，蜻蜓是湿地生境的指示物种，而鸟类则是城市生态系统综合质量的指征物种。因此在城市生物多样性规划中也应该将城市野生动物纳入整体考虑。

7.3 城市建成环境对生物多样性的影响要素与优化路径

我国城市规划领域生物多样性研究与实践存在四方面不足的主要原因之一在于规划设计人员对生物多样性与空间布局之间的关联性缺乏理解，因此在生态城市规划前期即使邀请了生物学家进行生物系统调查和生物空间功能区划研究，也较难在规划编制和实施过程中得到有效应用和落实。因此，笔者认为，解决上述问题首先需要探讨城市建成环境要素与城市生物多样性之间的互动关系，解析相关要素的作用效应。

7.3.1 城市建成环境对生物多样性的影响表征

建成环境（Built Environment）通常指为人类活动而设置的物质空间环境，尺度涵盖建筑、公园绿地、街区甚至城市，也包括供水和能源网络等配套基础设施。城市建成环境主要由建筑、道路、污染物、噪声、车辆和人流构成，其对城市生物多样性的影响，主要体现在城市动植物特有的生理和群落适应性特征上。城市植物的生理特征包括：覆盖率低，演替缓慢，花期相对较长，抗污染能力较强。群落特征包括：广布种、常见种和归化植物比例较高，草本植物种类多于木本种类，杂草和伴人植物占较大比重，通常以开花的被子植物为优势种等[1][2][3]。

与受人工种植干预较多的植物相比，城市动物尤其是野生动物普遍具有一种"同步城市化"（Synurbization）的进化特征，即城市中的非家养动物逐步适应人造

---

[1] 沈清基. 城市生态环境：原理、方法与优化[M]. 北京：中国建筑工业出版社，2011：235.
[2] Forman R T T. Urban ecology: science of cities[M]. New York: Cambridge University Press, 2013: 220-223, 241.
[3] Douglas I, James P. Urban ecology: an introduction[M]. Routledge, 2014: 222-228, 241-242.

环境，甚至其生存密度在城市环境中比在原生自然条件下更高，更加如鱼得水❶❷，这在鸟类与小型啮齿类动物中尤为明显❸❹。与自然状态下的同类相比，城市动物的生理特征包括：体型较小，便于经常性移动；杂食性动物比例较高，饮食可以随时切换，部分动物趋向于食用人类提供的食物资源，如垃圾残渣等；能够在人工结构中建造巢穴和栖息，有相对较长的繁殖期，较早的成熟期，较高的繁殖率和存活率；能够适应高密度环境，有适应于类似原生环境中岩石峡壁的高耸建筑群的行为模式；习惯甚至喜欢人类活动的干扰，或在行为上适应人类，对于非生物条件的巨大变化有生理上的忍受力，如对于鸟类而言，惊飞距离更短；昼夜活动时间长，活动范围较小，迁徙行为减少等。群落特征则为：以泛化种（Generalist Species）主导，一种或几种物种成为城市主要物种；特化种（Specialist Species）较少，利用触手可及的食物、庇护所以及水资源；广布种比例较高❺。

7.3.2 城市建成环境对生物多样性的影响要素及其影响机制

地球上的生物，都必须依靠太阳、空气、水和土壤四项环境因子来存活。其中太阳、空气受人类活动影响较小，主要属于生物地理区系的影响；而水与土壤两个因子则深受人类开发活动的威胁，城市建设对水和土壤环境的破坏尤为严重。大多数学者认为，在区域尺度，气候是影响生物群落的主要因素；在城市尺度，土地利用、景观格局对生物多样性分布格局起到决定性作用；而在中微观尺度，生境特征、植被结构、土地开发和管理强度、土壤等微环境因素可能是决定物种分布的关键因素❻。因此，探讨城市建成环境对多重生境生物多样性的空间影响因素，主要考虑的是城市建成环境对自然水体和土地资源及其结构和环境质量的改变机制。干靓将城市建成环境对生物多样性的影响要素，总结为自然在人工环境中的叠合基层质量以及人工干扰对自然环境的叠合压力两个维度，前者即

---

❶ Luniak M. Synurbization-adaptation of animal wildlife to urban development [C] // Shaw et al. (Eds.) Proceedings 4th International Urban Wildlife Symposium. 2004：50-55.

❷ Francis R A, Chadwick A M. What makes a species synurbic? [J]. Applied Geography, 2012, 32：514-521.

❸ Łopucki R, Mroz I, Berlinski L, et al. Effects of urbanization on small-mammal communities and the population structure of synurbic species：an example of a medium-sized city [J]. Canadian Journal of Zoology, 2013, 91 (8)：554-561.

❹ Tomia Łojc L. Human initiation of synurbic populations of waterfowl, raptors, pigeons and cage birds [M] // MURGUI E, HEDBLOM M, eds. Ecology and conservation of birds in urban environments. Springer International Publishing, 2017：271-286.

❺ Forman R T T. Urban ecology：science of cities [M]. New York：Cambridge University Press, 2013：220-223, 241.

❻ 毛齐正, 马克明, 邬建国, 等. 城市生物多样性分布格局研究进展 [J]. 生态学报, 2013, 33 (4)：1051-1064.

直接承载生物本体的基层承载要素，主要包含城市建成环境对土地资源及其结构和环境质量的改变机制要素，后者则是人工环境对自然基质、格局以及生物活动的间接干扰要素❶（图3-7-1）。

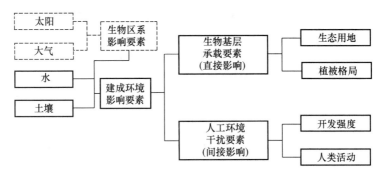

图 3-7-1　城市生物多样性的建成环境影响要素

7.3.2.1　生物基层承载要素（直接正影响）

生物基层承载要素主要包括承载植物的生态用地基层和承载动物的植物基层。

（1）生态用地（植物基层承载要素）

生态用地指除建设性用地以外，以提供环境调节和生物保育等生态服务功能为主要用途、对维持区域生态平衡和持续发展具有重要作用的土地使用类型，一般包括绿地、林地、湿地、耕地、水域等。城市土地使用功能和结构的变化，造成生态用地的规模缩减、布局形态改变以及随之带来的自然景观破碎化，是导致物种结构和物种丰富度变化的主要原因❷。

根据保护生态学的"物种-面积关系"理论，当生境面积越大时，物种的数量也倾向较多，越能维持健全的动植物群落。城市土地利用变化直接导致自然生态空间规模的大幅度缩减，尤其是森林规模和森林覆盖率的降低，使得破碎化的栖息地无法满足野生动物种群的最小生存面积。此外，生态用地空间形态结构特征的改变，通过生境斑块区位、密度、形状、异质性和连通性等改变了城市地区的生物物理过程。根据岛屿生态学理论，城市生境斑块的边缘一般意味着人类活动的干扰界面，边缘的界限越长，越容易受到外来冲击，因此形状完整的生境空间较有益于生物多样性。生境之间的距离越接近，越方便物种在各种生态位之间移动与交流，对植物群落的多样化也越有利，因此生境之间不能间隔太远。在城

---

❶ 干靓. 城市建成环境对生物多样性的影响要素与优化路径［J］. 国际城市规划，2018（4）：68-74.

❷ 颜文涛，萧敬豪，胡海，等. 城市空间结构的环境绩效：进展与思考［J］. 城市规划学刊，2012（2）：50-59.

市中，由于建筑、道路等人工设施的存在，生境之间即便在几何空间上趋近，也可能由于实际空间上的阻隔而无法进行物质能量交换。因此众多生境间需要有足够宽度和一定数目的廊道连接，以促进物种的网状移动与基因交流。

(2) 植被格局（动物基层承载要素）

城市植被可为野生动物提供直接的食物和庇护所。很多果树和灌木的花蕊、果实和种子是野生动物一年四季的食源。郁闭度较高的乔木，可以将野生动物与人类干扰安全隔离。树龄长的高大乔木通常是很多物种的家园，其内腔可以成为良好的巢穴之地。水果和浆果中的水分以及植物和草坪上的晨露或雨后的水滴，也能成为野生动物的间接水源。城市植被及其覆盖面积和比例、生物量的改变，以及不同的种类结构与配置方式，会对野生动物觅食、筑巢、栖息等行为的空间生态位产生效应，继而影响物种数量和分布。植被覆盖率降低是引起城市生物多样性减少的主要原因，对于一个地区的动物来说，其物种丰富度与植被覆盖率呈明显的正相关。通常情况下，植被越丰富则野生动物的多样性越丰富；植被越单一，种群也趋向单一化。野生动物的物种多样性也与植被的空间配置方式有关。

7.3.2.2 人工环境干扰要素（间接影响）

人工环境对生物多样性的干扰主要通过城市土地开发活动与生物基层竞争各类空间生态位，以及城市中的高强度人类活动改变生物本体的生理和群落适应性特征实现。

(1) 开发强度（生境干扰要素）

人类开发活动所带来的生境隔离，改变了生物生存和繁殖的自然过程，如花粉传播受阻和动物穿越行为的阻碍，会导致基因流动抑制而使近交和罕见等位基因丢失机会增加，影响物种的繁殖、生长发育和种间关系等生物多样性变化过程与趋势❶。

(2) 人类活动（生物干扰要素）

车流量、人流量等人类通过基础设施的出行活动以及声环境、光环境、水环境、大气环境、土壤环境等环境污染和微气候变化，影响植物的生物节律和花期以及动物出行、觅食、筑巢、通信等行为模式，从而导致生理机能和种群结构的变化。

7.3.3 提升城市生物多样性的建成环境优化路径

保护和提升城市生物多样性的建成环境优化路径需要从"提高基层质量"和"减缓干扰压力"两个维度予以考虑，涉及生态用地、植被格局、开发强度和人类活动四个方面的建成环境要素。宏观尺度影响生物多样性的城市建成环境要素

---

❶ 吴建国，吕佳佳. 土地利用变化对生物多样性的影响 [J]. 生态环境, 2008, 17 (3): 1276-1281.

主要为整体开发强度、密度、集聚度以及绿地、林地、湿地、耕地、水域等各类生态用地的规模与结构，而植被格局数据在宏观尺度上较难获取。在中微观尺度，除了延续宏观尺度的具体地块开发强度要素以外，绿地和水体作为中心城区小尺度生态用地的载体，对城市生物多样性有直接影响，因此在实证研究中，可以绿地为主、水体为辅分析其规模和空间形态特征与生物多样性的关系。另一方面，为动物提供觅食、巢居、休憩生态位，并在小尺度进行测绘和调控植被的规模、结构和种植形态亦可作为影响生物多样性的建成环境要素进行分析。

"提质"路径主要取决于生境的"四度"——密度、集中度、连通度和高度的提升。论证较为充分的指标主要在于生境斑块的空间形态特征以及植被的规模与形态，其中生态用地指标较多聚焦于绿地和林地，对湿地、水域、耕地等其他类型生态用地的影响效应和优化路径则需要进一步梳理。"减扰"路径取决于开发强度的降低和人工-自然隔离度的增加，研究论证相对于"提质"略显薄弱，其中对建筑密度、居住密度、道路网密度的研究较多，还需要通过实证研究进一步明晰与城市规划关系更为密切的人口集聚度、经济开发强度、交通出行等指标的影响效应和优化路径。"提质"和"减扰"共同作用，才能更为系统且有效地提升城市生物多样性（表3-7-1）。

提升城市生物多样性的建成环境优化路径与优化指标　　表3-7-1

优化路径	优化指标类型	宏观尺度关键优化指标		中微观尺度关键优化指标	
		正影响效应	负影响效应	正影响效应	负影响效应
提高生物基层质量	提高生态用地质量	用地规模	生态用地面积和比例（绿地、森林为主）；绿地面积			
		空间形态	景观特征指数；生境斑块连通性；生态网络连接度			生境斑块密度；生境斑块边周比
	提高植被格局质量	植被规模			乔木、灌木、地被层覆盖面积、比例与生物量	
		植被结构			植被种类；本地植被比例	
		植被形态			树高与树冠盖度；植被空间配置关系	

续表

优化路径	优化指标类型	宏观尺度关键优化指标		中微观尺度关键优化指标	
		正影响效应	负影响效应	正影响效应	负影响效应
减缓人工干扰压力	降低开发强度	经济发展水平		经济开发强度	
		人口集聚度		人口密度	
		建设开发强度		建筑密度；居住密度；道路网密度	建筑密度；住户密度；未铺砌路面比例
	减少人类活动	交通流量			车流量、人流量
		环境污染			气候环境、声环境、光环境、水环境、大气环境、土壤环境等环境污染

（表格来源：笔者基于相关文献整理）

7.4 结语与思考

在中国城镇化发展的关键时期，党的十八大报告明确提出"尊重自然、顺应自然、保护自然"的生态文明理念，十八届三中全会提出"建立系统完整的生态文明制度体系"，十九大报告指出"人与自然是生命共同体"，并进一步提出"构筑尊崇自然、绿色发展的生态体系"，这些对新时期的城市规划建设提出了更明确和更高层次的生态转型要求。联合国人居署和地方政府可持续发展委员会等机构2012年联合发布的《城市与生物多样性展望报告》，指出城市化对生物多样性和生态系统服务功能而言既是挑战也是机遇❶，为城镇化与城市发展过程中如何保护自然生物资源提供了新的依据和方向。2020生物多样性超级年以及《生物多样性公约》第15次缔约方大会将在我国昆明举办的计划也为中国城市生物多样性的研究与实践提供了新的机遇。

综上所述，在高密度城市建成环境中维护和提升生物多样性，是城市可持续发展面临的关键问题之一。在生态文明建设与自然资源视角的国土空间规划改革

---

❶ UN-Habitat. Cities and biodiversity outlook：action and policy [R]. Nairobi：UN-Habitat，2012.

背景下，我们更应该认识到城市生物多样性是城市重要的自然资源，其价值应该得到更多的认同和尊重，在城市发展的综合利益评估过程中不应一味被牺牲。导入生物多样性视角也是城市规划尤其是生态城市规划设计研究中有必要进一步探索的领域，可为未来的城市生态转型与绿色发展提供更多的借鉴与参考，并通过多种技术手段的多源数据整合与制图以及多学科协同的研究与实践，在城市中推动生物友好、自然亲和的生态环境建设，为市民提供身边可见可听可感的自然生态福祉。

8 EOD模式下昆明城市居住空间与价值分布初探——基于房价大数据的视角[1]

8 A Preliminary Study on the Distribution of Urban Residential Space and Value in Kunming under EOD Model: Based on the Perspective of Housing Price Big Data

8.1 研究背景

房价作为城市土地价值的直观反映，其分布与变化规律受到土地使用空间分布与价值变化规律的显著影响。对城市土地使用的空间分布与价值变化的经济学研究，以西方地租理论为主要代表。威廉·配第的古典地租理论认为地价是由土地获得的地租资本化后所得出（即绝对地租），这一理论奠定了地租理论的基础；亚当·斯密在这一理论的基础上将对地租的研究由农业用地扩充到非农业用地上，推动了城市地租的研究发展；詹姆斯·安德森继亚当·斯密后创立了级差地租理论；马克思在其基础上将级差地租分为因土地肥力和位置不同而产生的级差地租Ⅰ和因投资的生产率不同而产生的级差地租Ⅱ。现代西方地租理论延续了古典地租理论的基本假设，并就19世纪后期世界范围内城市化进程的推进中产生的城市土地问题进行了深入的研究。

对城市土地使用的空间分布与价值变化的地理学研究，则以空间区位理论为主要代表。空间区位理论的发展历经杜能农业区位论、韦伯工业区位论、廖什市场区位论到克里斯塔勒中心地理论的演变发展，对城市不同功能的空间区位选择做出了持续而深入的研究。空间区位理论认为，人类的经济社会活动始终倾向于选择总成本最小的地区进行布局，空间的自然地理区位、经济地理区位和交通地理区位在空间地域上有机结合构成了空间的区位特征，成为引导社会经济活动空间选择的重要因子。

---

[1] 简海云（1972—），男，同济大学博士，昆明市规划设计研究院副院长，正高级工程师，国家注册规划师，E-mail：522728198@qq.com；申峻霞（1986—），女，南京大学硕士，昆明市规划设计研究院规划师；林晓蓉（1980—），女，同济大学在读博士生。

美国经济学家威廉·阿隆索在著作《区位与土地利用：关于地租的一般理论》中建立的竞租模型是新古典城市区位理论与地租理论的里程碑。阿隆索成功地将空间关系和距离因素引入经济学领域中，首次引进了"区位平衡"（Location Equilibrium）这一概念，成功解决了城市地租计算的理论方法问题。阿隆索的地租模型（图 3-8-1）认为：城市的各种活动在使用土地方面是彼此竞争的，决定各种经济活动区位的因素是其所能支付的地租，通过土地供给中的竞价决定各自的最适区位。在城市中，商业具有最高的竞争能力，可以支付最高的地租，所以商业用地一般靠近市中心；其次是工业，然后是住宅区，最后是竞争力较低的农业。这样就得到了城市区位分布的同心圆模式。

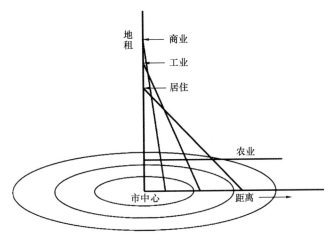

图 3-8-1　阿隆索地租模型地价曲线示意
（图片来源：笔者根据阿隆索竞租模型绘制）

阿隆索地租模型明确了城市地价以市中心为峰值向边缘区递减的变化趋势。随着现代城市的多元化发展，城市功能已从单一的生产、交易功能为主扩展到生活、消费、文化、交流等复合功能。多重功能的诉求与复合要素的规模聚集使得城市呈现多中心的发展趋势。不同资源禀赋特征与发展路径的城市，其公共产品的投入和生态环境、文化传承等稀缺资源的分布都有可能吸引城市资本开发在城市特定区域（而非仅仅是传统几何空间意义上的城市中心区）聚集，从而形成价值区段意义上的"中心"，即城市地价的峰值区域，进一步影响城市住宅的空间分布与价值分布❶。

---

❶ 张伟，张宏业，张义丰，等．对土地竞租曲线形态及其变化的再认识［J］．地理科学进展，2009，28（6）：905-911．

8.2 城镇住宅的空间分布与价值分布的关系分析

毫无疑问，城市空间价值的提升很大程度上依赖于资本的空间生产（Henri Lefebvre1974，David Harvey，1973）与政府公共产品的持续投入。随着城镇化模式的日臻成熟，国内也出现了 TOD（Transit-Oriented Development）、SOD（Service-Oriented Development）、EOD（Environment-Oriented Development）等多种现代城市发展模式。在不同发展模式的引导下，城市住宅的空间与价值分布也呈现出不同的规律特征。

8.2.1 TOD 模式下的住宅空间与价值分布

TOD（Peter Calthorpe，1993）即公共交通导向型开发模式，指以城市公共交通站点为核心，10 分钟步行路程作为社区的有效影响边界，形成以公共交通站点为中心的环形放射状路网，以公交站点为中心依次向外布局商业用地、绿化与开敞空间及住宅用地，形成一个用地紧凑、开发强度高、以步行交通为主的社区空间（图 3-8-2）。

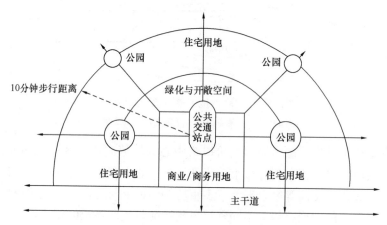

图 3-8-2 TOD 模式开发示意图
（图片来源：笔者根据 Peter Calthorpe TOD 模型绘制）

在 TOD 模式的引导下，城市公共交通站点成为一个地区内的开发中心，多条公共交通线路交汇的地区也更容易成为城市中心❶，引导城市大量商业空间、公共空间和住宅空间聚集，并形成城市地价分布的峰值区段❷。

---

❶ 王成芳. TOD 策略在中国城市的引介历程 [J]. 华中建筑，2012，5（5）：9-12.
❷ 刘鹏，马丽丽，朱黎明，等. E-TOD 理念下的都市边缘区轨道交通站点周边开发策略 [J]. 规划师，2017（7）：142-148.

8.2.2 SOD模式下的住宅空间与价值分布

SOD（Service-Oriented Development）即公共服务导向型开发模式，是城市政府利用行政权垄断的优势，通过城市规划和政府信用等公共政策、金融工具吸引社会资本合作，通过行政中心或其他城市功能向新区进行空间迁移，新开发地区的市政设施和社会设施同步形成，从而形成城市外溢式发展新的增长极，获得空间要素功能调整和所需建设资金❶。

SOD模式引导下的城市公共服务设施聚集的地区自然形成城市中心和土地高价值区段，外围布局住宅用地，住宅用地的价值也将随着与公共服务设施中心距离的增加而逐渐衰减❷（图3-8-3）。

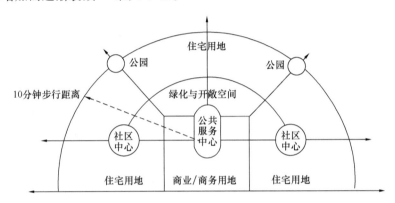

图3-8-3 SOD模式开发示意图

（图片来源：作者绘制）

8.2.3 EOD模式下的住宅空间与价值分布

古语云："德者择善而居"（老子，《道德经》）。和谐的人居环境是人们对居住环境品质的共同追求。在国内城镇化逐步进入中后期，发展模式由增量为主转入存量为主的新时期，城市资本与技术的稀缺性相对于生态环境与文化资源的稀缺性在逐渐降低。类似TOD和SOD模式等通过资本和公共产品的提供，改善人工设施环境，从而提升城市空间价值的传统路径越来越普遍的同时也越来越容易被低成本模仿复制，导致许多城市建成区环境的趋同和同质化的红海竞争。相比而言城市的生态环境与文化资源不仅高度稀缺而且具有空间的不可替代性，使其潜在价值在新时期的城市建设中不断显化，成为新一轮城市竞争所青睐的空间，

---

❶ 胡畔，张建召. 基本公共服务设施研究进展与理论框架初构：基于主体视角与复杂科学范式的递进审视［J］. 城市规划，2012（12）：84-90.

❷ 王青. 以大型公共设施为导向的城市新区开发模式探讨［J］. 现代城市研究，2008，11：47-53.

也催生了 EOD（Environment-Oriented Development）的发展模式。EOD 即生态环境导向型开发模式，是指城市以生态环境优越、景观环境优美的地区形成城市土地的高价值区段和开发热点，其前提是对生态与文化资源的有效保护与合理开发，避免对环境先破坏再修复的传统发展路径依赖。以和谐的人居环境赢得发展先机与空间红利。国内许多经济欠发达而生态环境良好、文化旅游资源丰富的西部地区城市恰恰具备这样的后发优势与潜力。

EOD 模式与 TOD、SOD 模式不同的是，其更多地依赖于城市自然山水与历史文脉条件，对昆明、丽江、大理等旅游城市来说，EOD 的趋势也更为明显，即城市生态环境区位与物业价值存在较明显的相关性，本文即以昆明为例，探讨 EOD 模式引导下城镇居住空间与价值的分布规律。

8.3 昆明的实证研究

昆明地处中国西南地区的云贵高原，是首批国家历史文化名城、著名旅游城市，旅游资源丰富，低纬度高海拔的特殊地理特征使昆明气候宜人，享有"花开不断四时春"的"春城"的美誉。昆明三面环山，南濒滇池，湖光山色吸引了大批的国内外游客前来旅游、观光。

8.3.1 研究方法

本次研究基于大数据的视角，通过 python 编程对网络房价数据进行抓取，得到 Execl 格式的地产名称、房价和地理坐标数据，然后导入 ARCGIS 中与城市的总体规划、控制性详细规划的用地与设施空间布局关系进行叠加，采用相关性定量分析等方法得到分析结论，以解释和探讨 EOD 模式对昆明城镇居住空间与价值分布的引导作用。

8.3.2 研究数据

以安居客网站（http：//km.anjuke.com//community/view）2017 年 9 月 14 日昆明都市区范围（中心城盘龙、五华、官渡、西山、呈贡、晋宁 6 个区加安宁、嵩明、宜良、富民四个县市）的 3433 条地产房价与地理坐标数据作为居住空间分布与价值分布的基础数据，结合昆明城市近期建设规划现状城市建设用地数据、昆明城市控详规现状城市建设用地数据进行空间叠加分析。

8.3.3 研究发现

本次研究首先将昆明市整体房价数据进行价值区段划分作为后续研究基础，高于 15000 元/平方米为高价值区段，7000～15000 元/平方米为中价值区段，低于7000元/平方米为低价值区段。从整体比例上看,昆明市高、中、低价值区段房屋数量比约为9.41∶78.84∶11.75,中价值区段占比接近80%,整体价值区段分布呈明显的纺锤形规律(图3-8-4)。

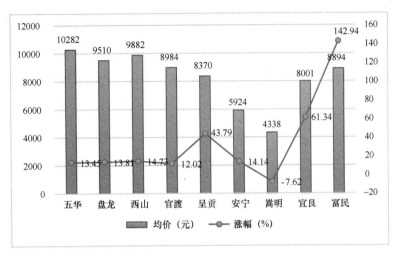

图3-8-4　2017年昆明市各区县住房均价及涨幅统计图
(资料来源:安居客网站)

与成都、重庆、贵阳等城市房价水平相比,昆明房价在西南地区省会城市中处于第二,仅次于成都市房价水平;从房价增速来看,昆明市过去一年中房价增速为12.20%,低于成都(28.77%)和重庆(13.03%)的房价增速,略高于贵阳(12.07%)的增速水平(图3-8-5)。

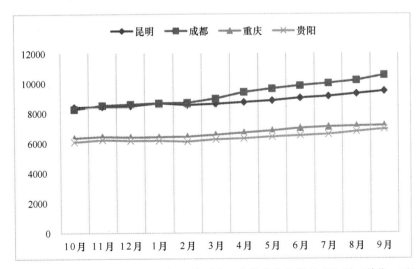

图3-8-5　2016年10月—2017年9月西南四市住房均价增长对比图(单位:元)
(资料来源:安居客网站)

8.3.3.1 EOD 视角下的中心城区住宅价值分布规律

通过将昆明市中心城区房价数据导入 GIS 系统进行昆明房价空间分布规律的初步判别，可以看出，昆明市房价高价值区段主要分布在滇池滨水地区、翠湖周边、世博园-金殿周边、东白沙河度假区、瀑布公园片区、西山风景区和大渔度假区等片区（图 3-8-6），房价高价值区段的分布与昆明市龟蛇相交的传统地理风貌和大小"三山一水"的空间格局高度契合（图 3-8-7），以长中山一脉延伸至滇池的轴线上，聚集了昆明市大量高价值区段的住宅分布，成为昆明市房价断面中平均价格最高的区域。

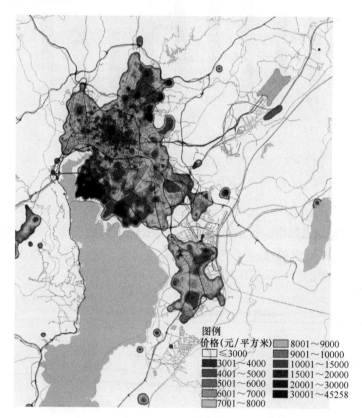

图 3-8-6 昆明市中心城区住宅价值空间分布示意图
（图片来源：笔者自制）

为了更加明确地分析昆明市住宅价值分布的 EOD 趋势，研究首先提取昆明市高环境质量的空间为住宅价值中心，通过 SPSS 相关性分析测算住宅价值和与中心距离之间的关联度，结果更加直接地显示出昆明市住宅价值与高环境质量空间之间的相关性关系（表 3-8-1）。

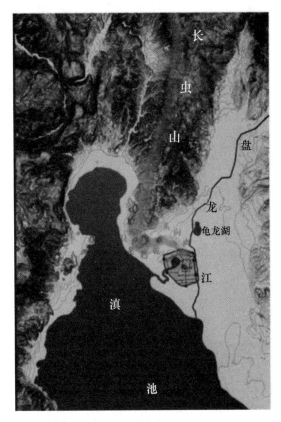

图 3-8-7 昆明市"龟蛇相交"的地理格局

(图片来源：笔者自制)

昆明市高环境质量住宅价值中心住宅价值相关性统计表　　表 3-8-1

序号	名称	特征	与中心不同距离地区的住宅均价(元)				相关性分析		相关性分析结论
			500米	1000米	2000米	5000米	相关系数 R^2	显著性检验结果	
1	滇池	高原明珠，国家级旅游度假区	20914	16475	13046	11253	−0.984	0.008	显著负相关
2	翠湖	昆明市中心重要观光点	15800	13727	11925	10177	−0.999	0.000	显著负相关
3	世博园	国家AAAAA级景区	19895	14702	12136	10319	−0.970	0.015	显著负相关
4	金殿	国家AAAAA级景区	21158	16481	16011	10484	−0.960	0.020	显著负相关

续表

序号	名称	特征	与中心不同距离地区的住宅均价(元)				相关性分析		相关性分析结论
			500米	1000米	2000米	5000米	相关系数 R^2	显著性检验结果	
5	东白沙河	昆明东部新兴山水园林片区	12288	10824	10810	9433	−0.952	0.025	显著负相关
6	嘉丽泽星耀水乡	珍稀高原泥炭湿地,休闲度假区	11522	11522	11522	11522	—	—	
7	安宁温泉	有"天下第一汤"之称的著名休闲度假区	8026	8026	8026	6340	—	—	
8	阳宗海	省级风景名胜区	11117	10043	10043	10043	—	—	

(表格来源:笔者自制)

从以上计算结果可以看出,排除嘉丽泽星耀水乡、安宁温泉和阳宗海三地周边住宅分布较少,住宅价格均值维持不变的情况外,其他多个片区均出现了明显的以高环境质量空间为核心,住宅价值随着空间距离的增加而衰减的规律,可以说,以高环境质量空间为中心,昆明市住宅价值的空间分布呈现了较为明显的EOD趋势。

8.3.3.2 主城高、低价值区段空间分布规律

为更准确地对昆明市中心城区房价空间分布规律进行分析,研究选取野生动物园—滇池和长虫山—滇池两个南北向剖面及眠山—金马山这一东西向剖面对昆明市住宅价值分布进行剖面规律的梳理(图3-8-8)。

从以上三个住宅价值分布剖面的分析可以看出,昆明主城住宅高价值区段处在一环路以内以及滇池北岸滨水地区和北市区世博片区周围,总体呈现南北向依山靠水组团分布的特征,高价值区段区间呈现南北长、东西短的特征,与昆明"龟蛇相交"的传统风水格局呈现一致性;一二环之间建筑质量的总体老旧和公共设施与公共空间缺乏导致其价值区段不高,土地区位价值未得到合理体现;主城低价值区段多分布在茨坝、凉亭等传统第二产业片区周边(表3-8-2)。

从主城高、低价值区段的空间分布规律可以看出,昆明主城范围内住宅价值分布呈现明显的EOD导向特征。

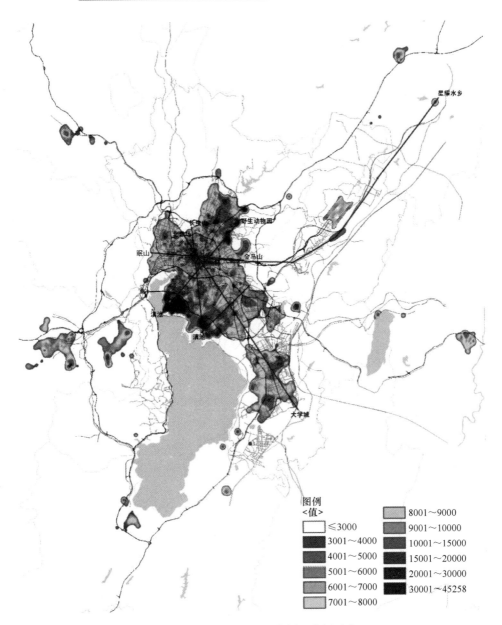

图 3-8-8 昆明市住宅价值剖面分析示意

（图片来源：笔者自制）

8.3.3.3 都市区价值区段分析

都市区外围城镇东西发展轴的城镇住宅经济价值总体要高于南北发展轴的城镇住宅。

昆明市中心城区房价剖面特征分析表　　　　　　　　　　　　　　　　表 3-8-2

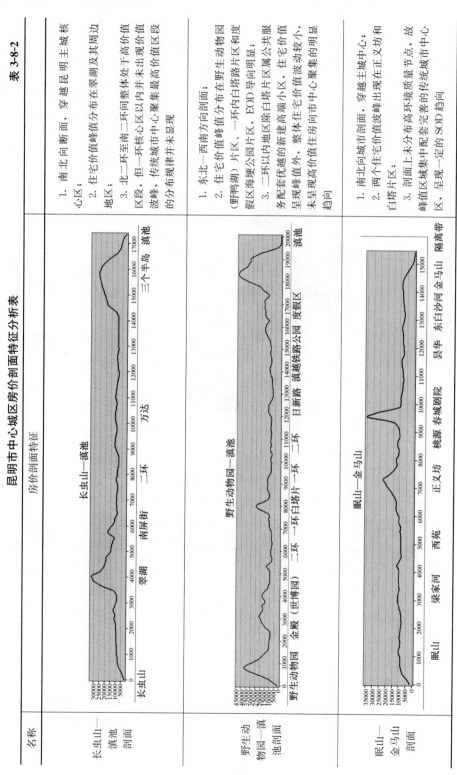

名称	房价剖面特征	
长虫山—滇池剖面	(长虫山—滇池剖面图)	1. 南北向断面，穿越昆明主城核心区； 2. 住宅价值峰值分布在翠湖及其周边地区； 3. 北二环至南二环核心区以内整体处于高价值区段，但一环核心区内并未出现高价值区段，传统城市中心聚集最高价值区段的分布规律并未显现
野生动物园—滇池剖面	(野生动物园—滇池剖面图)	1. 东北—西南方向剖面； 2. 住宅价值峰值分布在野生动物园（野鸭湖）片区、一环内白塔路片区和度假区海埂公园片区、EOD导向明显； 3. 二环以内地区除白塔片区属公共服务配套优越的新建高端小区、住宅价值呈现峰值外、整体住宅价值波动较小，未呈现高价值住房向市中心集聚的明显趋向
眠山—金马山剖面	(眠山—金马山剖面图)	1. 南北向城市剖面，穿越主城中心； 2. 两个住宅价值峰波峰出现在正义坊和白塔片区； 3. 剖面区域集中配套高环境质量节点，故峰值区域上未分布高环完善的传统城市中心区，呈现一定范围的 SOD 趋向

(表格来源：笔者自制)

在昆明都市区范围内，采用同样的方式对东西向、南北向住宅价值剖面进行分析。可以看出，除昆明主城外，昆明都市区内高价值住宅主要分布在安宁温泉度假区、太平新城、阳宗海度假区、嘉丽泽星耀水乡等地区；低价值区段则集中于安宁禄裱、大桃花物流园、经开区等工业、物流片区；都市区层面住宅高价值区段东西向长于南北向，且东西向外围城镇住宅价值区间总体高于南北向外围住宅价值区间，这与昆明都市区内主要风景旅游资源的东西向分布为主的规律一致（图3-8-9）。从都市区住宅价值剖面分析同样可以看出，昆明都市区住宅价值的空间分布在高环境质量地区明显聚集，呈现出显著的EOD特征。

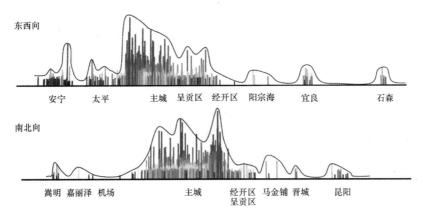

图3-8-9　昆明都市区东西向、南北向住宅价值剖面图

（图片来源：笔者自制）

8.3.3.4　呈贡价值区段分析

呈贡新区作为昆明近年来主要发展建设的城市新区，与主城之间有生态隔离带隔离。呈贡新区的发展建设由昆明市级行政中心及大学城的外迁及其周边相关教育、医疗设施的配套作为主要驱动力，因此通过对呈贡新区住宅价值的空间分布分析可以看出，高价值区段的住宅呈现明显的向市级行政中心和大学城聚集的趋势，与国内新区建设中普遍的SOD模式特征相契合。

同时，呈贡新区另一个住宅价值波峰则出现在滇池度假区大渔片区，这一波峰的出现，体现了EOD模式在呈贡新区同样具有一定的影响力，而地铁一号线、四号线站点周边则未出现TOD模式引导下住宅价值的分布特征，可以看出地铁一号线和四号线对呈贡新区住宅价值的影响尚未凸显（图3-8-10）。

8.3.3.5　物业形式对住宅价值的影响分析

考虑到不同住宅物业形式中，别墅与普通住宅基础价格差异较大，别墅区的分布可能会对住宅价值的规律判断产生干扰和影响，故在上述分析的基础上，采用同样的分析模式，剔除别墅区的相关数据，对昆明普通住宅的价值分布进行了再次分析（图3-8-11、图3-8-12）。

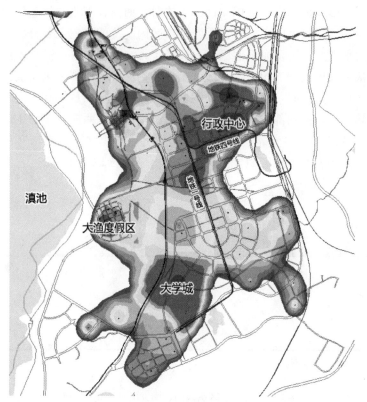

图 3-8-10　昆明呈贡区住宅价值空间分布分析图
(图片来源：笔者自制)

图 3-8-11　昆明市住宅价值分布鸟瞰图（含别墅）
(图片来源：笔者绘制)

图 3-8-12　昆明市住宅价值分布鸟瞰图（不含别墅）
（图片来源：笔者绘制）

剔除别墅相关价格数据后可以看出，首先，昆明住房价值峰值明显降低，高价值区段住房明显减少，这也印证了别墅自身价值基数高于普通住宅的一般规律；其次，高价值区段别墅住宅集中分布于昆明市内主要的高环境品质区域；第三，普通住宅在昆明的价值分布也同样呈现明显的 EOD 趋势。

因此，在排除不同物业形式对住宅价值分布规律的干扰后仍然可以看出，环境品质是昆明市影响住宅价值的最主要因子，昆明住宅价值分布呈现显著的 EOD 导向特征。

8.4　结论与建议

通过昆明主城、呈贡新区和昆明都市区等不同层面的住宅价值分布规律分析可以看出，与一般城市中常见的 TOD、SOD 导向的住宅价值分布规律不同，昆明高价值区段的住宅分布显著契合了昆明"三山一水"的自然格局，整体住宅价值的空间分布呈现了明显的 EOD 导向特征，这与昆明高原湖滨城市的特征是吻合的，也反映了昆明人自古以来对自然生态环境的亲近与热爱。

住宅价值的高低分布在一定程度上反映了城市居民的居住价值取向，也揭示了昆明居住空间价值分布的内在规律。但稀缺的优质生态环境资源不能被城市建设所无节制的透支滥用，在当前昆明生态修复、城市修补等一系列城乡空间治理的实践中，应当坚守"绿水青山就是金山银山"的理念，恢复、连通、扩充城市内外的生态基面、生态廊道与公共绿地斑块，通过绿脉水网的连接，营造城市建成环境与自然生态环境更具亲和力的交互界面，使更多居民能够"开门见绿，出门享绿"❶（图 3-8-13），将保护城市山水格局与生态环境，传承地域文化价值，提升城市空间环境品质均好性作为重点，进一步提升昆明整体人居环境水平，充分彰显昆明高原湖滨旅游城市的特色与魅力。

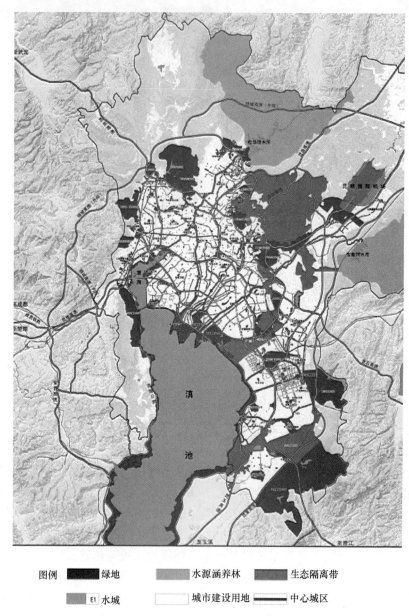

图例　■ 绿地　　■ 水源涵养林　　■ 生态隔离带
　　　■ 水城　　□ 城市建设用地　— 中心城区

图 3-8-13　昆明中心城区绿地系统规划图
（图片来源：昆明市规划设计研究院）

---

❶ 昆明中心城区绿地系统规划（2010—2020 年）。

同时，还应进一步完善《滇池保护条例》等地方立法和运用国土空间规划一张图等公共政策工具，强化纵向到底、横向到边的城乡空间管治，协调好生产、生活、生态空间，守住生态环境底线❶（图 3-8-14），防止城市建设透支生态环境

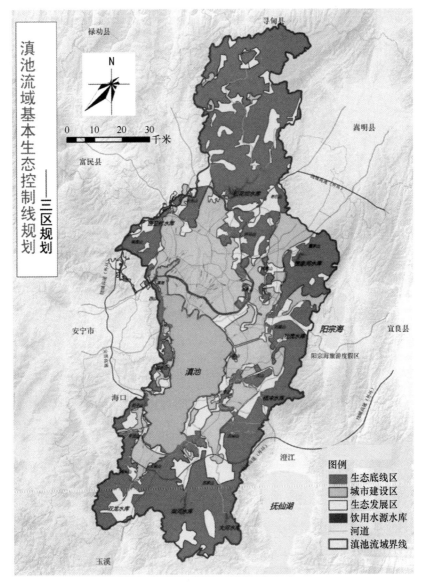

图 3-8-14　滇池流域基本生态控制线规划图
（图片来源：昆明市规划设计研究院）

---

❶　滇池流域基本生态控制线规划。

资源，避免环境高价值区段的空间为少数高收入群体所独占。通过规划、政策的引导，在优质生态环境地区保证城市公共空间开敞与市民大众共享，真正使城市看得见山、望得见水、记得住乡愁，真正使本地居民与外地游客进一步增强获得感、认同感和幸福感，为春城昆明的和谐、宜居、宜游奠定坚实基础。

9 从时空角度分析城市可再生能源潜力——以荆门为例[1]

9 Analysis of Urban Renewable Energy Potential from the Perspective of Time and Space: a Case Study of Jingmen

9.1 城市能源供应潜力评估方法

在城市可再生能源供应方面，借鉴德国弗劳恩霍夫太阳能研究所可再生能源潜力预测技术，基于中国城市空间数据特征，重点针对太阳能、风能及生物质能，构建了一套包含空间数据需求清单、空间分析方法及适用参数条件等流程的适用于中国城市的可再生能源利用潜力的空间分析模型。

9.1.1 太阳能潜力评估

太阳能可以实现清洁且无污染排放的电力生产，正在成为一种具有成本竞争力的化石燃料替代品。在适宜区域的建筑屋顶、外墙或地面开放区域安装光伏/光热系统，可实现对太阳能的有效利用。

（1）确定太阳能利用方式

通过分析研究区域的年度太阳总辐射（GHI）和直接辐射（DNI）的数值特征，确定适用于研究区域的太阳能利用方式：建筑屋顶、外墙或地面开放区域，光伏或光热。在本研究中考虑到建筑外墙（建筑集成光伏）的成本较高，不做其发电潜力评估的研究；当 DNI 低于 $1800kWh/m^2$ 时，部署太阳能热的成本效益较低，不考虑太阳能热的发电潜力。

（2）屋顶光伏发电潜力评估

为了确定屋顶光伏发电的潜力，需要对其屋顶区域进行评估。获取屋顶区域信息的方法包括使用 3D 模型，分析高质量的卫星图像或航空摄影等。我国城市的数字 3D 模型较少，大部分城市较难以获取高分辨率卫星图或航空摄影，无法

---

[1] 根据国家重点研发计划项目-政府间国际科技创新合作重点专项-《城市能源体系及碳排放综合研究关键技术与示范（2017YFE0101700）》科技报告整理。

准确识别每栋建筑的屋顶类型、方向和倾斜度。如图3-9-1所示，在计算中可使用包含建筑物覆盖区信息的2D地图（各区域屋顶覆盖区面积为S_i），通过抽样比对获取研究区域建筑屋顶面积的修正系数μ_i，以得到较为准确的建筑屋顶面积。假设屋顶是平屋顶，且屋顶上可用于安装光伏组件的面积占比为α，光伏效率为E，则该区域范围内的屋顶光伏发电容量为$E \cdot \alpha \Sigma S_i \cdot \mu_i$。

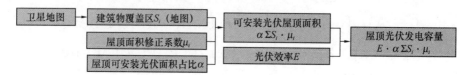

图3-9-1　屋顶光伏发电容量评估过程

（3）地面开放区域的光伏发电潜力评估

除了太阳辐射强度之外，地面开放区域光伏系统安装位置的选择还取决于各种因素，包括地形、土地利用、现有和规划的输电网以及环境因素等，如烟尘沉积和灰尘分布就可能对光伏发电产生负面影响。由于缺乏有关输电网规划和作为烟尘源的化石燃料发电站的位置信息，因此在分析中将不考虑这些因素。本研究基于地形、土地利用类型和太阳辐照度资源（年平均GHI）来确定适合地面安装光伏系统的区域。通过在GIS中覆盖这些标准，确定满足要求的区域，过程如图3-9-2所示。

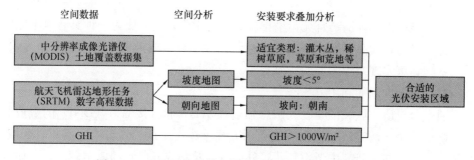

图3-9-2　地面开放区域光伏发电适宜性的空间分析过程

数据源包括中分辨率成像光谱仪（MODIS）土地覆盖数据集和航天飞机雷达地形任务（SRTM）数字高程数据。MODIS土地覆盖数据产品（MCD12Q1）第6版有17个类别标签，高质量保证率为73.6％。在本研究中，由于可达性低和环境限制，森林、水、湿地、农田、城区和建成区等土地覆盖类型被认为是不适合地面安装的光伏系统的区域。因此研究考虑包括灌木丛、稀树草原、草原和荒地在内的土地覆盖类型。

利用GIS计算研究区域地形的坡度（陡度）和坡向（方向），坡度小于5°的平坦或朝南的位置被认为是地面安装光伏系统的合适位置。除地形和土地利用因素外，只有水平太阳辐照度值（GHI）大于 1000 W/m² 的区域才可以被认为是合适的光伏安装区域。

假设合适的地面光伏安装区域总面积为 S_2，其中实际上被考虑用于安装地面光伏组件的区域面积占比为 β，光伏效率为 E，则地面开放区域光伏发电潜力为 $S_2 \cdot \beta \cdot E$。

9.1.2 风能潜力评估

为满足日益增长的发电需求，风能可作为重要的可再生能源。评估风力资源的关键参数是轮毂高度的风速和风力密度。风速是描述风况的粗略指标，风能密度是描述风能的量化指标。风速和风能密度根据轮毂高度或风力涡轮机的尺寸而变化，轮毂高度是发电机安装的高度。在本研究中，轮毂高度设置为 50 米，并使用特定于该高度的风力资源数据。风力资源数据（长期平均风速和风能密度）来自 Global Wind Atlas（GWA 2.3），评估过程如图 3-9-3 所示。

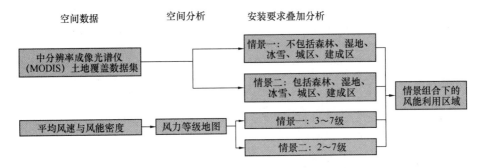

图 3-9-3 风力发电适宜性的空间分析过程

根据中国国家标准《风电场风能资源评估方法》GB/T 18710—2002，风力共分为 7 级，分类标准与风能密度和地面 50 米高度的平均风速相关，级别越高，风资源越好。通常指定认为 3 级及以上风力的区域适合利用风能，2 级区域是边缘区域，而 1 级区域则不适合利用风能。

此外，并非所有土地覆盖类型都适合风能利用，因此在 GIS 应用中重叠风电分类图和 MODIS 土地覆盖图，以确定发展风电的适宜区域。确定风力涡轮机适宜区域范围的计算以不同的边界进行，设定不同的利用情景：首先排除土地覆盖类森林、木质稀树草原（树木覆盖率超过 60%）、湿地、城区和建成区。此外，仅考虑风力等级为 3 级或以上的区域。在第二种情景下，由于预期风力涡轮机技术可能得到改进，风力等级为 2 级的区域也被认为是合适的风能利用场所。选定的土地覆盖类别与第一种方案相同。在第三种情景下，树木覆盖率超过 60% 且风力等级为 3 级或以上的区域也被认为是合适的区域。虽然在森林区域风速会降低，湍流会增加，但如果使用具有高轮毂高度和大转子直径的大型风力发电机，森林区域也可能成为风能利用的适宜场所。在第四种情景下，风力等级为2级的区域也包括在内，其他标准与第三种情况相同。

假设按上述过程评估得到的某情景风能利用区域总面积为 S_3，单位空间的功率为 γ，则风能总容量为：$S_3 \cdot \gamma$。

9.2 研究区域的可再生能源供应潜力评估

荆门市的能源供应资源以化石燃料为主，尤其是煤炭。近几年逐步开发利用可再生能源，但增量还有待于进一步提高。化石能源在荆门市已经有了长期稳定的数据统计模式，但是可再生能源的可利用、可开发的定量评定尚待探讨。本研究首先梳理获得化石能源的存量与供应潜力，同时从时空角度分析评估了荆门市可再生能源的资源潜力。

9.2.1 太阳能的潜力分析

图3-9-4显示了荆门市年度太阳总辐射（GHI）和直接辐射（DNI）的分布情况，数据来源于荆门市1999年至2015年的年平均值。荆门的GHI范围为西部的 1204kWh/m² 到东部的 1297kWh/m²，其DNI也显示了相似的情况。图3-9-5则显示了荆门水平面上月度散射辐射和直接辐射的情况。荆门整个城市的平均辐射量水平约为 757kWh/m² 的DNI和 1110kWh/m² 的GHI，拥有良好的太阳能资源。因为荆门的DNI未达到 1800kWh/m²，本研究不考虑太阳能热的发电潜力，研究重点是对荆门市屋顶和地面开放区域的太阳能光伏（PV）发电潜力进行分析。

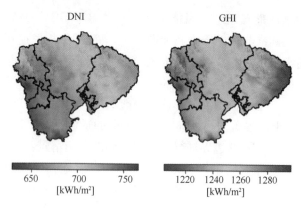

图3-9-4 荆门市年度DNI和GHI分布情况

1. 屋顶安装光伏组件的潜力

荆门市屋顶安装光伏组件的潜力评估中，应用的是包含了建筑物覆盖区信息

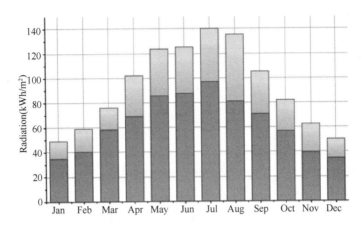

图 3-9-5　荆门市每月在水平面上散射辐射（深色）和直接辐射（浅色）情况

的 2D 地图，并作出了一些相关假设。通过比较建筑物覆盖区信息与卫星图像，发现在大体上两者的匹配情况良好（图 3-9-6）。但在某些情况下，建筑物覆盖区也包括建筑物之间的空间（图 3-9-7）。为此，需要在计算中加入修正系数以提高结果的准确性。

图 3-9-6　荆门市建筑物覆盖区卫星图像

图 3-9-7　荆门市建筑覆盖情况和卫星图像

为了确定计算的修正系数，随机抽取了荆门各行政区的 10 栋建筑物，从卫星图像中人工计算出这些建筑物的建筑覆盖区。将各个行政区人工计算得到的建筑物覆盖区结果与通过 2D 地图得到的该行政区建筑覆盖区结果的比率进行平均，分别得到各个行政区的修正系数。然后将各个区的修正系数应用于根据每个行政区 2D 地图计算的总建筑物覆盖区（表 3-9-1）。

荆门市各行政区建筑区域修正系数　　　　表 3-9-1

行政区名称	2D 地图建筑覆盖区（km²）	修正系数	修正后建筑覆盖区（km²）
东宝	22.00	0.18	3.96
掇刀	21.15	0.38	8.04
京山	49.29	0.61	30.06

续表

行政区名称	2D 地图建筑覆盖区（km^2）	修正系数	修正后建筑覆盖区（km^2）
屈家岭	6.74	0.31	2.09
沙洋	45.72	0.50	22.86
漳河	7.79	0.38	2.96
钟祥	118.15	0.43	50.80
总体	270.83		120.77

通过该方法，共确定了 120km^2 的屋顶面积。因此，屋顶上安装光伏组件的潜在面积估计约为 42km^2（假设屋顶是平屋顶，且屋顶上 35% 的区域可用于安装光伏组件）。假设光伏效率为 180W/m^2，则荆门的光伏屋顶总容量约为 7560MW。

随着荆门城市化进程发展以及光伏组件效率的不断提升，未来荆门的屋顶光伏潜力将更高。根据研究区域提供的数据，预计荆门人口的增长在未来不会发生显著变化，其中一个重要的原因是会有很多年轻人移居至大城市。尽管如此，由于城市化的发展，预计未来十年荆门将会建设更多建筑物。因此，屋顶安装光伏组件的潜在面积预计会增加。本研究预计到 2030 年荆门屋顶安装光伏组件的面积将增加 30%（总计 55km^2）。同时，预计到 2030 年光伏组件的效率将提高到 220W/m^2。这使得 2030 年荆门总屋顶光伏发电容量大约为 12000MW。目前荆门的年光伏发电量约为 7560GWh，到 2030 年约为 12000GWh。

2. 地面安装光伏系统的潜力

荆门市地面安装光伏系统潜力评估的数据源包括中分辨率成像光谱仪（MODIS）土地覆盖数据集和航天飞机雷达地形任务（SRTM）数字高程数据。MODIS 土地覆盖数据产品（MCD12Q1）第 6 版有 17 个类别标签，高质量保证率为 73.6%。在本研究中，由于可达性低和环境限制，森林、水、湿地、农田、城区和建成区等土地覆盖类型被认为是不适合地面安装的光伏系统的区域。因此研究考虑包括灌木丛、稀树草原、草原和荒芜在内的其他土地覆盖类型。利用 GIS 计算荆门地形的坡度（陡度）和坡向（方向）。坡度小于 5° 的平坦或朝南的位置被认为是地面安装光伏系统的合适位置。除地形和土地利用因素外，只有水平太阳辐照度值（GHI）大于 1000W/m^2 的区域才可以被认为是合适的光伏安装区域。综合考虑以上多种因素，研究得到，共有面积为 494km^2 的区域被确定为是最适合地面安装光伏组件的区域，在图 3-9-8 中最右侧用红色表示。

进一步假设只有 2% 的合适区域在实际上被考虑用于安装地面光伏组件，则实际安装面积为 9.89km^2。假设光伏发电效率目前为 180W/m^2，2030 年为 220W/m^2，则光伏发电总容量在目前和 2030 年分别为 1780MW 和 2176MW。这意味着目前地面光伏发电量约为 1780GWh，2030 年为 2176GWh。

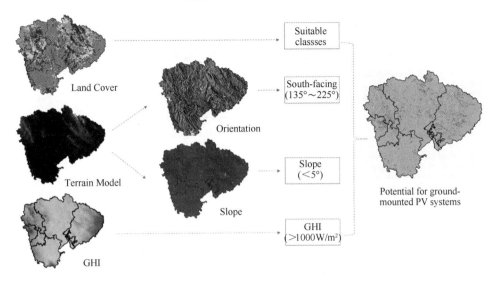

图 3-9-8 用于识别适合地面安装 PV 的区域的逻辑方案
备注：右侧地图的深色区域为适合安装光伏的位置

9.2.2 风能的潜力分析

图 3-9-9 显示了荆门的风况，在大多数情况下，荆门的年平均风速为 3.8~4.5m/s，年平均风能密度通常为 60~130W/m²。东宝区、钟祥区和景山区是荆门市平均风速和风能密度最高的区域。

参照表 3-9-2 中的风能分类，图 3-9-10 显示了荆门的风力分级结果。显然，1 级风力区域在荆门占主导地位，占荆门总面积的 97.12%，其次是 2 级（2.17%）、3 级（0.52%）和 4 级（0.13%）。其余风力级别的区域面积仅占比 0.04%。

根据平均风能密度和 50m 平均风速进行风能分类　　　表 3-9-2

风力级别	风能密度（W/m²）	年平均风速（m/s）
1	<200	5.6
2	200~<300	6.4
3	300~<400	7.0
4	400~<500	7.5
5	500~<600	8.0
6	600~<800	8.8
7	800~<2000	11.9

荆门市不同情景下的风能潜力评估计算的结果如表 3-9-3 所示。假设目前单位空间的功率为每平方千米 4.5MW，则每种情景下的风能总容量从 26.2MW 到 1491.5MW 不等。如果单位空间的功率达到每平方千米 6MW，预计到 2030 年风电潜力可增加 25%。假设每 MW 装机容量为 3 GWh，则目前的年发电量在 78~

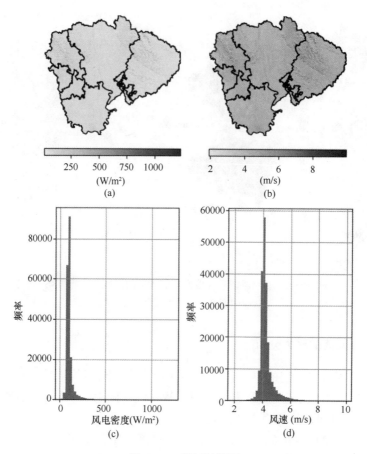

图 3-9-9　荆门风资源
（a）风电密度；（b）风速；（c）风电密度分布；（d）风速在轮毂高度 50m 处的分布

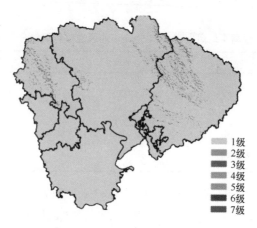

图 3-9-10　荆门风力分类情况

4474GWh 之间，到 2030 年预计在 105～5965GWh 之间。

基于不同情景和边界的荆门市风能潜力情况　　　　表 3-9-3

| | 边界 | | 合适区域 (km^2) | 目前容量 (MW) | 2030 年容量 (MW) |
	风力等级	地理范围			
方案 1	3～7 级	不包括森林、湿地、冰雪、城区、建成区	5.8	26.2	34.9
方案 2	2～7 级	不包括森林、湿地、冰雪、城区、建成区	36.3	163.4	217.9
方案 3	3～7 级	包括森林，不包括湿地、冰雪、城区	89.9	404.7	539.6
方案 4	2～7 级	包括森林，不包括湿地、冰雪、城区	331.4	1491.5	1988.6

9.2.3　生物质能的潜力分析

生物质是荆门的重要能源来源，潜力巨大。生物质的来源包括来自农业和林业以及相关行业（包括渔业）的残留物。此外，来自家庭和动物粪便的废物也被归类为生物质。如图 3-9-11 所示，荆门的农村区域地域广阔（如农田、森林和热带稀树草原），因此其生物质能的潜力特别大。生物质能可以在冬天用于采暖，也可以用来替代煤或天然气发电。由于缺乏其他生物质来源的信息，本研究中对生物质能潜力的分析仅限于以下生物质来源：农业垃圾、林业和木材废料、生活垃圾。

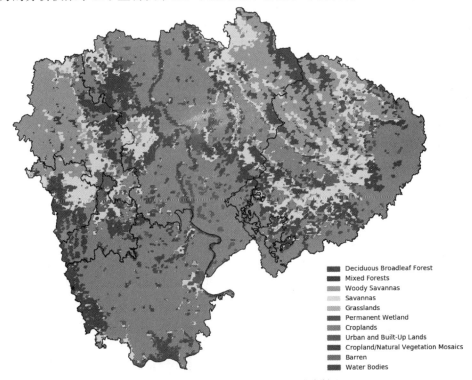

图 3-9-11　荆门市土地覆盖类型分布情况

◆ 农业垃圾

荆门市是重要的农产品产地，包括大米、小麦、玉米和棉花等。因此，荆门地区的农业废弃物十分丰富。自2015年以来，湖北省已禁止露天的秸秆焚烧，以减少空气污染。荆门农作物秸秆资源十分丰富，每年可生产415万吨农作物秸秆。2017年，荆门主要将农作物秸秆用作化肥（46.7%）、牲畜饲料（25.3%）、能源生产（14.2%）、造纸工业原料（4.3%）和种植食用菌（1.2%）等。虽然农作物秸秆的总利用率超过91%，但其用于能源生产的比例不到15%。由于农作物秸秆资源的可利用性很高，荆门仍有很大的生物质能发展潜力。假设一吨农作物秸秆等于半吨标准煤当量，30%的农作物秸秆可用于2030年的能源生产，这相当于其具有5.1TWh的能源潜力。除了秸秆残留物，动物的粪便也可以转化为能量。表3-9-4显示了荆门市2017年各种动物的数量及其粪便产量。

荆门市动物种类及其数量和粪便产量　　　　表3-9-4

动物	数量（个）	粪便量（kg/d）
猪	2304000	4.25
牲口	246602	24.44
羊	482560	2.60
马	213	9.00
兔	52600	0.12
鸡	34631800	0.10
鸭	7202300	0.12

在荆门，2017年仅动物就产生了近781万t粪便。这相当于约2.77亿m^3或2765GWh的甲烷气体。假设到2030年粪便总量增加20%，到2030年来源于甲烷气体的能源产量可能达到3318 GWh。

◆ 林业和木材废料

取用木材后，将会产生许多剩余材料，如树枝、树顶、树桩等，这种木材废料可以作为持续的能量来源。此外，经常修剪的城市树木也是原材料的来源之一。但是，有关荆门市木材废料类型和数量的数据是缺失的。因此，本研究没有对木材废料这种生物质来源的能量潜力进行计算。然而，由于荆门森林面积较大（森林和热带草原地区占荆门总面积的31%），认为木材废料的能源潜力可能很大。

◆ 生活垃圾

生活垃圾的总量与人口数量密切相关。荆门目前有290万常住人口，2017年城镇化率达到57.91%。假设城市人均家庭垃圾产生量为0.95kg/d，农村人均垃圾产生量为0.6kg/d，则荆门产生的家庭垃圾总量约为85万t。就目前的情况来看，荆门的大部分生活垃圾都被弃置于垃圾填埋场。但是，荆门市政府已经认识到在垃圾填埋场处理垃圾的弊端。因此，荆门计划将垃圾填埋场转变为焚烧厂，逐步实现从垃圾中获取能量，其目标是到2030年实现零固体废物填埋。假设焚烧垃圾产电的效率为500kWh/t，气化垃圾产电的效率为1000kWh/t，荆门的生活垃圾目前可以产生大约425～850GWh/a的电力。为了充分利用这种潜能，荆门市应该采用更有效率的利用技术，例如气化和热解等，这些技术具有一定优势且不会造成空气污染。假设2030年家庭垃圾总量将增加30%，这会使得2030年相应的能源潜力达到550～1100GWh/a。

9.2.4 地热能的潜力分析

地热能是指来自地球的地下热能，是可持续且清洁的能源。根据荆门市"十三五"规划，荆门市地热资源丰富，特别是钟祥和金山地区。截至2016年，地热能在荆门仅用于温泉旅游活动。地热资源可分为水热，浅层和热干岩石地热资源。荆门已知的地热资源是浅层地热资源，是热泵加热和制冷的理想选择。但到目前为止，地热能尚未广泛用于荆门的发电或供暖。尽管检测地热能源的位置并不容易，但与其他可再生能源（如太阳能和风能）不同的是，地热能可以提供稳定的电力输出。建议对利用地热能进行供暖和制冷的潜力进行进一步的详细研究。

9.2.5 水能的潜力分析

水力也可以用于供电。荆门水资源丰富，地表水总量约为4.83亿 m^3。本研究中，由于缺乏有关荆门水资源的详细信息，例如每条河流的体积流量等，水电的能源潜力无法计算。因此，本研究将重点放在描述分析水力发电潜力而不是计算具体的能量输出。

图3-9-12显示了荆门各区域在32年的时间跨度内水资源的存在情况。数值

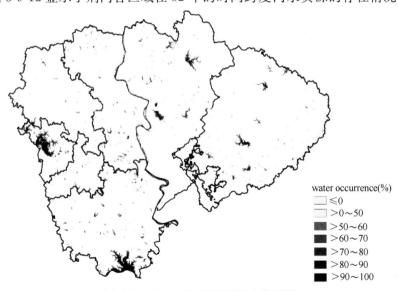

图3-9-12　长时间跨度下荆门水资源情况

100%表示该区域在 32 年的时间跨度内始终保持水量。该地图可用于荆门市选择新的水电站点位置。

9.3 小　　结

总的来说，荆门拥有巨大的可再生能源潜力。在各种可再生能源中太阳能在发电潜力（14188 GWh）方面表现最大，其次是生物质（> 8970 GWh）和风能（> 105 GWh）。表 3-9-5 总结了本研究对目前和 2030 年荆门可再生能源发展潜力的研究结果以及来源于荆门"十三五"规划文件的 2015 年可再生能源实际产量数据对比。

荆门目前及未来可再生能源发展潜力情况　　　　表 3-9-5

能源来源	基于"十三五"规划的能源产量 (GWh)	预计目前发展潜力 (GWh)	预计 2030 年发展潜力 (GWh)
太阳能	0.8	9340	14178
风力	79.0	78～4474	105～5966
生物质	156.3	425～850	8970～9523
地热	—	—	—
水力	16.3	—	—

值得注意的是，由于缺乏一些数据，并不是所有的约束条件都被考虑在研究中，研究结果在某种程度上受到了一定限制。例如，受保护的历史建筑和纪念碑没有被排除在太阳能潜力分析之外，且在研究中也没有考虑风能缓冲区。对目前存在的电网约束也没有进行评估。尽管存在这些局限性，结果仍表明了荆门具有进一步利用可再生能源的巨大潜力。2015 年荆门的年耗电量约为 7355GWh。即使没有对 2030 年荆门电力需求的详细预测，但研究结果仍能表明，通过利用其可再生能源潜力，荆门市可以在未来大幅降低对化石燃料的依赖程度。

第四篇 | 实践与探索

2020年是"十三五"规划的收官之年，我国把生态文明建设放在突出的战略位置，融入经济建设、政治建设、文化建设、社会建设各方面和全过程，以健全生态文明制度体系为重点，优化国土空间开发格局，全面促进资源节约利用，加大自然生态系统和环境保护力度，大力推进绿色发展、循环发展、低碳发展，弘扬生态文化，倡导绿色生活，加快建设美丽中国。中国低碳生态城市建设逐渐成为各个城市绿色生态转型的主要抓手。在此过程中，将低碳生态城市规划理念融入城市规划设计中显得尤为重要。通过"十四五"规划主动采取措施，降低城乡建筑能耗、城市交通能耗及长距离交通能耗等，我国未来低碳发展的路径会更加顺畅，并以此创造中国的低碳发展新模式。

当前中国低碳生态城市、城区的试点示范建设已经取得了一定经验，例如低碳试点建设、绿色生态城区建设、上海低碳发展实践区建设等。本篇首先跟踪中国低碳生态城区规划与实践案例，选取上海市低碳发展实践区、江苏省绿色生态城区等，对案例的重点建设实践内容及相关标准导则进行介绍。此外，结合上海世博园区、上海杨浦滨江示范区、无锡中瑞低碳生态城等生态绿色建设以来的实践情况，探讨低碳绿色生态实践的建设进展、建设亮点与实施效果。

除中国低碳生态城区规划项目，本篇还跟踪了雄安新区、乌鲁木齐市、阜阳市等中国低碳生态城市（区）专项实践案例。雄安新区低碳生态建设实践从大气治理、城乡能源结构、绿色交通体系、绿色园区、城市"微改造"等多维度对新区践行低碳生态建设进行阐述；乌鲁木齐市低碳生态城市建设实践基于政府、企业、社会多元治理主体角度，介绍西部典型的绿洲城市在低碳生态城市建设方面的实践；阜阳市绿色生态城市专项规划实践以目标为导向，从提升路径、实施计划及指标管控等维度进行论述。

最后，本篇介绍了 LEED 城市与社区，帮助我们制定具体的行动方案与措施，为中国的城市发展提供了一个不同的视角，具有一定参考与借鉴意义；德国埃森和中国厦门低碳城市实践对比，试图理清中国和欧洲不同社会-技术系统下的低碳城市创建模式，具有一定的普适和借鉴意义。

Chapter IV | Practice and Exploration

2020 is the end of the 13th five year plan. China has put ecological civilization construction in a prominent strategic position. The construction of ecological civilization has been integrated into all aspects and the whole process of economic construction, political construction, cultural construction and social construction. Focusing on improving the system of ecological civilization, China is optimizing the development pattern of land and space, comprehensively promoting the conservation and utilization of resources, strengthening the natural ecosystem and environmental protection, vigorously promoting green development, circular development and low-carbon development, carrying forward ecological culture, advocating green life, and accelerating the construction of a beautiful China. China's low-carbon ecological city construction has gradually become the main grasp of green ecological transformation of each city. In this process, it is particularly important to integrate the concept of low-carbon ecological city planning into urban planning and design. Through the "14th five year plan" initiative measures to reduce urban and rural building energy consumption, urban traffic energy consumption and long-distance transportation energy consumption, the path of China's future low-carbon development will be smoother, and create a new mode of low-carbon development in China.

At present, China's low-carbon eco city/urban pilot-demonstration construction has obtained certain experience: such as low-carbon pilot construction, green ecological city construction, Shanghai low-carbon development practice area construction, etc. This paper first tracks the planning and practice cases of China's low-carbon ecological urban area, selects Shanghai low-carbon development practice area, Jiangsu green ecological city area, etc., and introduces the key construction practice contents and relevant standards and guidelines. In addition, this paper discusses the construction progress, construction highlights and implementation effects of low-carbon green ecological practice based on the practice of Shanghai World Expo Park, Shanghai Yangpu riverside demonstration, Wuxi Sino-Swiss low-carbon ecological city.

In addition to China's low-carbon eco city planning projects, this paper also tracks the special practice cases of China's low-carbon ecological cities (districts), such as Xiong'an New District, Urumqi City, Fuyang City, etc. The practice of low-carbon ecological construction in Xiong'an new area is elaborated from the aspects of atmospheric governance, urban and rural energy structure, green transportation system, green parks and urban"micro transformation". The construction practice of low-carbon ecological city in Urumqi city is based on the multiple governance subjects of government, enterprise and society, and introduces the typical oasis city in the West in low-carbon ecological city. The practice of green ecological city planning in Fuyang City is goal-oriented and discussed from the aspects of promotion path, implementation plan and index control.

Finally, this paper introduces LEED cities and communities, and helps us to formulate specific action plans and measures, which provides a different perspective for China's urban development, which has certain reference significance; by comparing the practice of low-carbon cities in Essen, Germany and Xiamen, China, this paper attempts to clarify the low-carbon city creation mode under different social and technological systems between China and Europe, which has certain universality The significance of adaptation and reference.

1 低碳生态城区规划实践案例
1 Low-Carbon Eco-City Planning Practice Cases

1.1 上海市低碳发展实践区[1]

1.1.1 总体情况

国家提出低碳试点工作要求。2011年12月,国务院印发《"十二五"控制温室气体排放工作方案》(国发〔2011〕41号),明确提出了"通过低碳试验试点,形成一批各具特色的低碳省区和城市,建成一批具有典型示范意义的低碳园区和低碳社区"的主要目标。

上海开展低碳实践区试点工作。2011年3月,上海市发展改革委发布《关于开展低碳发展实践区试点工作的通知》(沪发改环资〔2011〕31号)明确选择虹桥商务区、崇明县、长宁虹桥地区、临港地区、黄浦外滩滨江地区、徐汇滨江地区、金桥经济技术开发区、奉贤南桥新城共8个区域,正式启动首批低碳发展实践区建设。同时针对实践区建立了完整的评价考核体系,包括研究制订了实践区申报创建、建设中期、建成示范三个阶段指标体系(表4-1-1、表4-1-2)。

2015年,上海启动了第二批低碳发展实践区的创建工作,上海国际旅游度假区、上海世博园区、上海前滩国际商务区等重点区域积极申报,为区域低碳发展实践注入了新生力量。2017年5月,上海市发展改革委发布《关于在世博园区等5个区域开展第二批低碳发展实践区试点工作的通知》(沪发改环资〔2017〕26号),明确选择上海世博园区、上海国际旅游度假区、上海前滩国际商务区、真如城市副中心、杨浦滨江南段5个区域,开展上海市第二批低碳发展实践区建设。

实践区建设工作推进情况。第一批实践区建设工作开展以来,低碳发展各项基础工作逐步夯实,各项创新政策和机制体制陆续出台,节能低碳技术被广泛引用,重点建设项目的示范效应得到充分显现。2017年1月,上海市对首批8个低

---

[1] 何淑英,上海市节能减排中心有限公司,E-mail:shuyinghe@126.com。

碳实践区开展终期验收工作,全部实践区均通过验收,被授予"低碳示范区"称号。

上海市低碳发展实践区建成示范期评价指标体系　　　　表 4-1-1

方面	指标项	指标内容
低碳发展目标	低碳目标	低碳发展总体目标完成情况
低碳管理	组织领导	区域低碳发展工作推进框架和目标责任评价考核情况
	统计核算	区域低碳发展目标相关统计体系情况
	区域管理	区域低碳管理和实践情况
		探索创新出台低碳发展政策机制
		加强能力建设
实践	能源低碳化	燃煤(重油)锅炉清洁能源替代
		可再生能源利用
		分布式供能和区域能源中心建设情况
	低碳建筑	新建建筑节能低碳
		既有建筑实施节能改造
	低碳交通	公交系统建设
		慢行交通系统建设
		低碳交通工具和设施
	资源综合利用	生活垃圾分类
		水资源节约和循环利用
		秸秆资源化利用
	碳汇	绿化覆盖率
		森林覆盖率
		自然湿地保有率
	低碳制造和产业	产值能耗水平
		清洁生产认证
		低碳产品和装备生产、研发与技术应用

上海市低碳发展实践区申报创建期评价指标体系　　　　表 4-1-2

创建区域碳排放现状	创建区域能耗和温室气体排放情况
低碳管理工作基础	组织管理体系建设情况
	低碳发展扶持资金情况
	创建区域开展低碳节能工作情况
低碳发展目标和任务	区域低碳发展总体目标和分项指标分解落实情况
低碳重点项目	低碳重点工程项目的可实施和示范性

续表

创建区域碳排放现状	创建区域能耗和温室气体排放情况
保障措施	保障措施的合理性和创新性
	低碳发展的工作基础体系和能力建设

1.1.2 第二批低碳发展实践区创建概况

第二批上海低碳发展实践区的区域共计5个，分别为上海世博园区、上海国际旅游度假区、上海前滩国际商务区、真如城市副中心、杨浦滨江南段区域，各区域推进主体及具体承担单位如表4-1-3所示。

评估对象及相关推进工作主体一览表　　　　表4-1-3

序号	评估对象	低碳发展实践工作推进主体	低碳发展实践工作具体承担单位	备注
1	上海世博园区	上海世博发展（集团）有限公司	上海世博发展（集团）有限公司	上海市近期六个重点发展功能区
2	上海国际旅游度假区	上海国际旅游度假区管理委员会	上海申迪（集团）有限公司	上海市近期六个重点发展功能区
3	上海前滩国际商务区	上海前滩国际商务区投资（集团）有限公司	—	上海市近期六个重点发展功能区
4	真如城市副中心	普陀区生态环境局	上海真如城市副中心发展有限公司	
5	杨浦滨江南段	杨浦区生态环境局	杨浦区浦江办	

（1）上海世博园区

上海世博园区低碳发展实践区试点创建范围覆盖整个世博园区，分为"五区一带"，"五区"包含位于浦西的城市最佳实践区、文化博览区以及位于浦东地区的国际社区、会展及商务区（包括A片区、B片区和一轴四馆）、后滩拓展区，"一带"指滨江生态休闲景观带，规划用地面积5.28平方千米，建筑开发量约为660万平方米，如图4-1-1所示。

世博园区后续功能定位为围绕顶级国际交流核心功能，形成文化博览创意、总部商务、高端会展、旅游休闲和生态人居为一体的上海21世纪标志性公共活动中心，成为功能多元、空间独特、环境宜人、交通便捷、体现低碳、创新、富有活力和吸引力的世界级新地标。

创建区域为保留与新建共存的园区，现状保留了世博期间的已建道路、部分绿地和建筑，其中保留绿地约为72.4公顷，保留建筑的总面积约为122万平方米。世博园区内的城市最佳实践区2013年通过LEED-ND铂金级第二阶段认证，

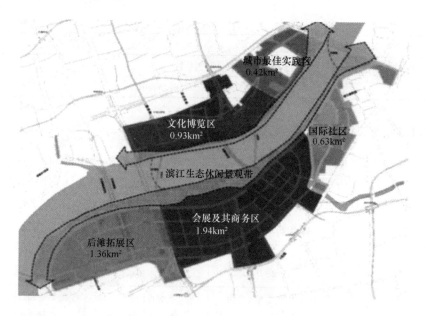

图 4-1-1　上海世博园区低碳发展实践区试点创建范围

为欧美地区以外首个项目。

1) 低碳发展目标和任务

提出到 2020 年末，与基准情景相比，区域碳减排率达到 30% 的总体目标。提出完善低碳生态规划与建设导则、促进能源结构优化、绿色建筑与建筑节能双效驱动、推进海绵城市规划建设、统一连通的地下空间系统建设、多元低碳交通构建、建立区域碳监管体系和低碳人文建设 8 项任务。

2) 主要创建内容

推进新建绿色建筑，推进城市未来馆、世博村 D 地块建筑节能改造；优化完善和有效推进世博园区 C 片区能源中心项目；加快编制世博园区慢行交通系统规划并组织实施，合理构建区域慢行空间网络；打造国内领先的海绵城市示范区，探索建立海绵城市量化监控和评价体系。

(2) 上海国际旅游度假区

上海国际旅游度假区低碳发展实践区试点创建区域覆盖整个度假区，位于上海主城区（外环线）东南侧，北至 S1 公路，东至南六公路，南至周邓公路及周祝公路（S2 公路-唐黄路之间段），西至 S2 公路以西约 1000 米，总面积 24.7 平方千米，包含核心区 7 平方千米和发展功能区 17.7 平方千米。

上海国际旅游度假区是依托迪士尼项目而规划建设的，发展定位为聚焦主题娱乐、餐饮住宿、观光购物和商务会展等旅游要素和绿色环保交通、居住功能，打造智慧旅游城和低碳旅游城样板，创造缤纷、精彩、独特的文化娱乐体验样式,形成当代中国娱乐潮流体验中心,塑造成为人人向往的世界级旅游目的地。

上海国际旅游度假区依托核心区的天然气分布式能源站工程,优化升级度假区的用能结构,度假区绿地率大于40%。

1) 低碳发展目标和任务

提出到2020年,区域万元GDP的二氧化碳排放量小于0.3吨/万元的总体目标。提出完善绿色低碳规划体系(能源供给、绿色交通、水资源保护和利用、智慧化建设)、加快绿色基础设施建设(节约型园林绿化、生态型供水排水系统、固废资源化处置设施、绿色建筑和照明)、加强低碳智慧运营管理(执行低碳招商标准、运用BIM技术实施审批和监管、建设能耗和污染实时监控、环境质量监控与发布系统)、倡导低碳人文创建(打造"碳梦之旅"低碳教育主题乐园、发布低碳旅游手册、倡导员工低碳环保实践)4大主要任务。

2) 主要创建内容

推进绿色基础设施建设,推进生态型供排水系统建设和固废资源化处置;建立园区低碳智慧运营管理体系,在招商标准、项目审批和监管、能源资源消耗监测和发布系统等方面探索创新;构建园区低碳交通体系,推进新能源车接驳和园区慢行交通体系建设;围绕能源中心建设,探索高效利用的园区多能互补系统。

(3) 上海前滩国际商务区

前滩国际商务区低碳发展实践区试点创建范围覆盖整个前滩国际商务区,位于黄浦江南延伸段的川杨河与中环线(华夏路)之间,北面世博后滩拓展区和耀华地块、西临黄浦江和徐汇滨江地区,总面积2.83平方千米,规划人口规模约2.5万。

前滩地区规划构建生态型、复合型城市社区,重点发展总部商务、文化传媒和体育休闲三大核心功能,围绕核心功能发展居住、酒店、商业购物等辅助功能,以及社区服务、专业服务、教育培训、休闲娱乐等配套功能。前滩地区还将发挥滨江生态优势,规划公共绿地面积约100公顷(占区域土地面积超过35%),营造生态、自然的整体氛围。

前滩国际商务区结合区域地块特点,在绿色建筑规模化推广方面加大创新突破,于2015年获得"上海绿色建筑贡献奖"。区域天然气分布式供能系统一期工程已建设完成,还将建设BRT快速公交、前滩友城公园等重点工程项目。

1) 低碳发展目标和任务

提出到2020年,区域单位建筑面积二氧化碳排放量与基准情景相比减少21%~25%的总体目标。提出推动低碳空间布局导向规划落地(构建复合多元的功能业态、绿地碳汇网络)、大力发展绿色建筑(建设绿色生态社区、实施绿色施工)、促进能源资源节约和应对气候变化(建设区域天然气分布式供能系统、推进海绵城市建设)、构建绿色低碳交通体系(推行公交导向型TOD规划技术模式，建设 BRT 和慢行交通系统）、创新低碳管理机制体制（搭建区域节能低碳管理平台、推广 BIM 技术）5 大主要任务。

2）主要创建内容

推进建筑申报绿色建筑运行标识，建设上海市绿色建筑集中示范区；推进区域分布式供能系统建设；构建绿色低碳交通体系，推进区域内 BRT 快速公交枢纽、慢行交通系统建设。

（4）真如城市副中心

真如城市副中心位于上海市西北部普陀区中心区域，低碳发展实践区创建范围东至岚皋路、南至中山北路、武宁路、西至真北路（中环线）、北至沪宁铁路，总规划面积约 6.21 平方千米。

真如城市副中心是上海与长三角各级城市联通的西北门户枢纽，发展定位为具有地域特色、有活力的城市级商业中心，疏解城市 CBD 日益密集的公共活动，完善上海西北地区公共服务配套，形成辐射长三角的开放性生产力服务中心。

真如城市副中心开发建设之初即制定了城市开发及运营方面的绿色建设标准，上海西站打造了绿色低碳技术集成的交通枢纽示范工程，研究开发了能源环境监测发布平台，具备一定的低碳发展基础。

1）低碳发展目标和任务

提出到 2020 年，区域碳排放强度达到 7.8 万吨二氧化碳/（年·平方千米）、与基准情景相比降低 35% 的总体目标，2018 年与基准情景相比降低 30% 的阶段目标。提出了构建绿色交通脉络（建立上海西站"城际轨交＋城市轨交"都市交通圈模式、建设核心区地下空间和空中连廊等垂直交通、建设智慧交通管理系统）、打造低碳文化品牌（低碳出行宣传、低碳办公倡导、低碳生活宣传）、提升低碳工程建设（完善绿色交通、建筑、能源和智慧城市建设相关规划，构建绿色建设体系、建设海绵城市体系、培育低碳产业体系）、启动智慧运营管理（智慧交通、建筑运营管理 BIM 应用、能耗监测平台）4 大主要任务。

2）主要创建内容

基于上海西站实施绿色低碳交通枢纽示范工程；推进新建绿色建筑；建设区域能源环境监测系统，开发建筑能耗监测管理平台。

（5）杨浦滨江南段

杨浦滨江南段低碳发展实践区试点创建范围为大连路—秦皇岛路以东、定海路以西、平凉路以南到黄浦江的区域，占地面积 4.7 平方千米，根据功能分为核心区和协调区两部分，核心区规划范围为秦皇岛路—杨树浦路—定海路—黄浦江，占地面积 1.8 平方千米，协调区规划范围是大连路—平凉路—定海路—杨树浦路，与核心区南北呼应，占地面积 2.9 平方千米。

杨浦滨江南段地区是中国近代工业的发源地之一，至今仍保留着杨树浦水厂、杨树浦电厂等一批优秀历史建筑，该区域的总体功能定位是在对接黄浦江两岸综合开发总体规划要求的基础上，重点塑造商务办公、科技金融、科技创新、创意设计、文化休闲为主导的地区功能，实现从老工业区向现代服务业集聚区的转变。

目前，杨浦滨江公共岸线建设引入了海绵城市建设理念，一期示范段工程已基本完工；区域内累计建设绿色建筑总面积 60.72 万平方米，均达到绿色建筑二星级及以上设计标准，依靠区域内丰富的科教人才资源和政策资金的支持，杨浦滨江南段区域的低碳发展建设具备扎实的基础。

1) 低碳发展目标和任务

提出到 2020 年，区域碳排放在 2015 年基础上实现零增长，碳排放总量控制在 36 万吨二氧化碳当量以内的总体目标。提出城市再生（老工业向现代服务型功能区转型）、低碳能源（打造清洁高效的多元化能源供应系统）、低碳建筑（推广绿色建筑和 BIM 技术应用）、低碳交通（完善公交体系，推广共享出行模式）、资源综合利用（海绵城市建设、生活垃圾分类减量）、绿色市政（改造沿江地区低标排水系统和绿化建设）、低碳文化 6 大主要任务。

2) 主要创建内容

结合城市更新，推动老工业区向现代服务型功能区转型；推进区域热电冷三联供能源中心的建设；构建高效低碳交通体系，结合轨道交通 18 号线，完善公交体系，开展滨江大运量交通系统规划研究。

各申报区低碳发展目标和任务比较见表 4-1-4。

1.1.3 第二批低碳实践区建设案例

1.1.3.1 上海世博园区

（1）区域概况

"低碳世博"的成功举办和以"城市，让生活更美好"的世博主题，为全球提供了一个探索、展示并评估绿色理念、科技和实践的高效平台，世博园区的后续开发和建设承载了厚重的历史使命，也迎来了前所未有的发展机遇。世博园区以高起点规划为引领，重点突出园区的开放性、智能性、环境友好性及公众参与度，全力打造集文化博览创意、总部商务、高端会展、旅游休闲和生态人居多功能为一体的上海 21 世纪标志性公共活动中心，并通过延续并深化世博绿色、低碳理念及实践，切实满足人们对未来城市生活的高端需求，为周边居民及社区提供便捷舒适的城市空间，丰富多样的成长发展机遇，自然健康的城市环境和社会氛围等，努力将世博园区建设成为国际一流的宜居宜商、生态优先、系统综合、以人为本的可持续低碳城区典范。

（2）低碳建设亮点

表 4-1-4 上海市第二批低碳实践区申报区低碳发展目标和任务比较表

	上海世博园区	上海国际旅游度假区	上海前滩国际商务区	真如城市副中心	杨浦滨江南段
规划用地面积（km²）	5.28	24.7	2.83	6.21	4.7
2020年总体低碳目标	与基准情景相比，区域碳减排率达到30%	区域万元GDP的CO_2排放量小于0.3吨/万元	区域单位建筑面积CO_2排放量比基准情景减少21%~25%	区域碳排放强度达到7.8万吨CO_2/（年·平方千米），比基准情景降低35%	区域碳排放在2015年基础上零增长，碳排放总量控制在36万吨二氧化碳当量以内
低碳任务 规划	完善低碳生态规划与建设导则		低碳空间布局导向规划落地		老工业向现代服务型功能区转型
低碳任务 土地利用	统一连通的地下空间系统建设	完善绿色低碳规划体系（能源供给、绿色交通、水资源保护和利用、智能化建设）	建设区域天然气分布式供能系统	完善绿色交通、建筑、能源和智慧城市建设相关规划	多元化能源供应系统
低碳任务 能源	能源结构优化		构建绿色低碳交通体系	构建绿色交通脉络	
低碳任务 交通	多元低碳交通构建	加快绿色基础设施建设（节约型园林绿化、生态型供排水系统、固废资源化处置设施、绿色建筑和照明）	大力发展绿色建筑	构建绿色建设体系	完善公交体系，推广共享出行模式
低碳任务 建筑	绿色建筑与建筑节能双效驱动				推广绿色建筑和BIM技术应用
低碳任务 基础设施	推进海绵城市规划建设		推进海绵城市建设	建设海绵城市体系	资源综合利用、绿色市政
低碳任务 运营监管	建立区域碳监管体系	加强低碳智慧运营管理	创新低碳管理机制体制	启动智慧运营管理	—
低碳任务 人文建设	低碳人文建设	倡导低碳人文创建	—	打造低碳文化品牌	低碳文化

世博园区在低碳绿色方面通过不断的发展与实践，形成了一系列的低碳建设亮点，如表 4-1-5 所示。

世博低碳实践亮点　　　　　　　　　　　　　　　表 4-1-5

低碳实践类型	低碳实践亮点	典型代表
世界级城市公共活动中心	国际低碳生态社区	UBPA
	开放式街区典范	B 片区、UBPA
	24 小时活力街区	A 片区、B 片区
国际先进绿色建筑集中示范区	高标准绿色建筑园区	B 片区
	既有建筑绿色化改造	城市未来馆、沪上·生态家
	城市第五立面示范	B 片区
国内绿色能源集中示范园区	可再生能源利用	世博园区
	天然气分布式能源	世博园区
国内领先的海绵城市示范园区	低冲击开发典范	UBPA
	全国首次雨水计量监测	UBPA
国际影响力的生态智慧园区	世博文化公园	世博园区
世博文化传承和低碳人文典范	世博文化传承和保护	世博园区
	低碳出行示范	世博园区

1) 世界级城市公共活动中心

世博园后续利用规划将围绕顶级国际交流核心功能，形成文化博览创意、总部商务、高端会展、旅游休闲和生态人居为一体的 21 世纪标志性公共活动中心。

① 国际低碳生态社区

世博城市最佳实践区集中体现了全球具有代表性的城市为提高城市生活质量所做的公认的、创新和有价值的各种实践方案和实物，同时也为世界各城市提供了一个交流城市建设经验的平台。2013 年，城市最佳实践区通过 LEED-ND（绿色社区）铂金级第二阶段认证审核，成为首个在欧美地区以外获得铂金级预认证的项目。此外，城市最佳实践区还获得了很多国际国内奖项（图 4-1-2），如 2014 年度 LEED-ND 最佳项目设计奖、国际城市与区域规划师学会 ISOCARP 的 2013 年度世界规划大奖、香港建筑环保大奖等，2017 年城市最佳实践区北区海绵化改造项目荣获国家住房和城乡建设部"中国人居环境范例奖"，打造引领创新的低碳生态典范。

② 开放式街区典范

世博园区建设按照"小街坊、高密度、低高度、紧凑型"的布局要求，坚持"功能优先、绿色环保、以人为本"的理念，实现建筑紧凑集约、城区高效绿色开发，成为开放式街区建设的代表。

图 4-1-2　城市最佳实践区（UBPA）获得多项国际奖项

世博B片区注重街道空间的完整性，营造宜人尺度，突出街道特色以及建筑内部空间和外部空间的融合。B片区各个地块之间不设围墙，通过公共通道的方式开放给公众使用，形成一个贯穿整个区域的步行网络。步行网络贯穿地上地下，衔接轨道交通站点、博成路商务生活轴和企业总部的开放空间，提供内涵丰富、富有趣味性的步行体验。同时，通过博城路南侧的下沉式广场，将地上地下的公共活动空间联系起来。

世博城市最佳实践区（UBPA）根据 LEED-ND 认证体系的要求，世博会后进行了城市最佳实践区外总体改造，按照开放式园区的原则，实现了开放式园区的"便捷、安全、愉悦、舒适、联动"（图 4-1-3）。15公顷的园区有大小 20 个出入口，每天进园区工作和休闲参观人次平均达到 2000 人次。目前实践区在不断摸索和积累紧凑型、小尺度、开放型的宜居宜业宜游园区的管理经验。

③ 24 小时活力街区

世博园区致力于打造全球顶级的商务办公区，将商务功能从单纯办公升级为综合性商务、休闲、生活为一体的"世界级工作社区"，打造上海市最新一代的"24 小时活力"街区。

1 低碳生态城区规划实践案例

图 4-1-3　城市最佳实践区（UBPA）实景图

在世博园两面临水的 A 片区，作为国外企业总部聚集地，通过绿谷中心地带串联所有的公共空间，通过底层通道，使地块与周边的连接更紧密，建筑通过围合空间形成地块独特的轮廓。外侧沿街立面上突显入口与阳台，内侧朝向绿谷立面设计退台，形成不同层次的露天平台。考虑到外企与国企的文化区别，区域延续世博会"绿色，生态，环保"理念，将打造成一片以商务为主，休闲、生活为一体的 24 小时活力"世界级工作社区"，更符合国际企业员工的工作生活需求。

世博 B 片区以总部办公为核心功能，通过地铁车站和各个公共活动节点形成博城路、规划一路公共活动轴线，并在沿线集中配置相应的精品商业、餐饮和娱乐休闲等服务设施，为总部办公人员提供高品质的生活和商务服务，待商圈成熟后将形成不夜城般的 24 小时总部商务街区（图 4-1-4）。

图 4-1-4　B 片区鸟瞰图

2) 国际先进绿色建筑集中示范区

① 高标准绿色建筑园区

高星级绿色建筑：世博园区规划用地为 5.28 平方千米，建筑开发量约为 660 万平方米。世博园区除既有保留的部分绿色建筑项目外，积极响应国家与上海市绿色建筑要求，以城市最佳实践区、B 片区和 A 片区的项目最为突出。世博园区 B 片区已获得绿色建筑的项目中 100% 获得绿色建筑二星级及以上标识，其中 85% 以上获得三星级标识。目前 B 片区已有 3 个项目获得绿色建筑三星级运营标识，分别为中铝大厦、中化国际广场和华能上海大厦，中金国际大厦、中国建材大厦、鲁能国际中心 3 个项目正在申报运营标识。

国内外多重认证绿色建筑：国网、宝钢、中化、招商 4 个项目以中国绿色建筑和美国 LEED 金级双认证为目标（图 4-1-5）。中化项目以中国绿建三星、美国 LEED 金级、BREEAM 优异三认证为目标，采用全景双层玻璃幕墙、采光天窗、墙式自然通风器、PM2.5 净化空调系统、天然气分布式能源中心、水蓄冷（热）技术、高效节能能量回馈电梯、一级节水器具、电动汽车充电桩等多个绿色建筑技术。

图 4-1-5　LEED 认证情况

② 既有建筑绿色化改造

世博会的既有建筑改造大多是由旧厂房改造成为展览建筑，其中包括南市电厂改造为城市未来馆和部分案例联合馆，绿色化改造策略所侧重的方面与展览建筑的设计有很多相关性，同时又局限于工业建筑的一些特点，因此采光性能和保温性能的改造成为重点。经过外立面、顶棚和室内采光等一系列改造，这些既有建筑的保温隔热与采光性能得到明显改善，城市未来馆成为国内第一栋由老厂房改建成的三星级绿色建筑，目前，该项目已获得绿色建筑三星级运营标识。

基于世博园区开发利用，园区内城市未来馆与中国馆分别被改造成上海当代艺术博物馆与中华艺术宫，成为上海新时代中的两大艺术馆。城市未来馆改造成上海当代艺术博物馆，让这座承载百年历史的旧建筑在新建筑技术的应用下，满足新功能需求，并继续演绎着生态改造与可持续发展理念。同时作为展馆，城市未来馆建筑向社会公众展示与宣传绿色建筑技术与节能减排理念。上海案例馆"沪上·生态家"通过内部装修和功能调整,从一座展示未来科技生活的展馆变身为创意办公楼。世博村D地块通过建筑外窗贴膜、空调通风系统等改造,夏季舒适度明显提升,功能也转为政府机关办公大楼,在提升改造办公建筑生态品质的同时,带动世博会后续发展的低碳效应。

③ 城市第五立面示范

屋顶作为建筑的"第五立面",其形式与线条、色彩与质感,昭示着整个建筑的生机与魅力,直接关系到城市天际轮廓的形成与景观。

世博期间,在世博园240多个展馆中,不少展馆做了屋顶和墙体绿化,集中展示了各国在屋顶、墙体、室内立体绿化的新技术,使世博会"绿色、低碳"的主题得到淋漓尽致的表现。世博会后,为了保证整个世博园区的绿化区域平衡,园区采用单体屋顶绿化进行生态补偿的策略,打造城市第五立面示范(图4-1-6),园区整体屋顶绿化面积与总用地面积的比值约为2.5%。

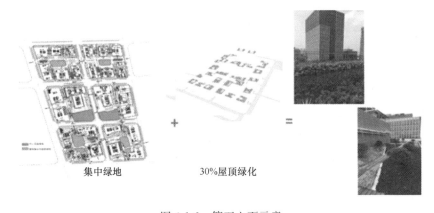

图4-1-6 第五立面示意

3) 国内绿色能源集中示范园区

① 可再生能源利用

世博会场馆建设中大量实践了可再生能源建筑应用项目,可再生能源包括江水源热泵、太阳能光热、太阳能光伏、风力发电等,应用区域主要集中在城市最佳实践区,世博期间城市最佳实践区的可再生能源利用率达18.2%。

世博园区具有发展低碳生态的独特资源优势基础,后续发展保留并延续世博期间的可再生能源使用,对原有能源系统进行扩容和优化,可再生能源以地源热泵、太阳能光伏、太阳能热水和风力发电为主,应用区域已拓展到整个园区(图4-1-7)。

② 天然气分布式能源

世博园区大力推广分布式能源系统建设,分布式能源系统(冷热电联供)提

图 4-1-7　原汉堡馆、原伦敦馆光伏发电系统

供了整个世博园区公共建筑（除采用地源热泵以外地块）的供暖供冷。

世博 A 片区能源中心项目设置东、西两个能源站，分别位于博青路、博展路地下空间，建筑面积各约 19500 平方米，其中机房建筑面积各约 5000 平方米。建设 4 台 1500 千瓦燃气内燃机发电机组及热水锅炉、热水系统、烟气热水吸收式冷温水机组、冷冻水系统及蓄能水槽等工艺设施。该项目利用天然气转化为电能、冷能、热能，供能面积约 111.3 万平方米，发电机装机容量为 6 兆瓦。项目总投资 50771 万元，2020 年建成供能。

世博 B 片区央企总部能源中心配置 2 台 4282 千瓦的内燃发电机组、2 台 4105 千瓦的溴化锂机组为核心设备，配合电制冷机组、燃气锅炉、蓄热和蓄冷水箱以及并网系统等组成的集中供能系统，为央企总部区域近 60 万平方米的建筑提供全部的冷、热负荷，以及部分电负荷。由于内燃发电机除了发出大楼所需的电力，其排气余热还可以通过溴化锂机组进行制冷、制热，大大提高了能源利用率，设计节能率提高 30%，预计每年可节约标准煤 4107 吨，减少二氧化碳排放 10542 吨，减少二氧化硫排放 82 吨。截至 2018 年 10 月底，位于上海世博 B 片区央企总部基地地下的国网上海市电力公司的能源中心已经为入驻的宝武集团、中国商飞、中铝集团等 13 家央企客户提供了高效、清洁、安全的综合能源服务，累计售出电量 1147.4 万千瓦时，供冷量 1902.7 万千瓦时，供热量 923.1 万千瓦时。

4）国内领先的海绵城市示范园区

① 低冲击开发典范

世博实践区贯彻落实习近平总书记海绵城市建设要求，以雨洪控制、生态环境改善、雨水资源利用、世博会遗留设施再利用为目标，按照美国 LEED-ND 建设指标要求，城市最佳实践区开展了全场地雨洪控制，通过渗透、蒸发（腾）或者集蓄利用等措施维持项目用地范围内至少 90% 的降雨。实践区充分利用世博会成都案例——成都活水公园人工湿地净化系统，把全场地雨水收集到活水公园，经过沉淀、人工湿地净化，把雨水处理到景观水标准，为荷花池补水；丰水期,通过打开荷花池下新增的下渗管,向地下渗水,减少雨水向市政管道的排放;另外,部分雨水经过过滤,用于实践区的节水灌溉和地面冲洗、冲厕等。这个项目被列入国家住房和城乡建设部 2015 年海绵城市建设技术指南,实现了海绵城市项目要求的"渗、滞、蓄、净、用、排"六位一体的综合排水、生态排水技术措施,成为全国低冲击开发典范。为低影响开发和既有地块、高密度街区海绵项目建设、改造和管理提供了可复制、可推广的成熟模式(图 4-1-8、图 4-1-9)。

图 4-1-8　活水公园与运行管理手册

图 4-1-9　城市最佳实践区活水公园

② 海绵城市项目量化监控后评估

在上海市住房和城乡建设管理委员会和黄浦区的支持下,实践区 2016 年建成国内首个全生命周期管理的海绵项目,并开展了国内第一个海绵城市项目量化监控后评估工作。利用互联网信息技术、智能监控技术，准确计量降雨量、雨水收集量、利用量、渗透量和蒸发量，同时实现了初期雨水弃流自动控制等。计量监控后评估系统实现了管理可视化、要素可计量、状况可核查、效果可评估目标，为海绵城市项目总结可复制、可核查、可推广的模式经验。系统能够自动"报数"，自我管理，自主分析。世博实践区海绵项目专管员通过互联网，就可以随时随地检查系统运行，对用水情况和系统的跑冒滴漏及时排查，系统运行和管理效率大幅度提高，实现了互联网＋海绵城市的"智慧海绵"。

2017年10月，城市最佳实践区北区海绵化改造项目获国家住房和城乡建设部"2017年中国人居环境范例奖"。同时，最佳实践区编制《雨水利用系统运行管理手册》，对雨水利用系统设施设备、水生植物、清洁服务等方面提出运营管理要求。目前，北区雨水利用系统运营稳定，公众可通过UBPA办公楼外的显示屏查看雨洪监测系统运营情况（图4-1-10）。

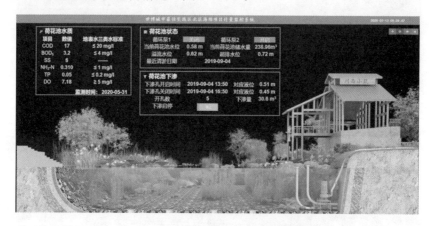

图4-1-10 北区海绵项目计量监控系统

5）国际影响力的生态智慧园区

作为沪上首批12家智慧园区试点，世博园区拟建设"宜人、宜居、宜商"的智慧园区，成为具有国际影响力的生态智慧城市示范区。2019年起，世界人工智能大会主会场落户浦东世博园区，大会设有产业生态展区、AI城市应用展区、无人驾驶展区和创新前沿展区等。世博B片区整体采用区域能源监测系统，在集中能源中心建设综合能源管理平台，设置能源综合管理控制中心，实现不同能源类型的分项计量管理，远程实时采集燃气三联供发电机、溴冷机、热水发生器的相关数据，实时掌握能源中心能源系统运行状况，在线统计分析能源中心的能源利用率、溴冷机转换效率等，还能为能源中心的运行提供优化方案。此外，区内企业主动推进楼宇智能化，2020年1月，世博B片区的鲁能国际中心获得上海市楼宇科技研究会"智慧楼宇"授牌。

此外，为了提升城市生态承载能力，提供更多更优质的公共休闲空间，原后滩拓展区规划为世博文化公园（图4-1-11）。公园位于上海浦东滨江核心地区，西北部毗邻黄浦江，东至卢浦大桥—长清北路，南至通耀路—龙滨路，总用地面积约2平方千米，绿地规模占总建设用地的80%以上。公园定位为生态自然永续、文化融合创新、市民欢聚共享的大公园，是上海完善生态系统、提升空间品质、延续世博精神、建设卓越全球城市的重大举措之一。

图4-1-11　位于世博后滩的世博文化公园

6）世博文化传承与低碳人文典范

① 世博文化传承与保护

世博园区所在地是上海工业遗产最集中的地方，这里的厂房承载着很多关于城市的历史记忆。世博园区现状保留了一轴四馆、世博村、城市最佳实践区等建筑面积约100万平方米的世博永久保留建筑，建筑面积约2万平方米的历史建筑，是历届世博会园区保留老建筑最多的，尤其是浦西的城市最佳实践区，几乎保留了所有世博期间的案例场馆。后滩公园、世博公园、白莲泾公园也作为永久性滨水生态公园保留下来，成为世博园区后续利用规划的独特资源优势。世博园后续利用本着"传承世博文化精神"的理念，不仅将延续世博期间的空间形象，而且也将继续展示世博会期间的先进创新的低碳技术。

② 低碳出行示范

2010年4月22日，全球首款低碳交通卡——"世博绿色出行低碳交通卡"首发仪式在上海举行。该活动由上海世博局、中国民促会绿色出行基金等组织联合举办，是"绿色出行看世博"系列活动的一项举措。除具备普通交通卡的所有功能之外，该卡的最大亮点在于每张卡内含有一吨碳指标。购买一张含碳交通卡，持卡人将通过"绿色出行"基金为低碳世博贡献一吨碳指标，中和自己出行造成的碳排放，同时抵消世博会的交通碳排放，为绿色世博作出自己的贡献。每张低碳交通卡有一个卡号，消费者购卡后可到相关网站上查询一吨碳指标购买成本所对应的项目来源、项目种类、资金流向，做到完全的公开和透明。

2020年5月，世博会十周年到来之际，上海世博发展（集团）有限公司再次推出纪念交通卡（图4-1-12）。在2020年7月2日全国低碳日上，与上海市浦东新区世博地区开发管理委员会、世博会博物馆一起，联合发起"绿色倡议"，号召世博园区内企业和机构一起承担社会责任，践行低碳发展，为把世博园区打造为低碳发展示范区，把上海建设成为资源节约型、环境友好型城市，为推动上海乃至中国的可持续发展做出积极贡献。

图4-1-12　上海世博十周年纪念交通卡

1.1.3.2　上海杨浦滨江示范段（雨水花园）项目

上海杨浦滨江是中国近现代工业的发源地，拥有"百年工业"的历史文化底蕴，按照党中央、国务院关于建设生态文明城市和上海市委、市政府关于黄浦江两岸公共空间建设的战略部署，杨浦滨江在推进滨江公共空间贯通和城市更新改造过程中，按照打造"世界级的城市会客厅"和展现上海国际化大都市形象的总体目标，坚持"创新、协调、绿色、开放、共享"发展理念，率先建成杨浦滨江示范段（雨水花园）项目建设，在充分满足绿色节能、历史传承、慢行步道等元素利用的基础上，积极探索海绵城市试点，发挥城市绿地、道路、水系等对雨水的吸纳、蓄渗和缓释作用，实现"自然积存、自然渗透、自然净化"，丰富了杨浦滨江特色，提升了滨水地区的品质。

（1）区域概况

上海杨浦滨江示范段项目（图4-1-13），西起怀德路，东至丹东路，岸线全长493米，总工程范围面积约2.68公顷，建设内容包括公共绿地及湿地公园、亲水平台和码头改造、城市家具及景观灯光、广场及慢行交通系统、公共配套服务设施等。

按照"创新、协调、绿色、开放、共享"的发展理念和科技创新的总体要求,会同市、区相关职能部门及设计团队经过前期多轮方案深化、优化设计,以及组织协调和手续办理工作,项目于 2015 年 3 月底开工建设,2016 年 6 月底全面建成并向社会开放,同步落实了网上滨江系统建设和后期运营维护管理制度,既确保了公共空间示范段的贯通、亲水、生态、历史传承等理念,又提升了公共空间品质和管理服务水平,为全面推进南段滨江低碳发展实践区建设提供了示范和引领作用。

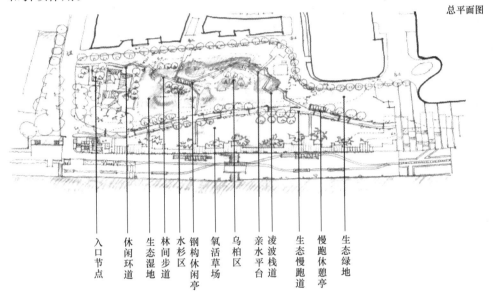

图 4-1-13　项目总平面图

本项目主要立足于体现杨浦滨江地区"历史感、智慧型、生活化、生态性"的规划设计原则,打造具有杨浦自身特色的滨江公共空间和综合环境(图 4-1-14)。在充分结合现状条件的基础上,与区域的规划目标相一致,建设丰富多样的公共空间,营造兼具历史感和现代性,特色鲜明的综合环境,吸引多样化的人群和活动,塑造便捷舒适的环境氛围和高品质的滨水开发空间系统,进而使地区的整体活力得到提升。

(2)低碳建设亮点

作为上海黄浦江浦西最长的"滨江走廊",杨浦滨江公共空间和综合环境建设在着重体现和发掘杨浦自身百年工业文明特色的同时,大力提倡并将可持续发展及绿色低碳设计理念贯彻始终,从建设集约型社会的角度出发,雨水花园方案设计中采取有限介入的方式,以低冲击开发建设理念为指导,以实现节能减排。

1)贯彻落实"海绵城市"建设理念

图 4-1-14　项目实景图

国务院办公厅印发《关于推进海绵城市建设的指导意见》指出，建设海绵城市，统筹发挥自然生态功能和人工干预功能，有效控制雨水径流，实现自然积存、自然渗透、自然净化的城市发展方式，有利于修复城市水生态、涵养水资源、增强城市防涝能力，扩大公共产品有效投资，提高新型城镇化质量，促进人与自然和谐发展。

渗：维持原有自然生态本底和水文特征，所有慢行系统及绿地系统采用透水路面，增加雨水自然下渗，减少地表径流，减少土壤和水体污染（图 4-1-15）。

蓄：尊重自然地形地貌，利用低势绿地、现状湿地，结合埋地式雨水收集箱及市政管网，在公共绿地进行雨水的蓄渗利用，实现部分绿地雨水浇灌。

滞：通过微地形调节，让雨水滞留在低洼绿地，从而缓慢汇聚，延缓形成径流高峰，从而有效减少城市内涝的形成。

净：通过土壤的渗透，通过植被、绿地系统、水体等对水质产生自然净化作用。

用：加强与水资源的利用，通过渗透涵养，把水留蓄在原地，对雨水进行收集净化后在原地加以合理利用。

排：采取人工措施把多余的雨水排到市政雨水管网。通过与城市化同步的分散式雨水管理方式（雨水花园、雨水收集等措施），最大限度地实现雨水自然循环。

2）对现有资源采取循环再利用措施

对原有工业码头及防汛墙进行检测，通过加固方式延长其使用寿命，不拆除新建，对于必须拆除的废旧墙体材料，从"废旧建筑材料循环再利用"角度出

1 低碳生态城区规划实践案例

"渗"90%的面积为渗水铺装、渗水绿地和渗水湿地，通过土壤来渗透雨水，是一种吸纳雨水的过程，可能避免地表径流，减少从水泥地面、路面汇集到管网里雨水，涵养了地下水，补充地下水的不足，还能通过土壤净化水质，还可以改善城市微气候，白天可以适当蒸发，能够调节微气候。

图 4-1-15　雨水花园项目示意图

发，进行就地处理，用于地坪基层等。保留场地内高大乔木，维持原有植物群落，保护生态系统多样性。

① 保留再利用原有工业码头

保留原有工业码头原始状态，对码头进行检测、加固，对地坪表面清洗、抛光抛丸等工艺处理，配以简单的金属线条装饰，不另行铺装，从而既能体现对杨浦滨江"百年工业文明"的特色，又能节省面层铺装所需的原材料，同时减少运输施工所需能耗，从而实现节能减排（图 4-1-16）。

② 保留再利用部分现状防汛墙

尽可能保留再利用现状防汛墙及防汛闸门，对防汛墙进行检测、修复，只对局部结合景观设计需要进行改造，从而节省原材料及运输、施工费用，对于拆除的旧墙体材料，从"废旧建筑材料循环再利用"角度出发，把废旧建筑材料进行就地处理，应用于地坪基层，以及后续项目地垄墙等处，从而减少建筑垃圾清运所需能耗（图 4-1-17）。

③ 保留再利用原有码头工业遗存和高大乔木

注重工业历史遗存的保护和收集工作，对原有工业厂区、岸线码头范围内有历史价值、特色鲜明的系缆桩、构筑物、设施及高大乔木等进行保留保护，并在公共空间建设的同时，进行合理规划布局，既传承百年工业历史文明，又有效激发了滨江地区的活力（图 4-1-18）。

图 4-1-16　工业码头现状

图 4-1-17　防汛墙及防汛闸门利用现状（局部）

3）采用智能感应照明装置节约电能

对照明系统全面采用智能装置及节能灯具，按照临江面的公共空间层级进行划分，设置分时段、分层级的智能节能控制系统，从而节省电能。

4）充分体现"绿色共享"的发展理念

在示范段建设过程中，合理规划布局，充分结合防汛通道和公共绿地建设，既实现健身步道、自行车骑行道、休闲道路的多样性慢行交通系统，又通过广场、开放空间等形式，组织丰富多彩的市民活动，引导居民的滨江生活体验方

1 低碳生态城区规划实践案例

图 4-1-18　码头工业遗存现状

式，使市民有更多的幸福感和归属感，从而确保了公共空间的绿色、贯通、开放、共享（图 4-1-19）。

图 4-1-19　雨水花园航拍图

1.2　江苏省绿色生态城区

目前我国绿色生态城区的发展仍处于探索阶段，主要通过示范工程的建设，实现以点带面的规模化推广效应。省市各级地方政府也相继出台了财政资金补贴、容积率奖励、减免税费、贷款利率优惠、资质评选和示范评优活动中优先或加分等一系列政策措施，积极推动城市规划与建设向绿色、生态、低碳、集约的方向发展，将切实引导多元化、多样性、可复制、可推广的绿色生态城区示范体系的发展。

2018年4月1日《绿色生态城区评价标准》GB/T 51255—2017正式实施。标准中将绿色生态城区定义为："在空间布局、基础设施、建筑、交通、产业配套等方面，按照资源节约环境友好的要求进行规划、建设、运营的城市建设区"。标准主要包含土地利用、生态环境、绿色建筑、资源与碳排放、绿色交通、信息化管理、产业与经济、人文8类指标，对城区进行系统性评价，并单独设立创新加分项，旨在鼓励绿色生态城区的技术创新和提高。绿色生态城区的评价分为规划设计评价、实施运管评价两个阶段，既保证了规划阶段的目标导向，又在城区主要基础设施投入使用运行后对实施效果进行运营评估，反馈规划阶段的具体目标。2018年，中新天津生态城南部片区、上海虹桥商务区成为国家首批获得绿色生态城区实施运管评价三星级标识的项目。

此后，上海市工程建设规范《绿色生态城区评价标准》DG/TJ 08—2253—2018于2018年1月30日正式发布，并于2018年5月1日实施。2018年11月，江苏省住房和城乡建设厅印发《江苏省绿色生态城区专项规划技术导则（试行）》。绿色生态城区建设是推动绿色建筑规模化的重要手段，各地在相关标准导则的指导下，将形成一批可推广、可复制的试点示范城区，以点带面推进绿色生态建设发展。

1.2.1 江苏省绿色生态城区专项规划技术导则

近年来，江苏省住房和城乡建设厅共支持开展了66个省级绿色生态城区示范建设，实现了全省市区市全覆盖。目前已有38个省级绿色生态城区和1个国家绿色生态城区通过验收评估，推动实施了一大批城市空间复合利用、综合管廊建设、成品住房建设、建筑垃圾资源化利用、节水型城市建设、绿色施工、绿色照明、海绵社区建设等节约型城乡建设重点工程❶。

为促进城市绿色发展，规范和指导全省绿色生态城区专项规划编制和管理工作，提高专项规划的科学性和可操作性，江苏省住房和城乡建设厅组织制订了《江苏省绿色生态城区专项规划技术导则（试行）》，从2018年11月1日起试行，导则中强调，专项规划规划应结合所在区域区位、气候、环境、资源、经济等特点，并遵循以下原则：

---

❶ http://jsszfhcxjst.jiangsu.gov.cn/art/2018/6/4/art_8637_7659197.html [2020-08-25].

（1）坚持以人为本。贯彻落实以人民为中心的发展思想，充分考虑城区居民居住、工作、游憩、交通等基本活动需求，创造舒适便捷的城区环境。

（2）坚持因地制宜。尊重所在地区自然和人文环境特征，合理利用本地自然资源，科学选取技术措施，体现地方文化特色。

（3）坚持生态优先。尊重生态本底、维持生态安全、优化生态格局，立足保障城区生态环境，注重生态修复、加强生态建设，促进城区内自然生态环境与人工生态环境和谐共融。

（4）坚持节约集约。注重统筹兼顾，促进土地集约综合利用，能源优化高效利用，资源节约循环利用，形成可持续发展的绿色城市发展模式。

江苏省通过绿色生态示范阶段的先行先试，推动了全省绿色生态技术的实施。同时建立了江苏省绿色建筑和生态智慧城区展示中心，突出了全国、全省低碳、生态与智慧类技术展示、科普教育、产品推广和学术交流的基地及平台的总体定位，加强面向全社会的宣传引导。

1.2.2　中瑞低碳生态城综合规划实践❶

1.2.2.1　工作背景与思路

无锡中瑞低碳生态城（以下简称"中瑞生态城"）面积 2.4 平方千米，位于太湖新城核心区，东至南湖大道，西临尚贤河湿地，南隔干城路与贡湖湾湿地公园和太湖毗邻，北靠太湖国际博览中心。中瑞生态城是太湖新城的点睛之笔，经过十年的规划建设，路网、市政配套设施建设日益成熟，尚贤河湿地公园、贡湖湾湿地公园等周边城市建设日趋完善；内部地块相对平整，拆迁工作已基本完成，开发建设时机已然成熟。

近年来城市逐步向人本回归，城市发展趋势从强调城市的政治经济影响力向提升城市创新能力、宜居性转变；绿色建筑和生态城区已进入规模化快速发展阶段，相关标准要求在最近几年有显著提升。2010 年前后，中瑞生态城在规划编制、指标确定和制度建设方面完成第一轮成果编制，具体包括两个生态规划（太湖新城生态城整体规划咨询、中瑞低碳生态城规划咨询）、两套指标体系（太湖新城生态指标体系、中瑞低碳生态城指标体系）以及对控规、专项规划的优化反馈（能源规划、慢行系统规划、生态水系规划、中水系统规划等生态专项规划，以及控规动态更新）。经过近 10 年的发展，中瑞生态城所处的内外部环境都发生了很大变化，规划实施的指标和路径亟需优化。

以建设"资源节约、环境友好、经济循环、发展可持续、符合低碳经济发展

---

❶ 潘清，陆滨，无锡地铁集团有限公司；靳猛，张英英，白明宇，深圳市建筑科学研究院股份有限公司。

理念的地区，创建国内一流、国际上有影响的生态城，无锡'生态城'建设的样板和标杆"为总体目标，规划在新的生态城市（区）建设背景要求下，聚焦生态城发展的新需求、新动向，统筹全域及重点片区开展中瑞生态城新一轮建设实施阶段的综合规划工作。规划关注目标和实施导向，对标国内外具有领先地位的生态城区建设标准，精准总体定位，明确目标体系，落实指标分解和技术方案支撑，构建生态城建设实施指导方法和路径，集成一套集"指标体系＋技术体系＋实施项目＋实施指引"为核心内容的建设规划实施方案。

1.2.2.2 现状建设基础评估

中瑞生态城现状建设优势与挑战并存（图4-1-20）。

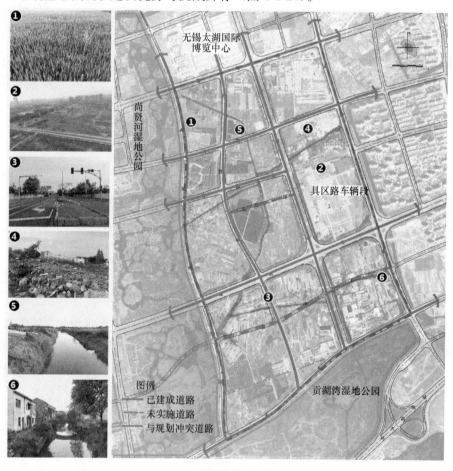

图 4-1-20　中瑞生态城现状建设情况

优势方面，中瑞生态城具有优异的生态环境，以农田、水系为基底的生态本底，是后续开发建设过程中需要认真考虑的有价值的要素；其次规划区的干路网络系统及市政管线系统基本建成，为项目开发及区域整体建设打下坚实的基础。

挑战方面，中瑞生态城面临大规模的开发，势必会对原有农田、植被、水系等生态本底产生负面影响，如何最大化继承生态环境优势，是后续开发建设面临的最大问题；另一方面，规划区已建路网较少考虑人行等慢行空间，如何在后续开发建设中优化断面，打造慢行友好的生态城，也是本次规划需要重点考虑的问题。

1.2.2.3 指标体系优化升级

以《无锡中瑞低碳生态城建设指标体系》（2010年）中可持续城市功能、可持续生态环境、可持续能源利用、可持续固废处理、可持续水资源管理、可持续绿色交通和可持续建筑设计七大领域为基础，对标《瑞典哈马碧湖城绿色导则》、《绿色生态城区评价标准》GB/T 51255—2017、《江苏省绿色生态城区专项规划技术导则（试行）》（苏建科〔2018〕607号）和上海市《绿色生态城区评价标准》DG/TJ 08—2253—2018等国内外绿色生态城（区）标准，总结国内外绿色生态城区建设标准与动态要求，同时承接《关于加快太湖新城-国家低碳生态城示范区建设的决定》《无锡市太湖新城生态城条例》等相关政策及规划的要求，对既有指标体系进行调整更新，形成中瑞生态城指标体系2.0版本，最终形成生态城建议指标体系，包含可持续生态环境、可持续能源利用、可持续固废处理、可持续水资源管理、可持续绿色交通、可持续建筑设计、可持续绿色人文、可持续智慧运营8大领域共28项具体指标，保障中瑞生态城指标体系的先进性与科学性。

1.2.2.4 技术体系及规划提升方案

规划顺应城市向以人为本回归的大趋势，低碳生态技术体系和方案选择上，以未来中瑞生态城市民感受度和健康福祉为主要考虑，从生态环境、交通、能源、水资源、固废、绿色建筑、环资监测和人文等维度（图4-1-21），甄选可直接感受、可触摸的技术，进行系统规划和专项设计，以建设成为一个环境低碳生态、生活积极健康的面向未来的低碳生态城。

(1) 聚焦生态系统功能保障和场地物理环境舒适提升，建设生态低耗的生态城

科学分析，识别主要问题。充分利用场地现有生态资源，科学构建城市与生物和谐相处的生态安全基础设施，修复河流生态廊道，建设完善的绿地系统，保障场地建设完成后对比现状生态系统服务功能不下降。结合用地布局、城市设计方案，使用科学模型模拟分析场地物理环境方面存在的问题。

以人为本，改善舒适程度。满足行洪＋水生态保护的基础上，创造丰富多元的滨水体验。结合物理环境模拟识别的问题，提出声环境、光环境、热环境、通风环境各方面的优化提升建议，改善人体舒适度，实现生态宜居的居住生活环境。

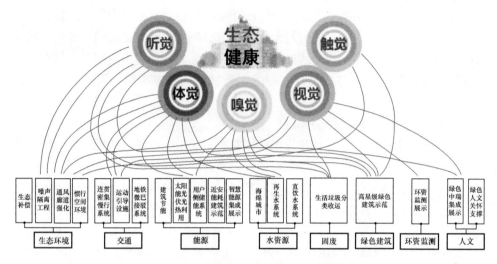

图 4-1-21 中瑞生态城低碳生态技术体系

规划引导，合理确定指标。通过参照国内外各低碳生态城市（城区）的指标体系，针对规划区生态环境系统的特征，分别确定规划区整体控制指标体系以及地块尺度的规划引导指标，对建设活动进行约束，减轻开发建设过程中的生态扰动，保障生态环境质量。

（2）建立"公交+慢行为主导"的一体化公共交通系统，建设步行友好的生态城

落实公交站点规划，提供中长距离常规公交服务。根据道路两侧用地性质以及交通需求分布，结合道路条件，在生态城内共设 16 个港湾式公交停靠站，保证公交站点 300 米覆盖率达到 100%，为中长距离公交线路的引入提供基础设施条件。

结合轨道建设，打造 15 分钟 MOD 慢行生活圈。围绕两个轨道交通站点打造完善的 MOD（Metro Oriented Development）慢行接驳体系，在以站点为圆心半径 1.2km 范围内，规划完善的慢行通道网络、规划风雨连廊、自行车停放设施等，以慢行交通引导街区发展模式，通过慢行系统打造 MOD 发展单元内具有亲和力的街道。

规划特色慢行休闲廊道，提升慢行环境品质。结合水系及绿地规划方案，利用水系两侧公园绿地及其他规划绿地，设置特色慢行休闲廊道，连通尚贤河湿地公园、贡湖湾湿地公园，供居民休闲健身使用，将慢行空间与活动场所相结合，营造高品质的人际交往空间（图 4-1-22）。

考虑引入智能停车设施，提高土地使用效率。与传统停车库相比，机械立体停车设施具有占用土地资源少、空间利用率高的优点，机械立体停车泊位的占地面积是传统平面停车场的 1/25～1/21，可以高效地利用极小的碎片化土地，车

图 4-1-22 特色慢行休闲道规划图

位密度大,空间利用率可提高 75% 以上(图 4-1-23)。

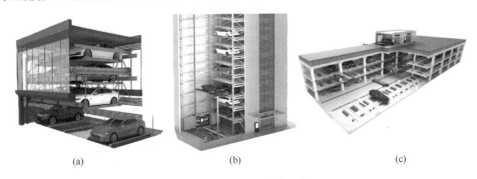

图 4-1-23 智能停车库示例
(a)半自动;(b)全自动—垂直升降类;(c)全自动—平面移动类

(3)构建"建筑节能+能效提升+可再生能源利用"体系,建设能源高效的生态城

综合用能特点与资源禀赋,建设智慧能源微网。根据国外案例的启示,充分开发本地可再生能源资源,从节流、增效、开源三个方面打造生态城智慧能源微网系统(图 4-1-24)。

实施绿色建筑技术,结合光伏、储能与智能控制技术实现能源管理与调度目标。生态城整体执行江苏省节能标准,选择试点项目开展超低能耗和近零能耗建筑示范;结合建筑功能开发光伏利用,本地可再生能源利用率 5% 以上;配置用户侧储能实现本地负荷调节与光伏消纳,用能峰值削减率达 10%,创造可观经济收益(图 4-1-25)。

(4)聚焦海绵城市建设,统筹水资源综合利用,建设滨水乐水的生态城

生态城水资源系统包含市政给水、市政再生水以及雨水三部分(图 4-1-26)。

海绵城市方面。海绵城市运用低影响开发建设理念,通过源头削减,过程控制,末端处理三个方面实现雨水径流控制(图 4-1-27),延长降雨历时,削减径

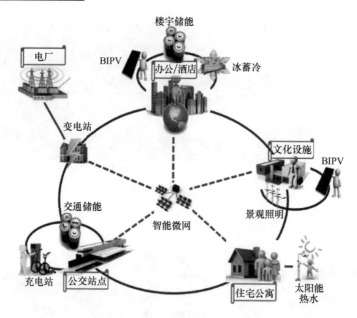

图 4-1-24 智慧能源微网系统拓扑图

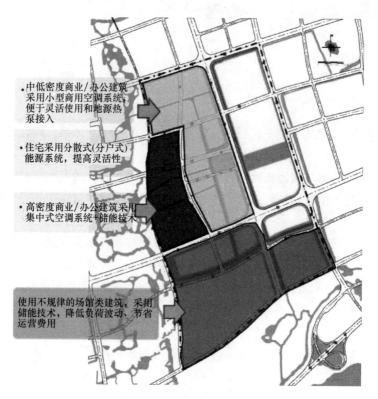

图 4-1-25 不同区域能源系统模式示意

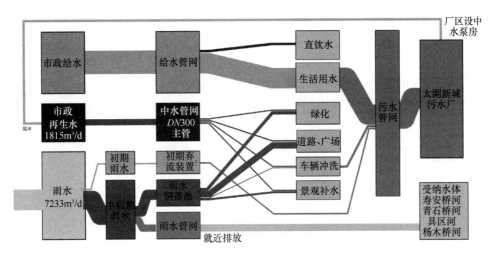

图 4-1-26 水资源系统技术路径

流污染，最终实现年径流总量控制到70%，径流污染削减率60%的目标。低影响开发设施包括绿色屋顶、透水铺装、下凹式绿地，另外设置雨水箅子截污框，雨水过滤器，智慧截流井净化雨水，截流初期雨水，削减径流污染。在完成建设后，通过设置内涝监测设施、年径流总量控制设施、径流污染控制设施等开展海绵城市建设效果验证。

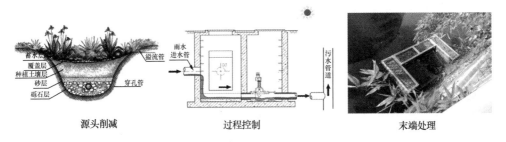

图 4-1-27 面源污染削减示意图

中水系统方面。 结合无锡雨水回用要求，中水系统水源采用"雨水+污水厂尾水"，其中污水厂尾水作为备用。

直饮水系统方面。 直饮水实施策略为"公共空间，强制实施；民用建筑，引导安装"，在生态城地块公共空间布设适量直饮点。

(5) 因类施策实现固废资源的资源化无害化利用，建设环境清洁的生态城

生态城固废资源系统包含生活垃圾、餐厨废弃物以及建筑垃圾三部分，其中重点为生活垃圾（图4-1-28）。

生活垃圾方面。 对于规划区的生活垃圾，采取源头减量、分类收集和密闭化运输相结合的方式。对适宜回收和再生利用的纸类、塑料制品、玻璃、金属、纺

图 4-1-28　生活垃圾分类投放设施设置

织物、家具、家用电器和电子产品等可回收物进行分拣回收。对人体健康或者自然环境造成直接或者潜在危害的废旧日用小电子产品等有害垃圾交予有资质的处置企业进行回收。厨余垃圾收集至地区垃圾集运中心或惠联餐厨废弃物做资源化利用。剩下的不能单独收集的固体废物收集到规划新建的地区垃圾转运站，运至垃圾集运中心转运后，转运到垃圾焚烧发电厂作最终处置。

餐厨废弃物方面。对于规划区的餐饮企业产生的餐厨废弃物与非餐厨废弃物分开收集，并流向不同的处置终端，餐厨废弃物可以分为食物残余和废弃油脂，两种餐厨废弃物进行分类收集、运输及处理。食品生产经营者在食品生产经营活动中产生的食物残渣和废弃食用油脂分类别运输至新建的惠联餐厨废弃物处理厂，分别进行资源化处理。食品生产经营者在食品生产经营活动中产生的包装盒、餐具等非餐饮废弃物进入生活垃圾资源化系统。

建筑垃圾方面。规划区内的建筑垃圾分为工程渣土、工程垃圾、拆迁废料、装潢垃圾四类。工地开工后，工程渣土、工程垃圾、拆迁废料均按照管理要求分类堆放，由指定的承运单位进场进行清运，并清运至指定的处置场所进行资源化利用或最终处置。居住区内设置装潢垃圾收集点，商场、企业在内部划出区域作为临时堆放场地，产生的装潢垃圾需进行分类、袋装，堆放于集中收集场地；产生单位或物业公司先进行申请或委托，再由环卫部门或者有资质的运输企业至装潢垃圾收集点进行收集，再运至建筑垃圾转运调配场。在转运调配场进行细分类后，由环卫部门或作业公司运至各类处置场所。

（6）谋划绿色建筑潜力发展布局和健康示范，建设绿色健康的生态城

在绿色建筑发展目标上，生态城致力于建设高星级绿色建筑规模化示范区。生态城绿色低碳规划引领作用突出、绿色市政基础设施支撑效应显著和综合管理优势明显这三大有利因素，高标准集中建设绿色建筑，确立绿色建筑二星级全覆盖，且50%以上绿色建筑达到三星级的目标，同时，积极试点示范具有未来启示意义的健康建筑和健康社区。

绿色建筑价值提升。生态城内所有新建建筑，全面执行新版《绿色建筑评价标准》，强化"以人为本"的核心要求，促进绿色建筑高质量发展。

绿色建筑规划提升。通过对区域物理环境、投资主体、技术难度、资源利用等角度分析，确定不同地块的绿色建筑星级潜力布局，实现绿色建筑二星级全覆盖，50%以上绿色建筑三星级的目标。

健康建筑与健康社区。针对健康建筑与健康社区进行关键指标分解，明确重点示范项目与目标。试点健康社区与健康建筑评价，确保生态城继续保持在绿色建筑领域的先进性与前瞻性。

(7) 统筹建立环境资源监测和运营综合系统，建设感知触摸的生态城

环境资源监测与智慧运营平台的建设至关重要，建立基于全面真实数据之上的量化评价体系，是检验绿色生态城区"含金量"的重要标尺，规划建设生态城环境资源监测与智慧运营平台，实现基于动态跟踪监测数据的效果科学评估与建设成效反馈。

环境资源监测需求分析。环境资源监测与智慧运营平台需求的主体是决策层、管理层和社会公众，是维系投资者、管理者与使用者三者之间的智慧纽带，需求分析明确平台建设原则与目标。

环境资源监测平台指标体系研究。从监测指标的可量化、可监测、可传输的角度出发，明确指标选取原则，确立核心指标体系。

环境资源监测平台总体设计。制定监测实施计划与布点方案，对平台软硬件配置提出配置需求。

(8) 集成绿色建设展示和人文关怀支撑的绿色人文系统，建设人文乐活的生态城

建设生态城绿色人文公共设施。立足生态城实际，系统规划布局绿色人文公共设施，底层支持生态城绿色人文的探索实践。主要包括全覆盖无死角的无障碍设施体系、面向0～100＋的全龄友好设施体系、大数据支持的智慧人文系统和体现地方特色的公共艺术设施体系。

设置生态城绿色建设展示系统。结合规划区内绿色生态节点、慢行道路及公共展示平台建设生态城"1＋1＋2＋N"绿色建设展示系统，即1个融媒体平台、1个集成展示中心、2条特色展示流线及N个低碳生态展示节点，多元系统全息全维度展示生态城的绿色建设展示目标、过程、行为和文化，打造绿色窗口。

培育生态城绿色生活生产方式。在上述全域覆盖和全息媒体技术覆盖和支持下，通过宣传绿色理念，倡导绿色文化，聚焦绿色人文公约体系建设、绿色教育空间的谋划和落实以及绿色教育活动实践的策划开展，培育形成生态城绿色生产生活新风尚。

第四篇 实践与探索

1.2.2.5 项目支撑与实施指引

(1) 政府有序引导，市场主力支持，调动多方资源协同参与建设

政府引导，同时实施主体以市场化的开发建设单位为主，积极调动各方力量，参与生态城低碳生态建设，在规划策划和开发建设及后续运营中，体现共建共享的营城理念。规划统筹八大领域，生态城重点开展岸线自然改造等低碳生态重点工程。

(2) 重点示范，以点带面，全面推进生态城V2.0的开发建设

近期重点开发项目是生态城建设理念先行先试的重点、生态技术体系的集成，也是本次规划编制的重点区域。XDG-2019-53号地块开发建设项目开发需要考虑整体的平衡与重视生态技术的落地，作为中瑞首开区，打造中瑞标杆项目。同时项目生态基地良好，开发过程需同步考虑生态修复，提高地块指标要求，合理应用生态技术，降低开发对生态功能的影响（图4-1-29）。

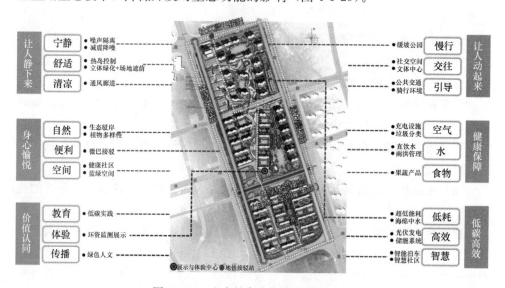

图 4-1-29 生态健康未来社区实施示意

(3) 创新管理理念，分类弹性实施，探索在生态建设前沿引领下的建设模式

深化生态城指标管理思路，分系统制定指标管理方案。例如，对待地块绿化物种数、年径流总量控制率等地块量化指标，前期纳入控规及地块土地出让条件要求，严格落实管控；对待地表水质达标率、功能区噪声达标率等环境健康类指标，加强管理监控，保证指标长期稳定；对待可再生能源使用率、垃圾回收利用率等设施管理类指标，逐步推进建设，保证目标逐渐实现；而对待绿色出行比例、就业住房平衡指数等指标则转变了管理理念，探索在生态建设前沿引领下的中瑞低碳生态城建设模式。

统筹落实生态建设综合规划提出的包括生态环境、绿色交通、能源等方面的管控要求，分别明确管理内容和管控阶段的相应责任主体，并落实相关保障措施，建立一套全过程的低碳生态城区管控体系。

1.2.2.6 结语

中瑞生态城低碳生态建设综合规划的编制是以目标和问题导向开展的，从基础建设评估、指标体系更新、技术体系完善提升和示范项目引导等多个方面进行研究，聚焦生态城全方位的低碳生态建设，更新后的指标淘汰了指引性弱的滞后指标，优化了提法落后和取值有偏差的指标，新增了满足中瑞生态城 2.0 高质量建设与精细化管理需求的指标。重新论证既有生态技术体系的可实施性，并引入新的低碳生态技术体系集成，为中瑞生态城再出发建设赋能增效。基于生态城建设时序，统筹引导市场参与生态工程项目建设，体现共建共享的营城理念。创新管理理念，分类弹性实施，构建一套稳定的中瑞生态城 2.0 建设实施指导方法和路径，同时也为其他生态城市再建设提供一种思路和方法，形成能复制、可推广的示范经验。

2 中国低碳生态城市（区）专项实践案例
2 Special Practice Cases of Low-Carbon Eco-City (District) in China

2.1 雄安新区低碳生态建设实践[1]

雄安新区自2017年4月1日设立以来，一直坚持"生态优先、绿色发展"的核心发展理念。规划理念上，《河北雄安新区规划纲要》将打造绿色生态宜居城区作为首要发展定位，"生态优先、绿色发展"是城市空间组织和规划建设的首要原则；建设时序上，与其他城市新选择开发建设用地，再将剩余空间作为生态保障的做法不同，新区率先启动生态基础设施建设和环境整治，优先保障蓝绿空间建设。一批绿色发展探索项目率先实施，如白洋淀环境治理和生态修复；土壤、大气、水污染综合治理；打造近自然森林的"千年秀林"植树造林；水、电、路、气、信、热等基础设施完善；构建快捷高效的交通网及城市安全和应急防灾体系等，这些先行先试项目为新区大规模开工建设打好基础，做好准备。

绿色低碳是新区发展的新动能，按照绿色、低碳、智能、创新要求，新区推广绿色低碳的生产生活方式和城市建设运营模式，围绕优化新区能源结构，推进资源节约和循环利用，倡导低碳出行方式，打造边界安全、绿色智能的交通体系等，推动新区绿色低碳高质量发展。

2.1.1 大气环境综合治理[2]

2019年，雄安新区$PM_{2.5}$浓度同比下降9.68%，优良天占比54.0%，均超额完成年度目标任务。空气质量综合污染指数为6.29，同比下降3.23%。同时，2016—2019年雄安新区三县（雄县、容城、安新）$PM_{2.5}$浓度持续下降。相比于2016年，2019年雄县$PM_{2.5}$浓度下降35.37%，容城下降32.94%，安新下降30.95%。总体来说，雄安三县与其周边县城在过去几年空气质量明显改善，优良空气天数稳步上升，重污染、污染天数同比下降。

---

[1] 本节除标注外，节选自雄安绿研智库《雄安新区绿色发展报告——新生城市的绿色初心》。
[2] 资料来源：雄安新区生态环境局。

(1) 治理目标

按照河北省目标要求，2020 年雄安新区 PM$_{2.5}$ 年均浓度降至 53μg/m³ 以下，2035 年 PM$_{2.5}$ 浓度达到国家二级标准（35μg/m² 以下）（图 4-2-1）。

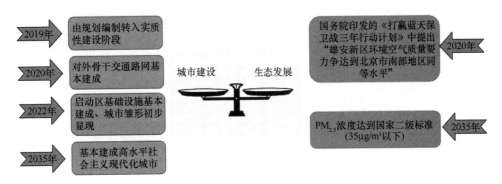

图 4-2-1　新区城市建设与生态发展规划目标

为保障大气污染治理目标的达成，雄安新区打赢蓝天保卫战三年行动方案进一步细化为"1＋7 工作方案"。包括《河北雄安新区 2019 年大气污染综合治理工作方案》《河北雄安新区 2019 年挥发性有机物污染治理专项工作方案》《河北雄安新区 2019 年扬尘污染防治工作方案》《河北雄安新区锅炉改造提升专项工作方案》等。

具体的，新区开展构建清洁低碳、安全高效的能源体系（将于后文详细展开），加强调整产业布局和结构、强化源头管控，建设绿色施工体系等工作。

(2) 产业布局和结构、强化源头管控

雄安新区三县产业均以轻工业为主（图 4-2-2），其中雄县以塑料制品业为主，企业数量最多，占比最大；容城制鞋和服装包箱企业较多，占比较大；安新制鞋企业数量最多，占全县总企业数量的 78%。新区三县企业锅炉及 VOCs 源排放对空气质量影响较大。目前新区三县 510 台锅炉改造提升工作已完成，涉 VOCs 企业在线监测与报警装置已安装到位，正在开展全面整治。

图 4-2-2　三县产业结构占比

1) 科学规划功能区

新区综合考虑地形地貌、水文条件、生态环境等因素，科学布局城市建设组团,形成"北城、中苑、南淀"的总体空间格局。"北城"即充分利用地势较高的北部区域,集中布局五个城市组团,各组团功能相对完整,空间疏密有度,组团之间由绿廊、水系和湿地隔离;"中苑"即利用地势低洼的中部区域,恢复历史上的大溇古淀,结合海绵城市建设,营造湿地与城市和谐共融的特色景观;"南淀"即南部临淀区域,通过对安新县城和淀边村镇改造提升和减量发展,严控临淀建设,利用白洋淀生态资源和燕南长城遗址文化资源,塑造传承文化特色、展现生态景观、保障防洪安全的白洋淀滨水岸线。

2) 严格环境准入门槛

雄安新区及周边和上游地区协同制定产业政策,实行负面清单制度,明确限制和淘汰的企业类型,制定工作计划,加快淘汰落后产能。严格控制燃煤项目,全区不再核准新建、扩建的燃煤项目;同时严格控制涉 VOCs 项目。严格限制新建、扩建医药、印染、化纤、合成革、工业涂装、包装印刷、塑料和橡胶等重污染项目。

3) 绿色发展助推产业转型升级

雄安新区瞄准世界科技前沿,重点承接北京非首都功能疏解,突出创新特色,集聚一批互联网、大数据、人工智能、前沿信息技术、生物技术、现代金融、总部经济等创新型、示范性重点项目,发挥引领带动作用。利用新技术改造升级传统产业,保留的工业企业污染排放和碳排放水平需对标世界一流;培育和发展绿色产业,提高经济效益和生态效益,促进产业实现高质量发展;落实绿色发展理念,评估"四绿工程":绿色产品、绿色工厂、绿色园区、绿色供应链;探索经济发展新业态、新模式。

(3) 绿色施工体系建设

在新区初步建设时,机动车污染监管效率低,新区多个项目开工建设,重型柴油车和非道路移动机械大量涌入雄安,移动源排放量激增、施工工地扬尘污染问题多发,管理难度较大。针对移动源排放量激增问题,雄安新区在重点时段空气质量保障期间,尽管三县设立了多个检查站点,设置了遥感监测,但监管效率有待进一步提升。同时新区开工工地目前面临工期紧、面积大,施工工地扬尘排放污染问题,仍需进一步细化监管。雄安新区应构建绿色施工体系,以应对以上问题。

1) 完善移动源低排放控制区建设

雄安新区在 2019 年 7 月 15 日在全国率先完成低排放控制区划定:规定非道路移动机械应符合烟度限值Ⅲ类要求,不能有可见烟;重型柴油车不得低于国五排放标准,同时继续推进运营的公共汽车、环卫、通勤、物流等车辆实现新能源化。在全省率先完成非道路移动机械排查编码全覆盖,在全省率先实施了非道路移动机械检测、挂牌、贴标、定位等"四位一体"的工作制度,初步实现非道路移动机械的动态管理。针对重型柴油车，安装远程排放监控设备并联网，实现对油箱和尿素液位变化，以及氮氧化物、颗粒物排放情况的实时监控，并统一发放绿色环保标识，确保持证运行。严格开展路检路查，建设机动车综合检查站，对途经柴油货车开展尾气排放检验。

2）扬尘在线监测，实现"三个全覆盖"

针对工地扬尘问题，提出三个全覆盖，实现扬尘在线监控。要求在工地出入口冲洗设备处必须安装高清摄像头，能够完整记录车辆经过冲洗设备过程及冲洗后状态，进行实时监控；施工现场作业区在建筑起重机械设备顶端、施工现场道路、材料堆放区、加工区等部门应安装摄像头，视频监控系统覆盖施工现场90%以上区域；施工单位应安排人员定期检修监控设备，确保监控正常运行，监控资料应保留3个月以上备查。

根据雄安新区施工工地的建设特点，对拆迁工地、建筑施工工地、线性施工工地、园林绿化施工工地和搅拌站等易产生扬尘的场所开展降尘缸的监测，每半月进行一次考核排名并公示，对连续排名靠后的企业启动约谈、问责。

2.1.2 优化城乡能源结构

（1）煤改电和煤改气工程

2016年9月23日，河北省人民政府发布的《关于加快实施保定廊坊禁煤区电代煤和气代煤的指导意见》提出，对禁煤区农村严格控制范围、统一相关政策、不加重群众负担、尊重群众意愿，加快推进实施"电代煤""气代煤"，力争用一年多的时间实现禁煤区除煤电、集中供热以外的燃煤"清零"目标任务，大幅降低区域燃煤污染。

2016年以来，雄安新区三县全面推进清洁能源替代工作。2017年10月13日，雄安新区党工委、管委会印发《关于全面禁烧劣质煤统筹做好群众冬季取暖工作的通知》，对全面推进禁煤区气代煤、电代煤、地热代煤，非禁煤区全面禁烧劣质煤，统筹做好群众冬季取暖等工作进行部署，确保群众安全、温暖过冬以及空气质量持续改善。

2019年全区清洁取暖改造户数约17.3万户，2020年持续推进清洁取暖改造。

（2）加大能源输送基础设施建设❶

雄安新区绿色电力主要来自冀北风电、光电、西北水电，由河北南网统一调度平衡。天然气主要用于民用（炊事和商业）来自周边陕京输气系统，在建的中俄东线、蒙西煤制气管线、京石甘复线等。为保障电力安全稳定供应，新区大力

---

❶ 资料来源：雄安新区生态环境局。

开展电力输送网增压扩容工程，建设 500 千伏、220 千伏变电站等，为能源输送提供基础。

（3）地热能资源利用

雄安新区地热资源属高潜山地热类型（50～89 摄氏度），区域内分布有牛驼镇、高阳和容城三大中型地热田，地热田分布面积为 500.81 平方千米，具有分布广、埋藏浅、温度高、储量大、水质优、易回灌等特征[1]。目前已开发的雄县和容城县地热主要位于牛驼镇地热田南部及容城地热田东部，资源开发利用量仅占可采资源总量的 6%，开发潜力巨大。

根据自然资源部中国地质调查局勘察评估结果，新区全区普遍适于浅层地温能开发利用，初步评估年可开采量折合标准煤 400 万吨，可满足约 1 亿平方米建筑物供暖制冷需要，在核心区 192 平方千米面积上，支撑面积在 35000 平方米左右。新区自南西向北东，地下水源热泵适宜性逐渐变好，核心区均为适宜区和较适宜区；土壤源热泵仅在北部部分区域出现较适宜区，核心区大部分为适宜区。

雄县作为"温泉之乡"，是华北乃至全中国地热资源最丰富的地区之一，全县六成面积蕴藏地热资源。雄县中深层地热水储量达 822 亿立方米，热储埋深 500～1200 米，便于开发利用，出水温度 55～86 摄氏度，地热水为碳酸钠型热水，矿化度在 0.5～2 克/升。地热能"雄县模式"，即由政府主导地热能的规划、管理，授权企业特许经营权、整体开发，并利用先进的技术体系实现城市的清洁采暖和节能减排。

2019 年 6 月 13 日，自然资源部中国地质调查局勘察结果显示，容东片区深部水热型地热资源赋存条件较好，年可采量折合标准煤 3.71 万吨，供暖总能力约 300 万平方米，为容东片区科学合理地开发使用地热资源提供了依据。根据《容东片区供热专项规划》，容东片区供热规划以集中供热、制冷为主，建立区域能源站、街区能源站、用户能源站三级互联的能源系统（图 4-2-3），满足外部能源的接入和本地清洁能源的取用，实现多能互补、协同供能、分层分区调度控制。

（4）低压直流配电应用

雄安新区坚持绿色供电，形成以接受区外清洁电力为主、区内分布式可再生能源发电为辅的供电方式。依托现有冀中南特高压电网，完善区域电网系统，充分消纳冀北、内蒙古等北部地区风电、光电，保障新区电力供应安全稳定、多能互补和清洁能源全额消纳。与华北电网一体化规划建设区内输配电网，配套相应的储能、应急设施，实现清洁电力多重保障。

低压直流配电网是采用直流配电系统运行控制与保护、灵活直流电压变换、直流变压隔离、用户侧直流用电等关键技术，直接为负荷提供直流电源运行的配

---

[1] http://www.sohu.com/a/229371580_99915713 [2020-08-25].

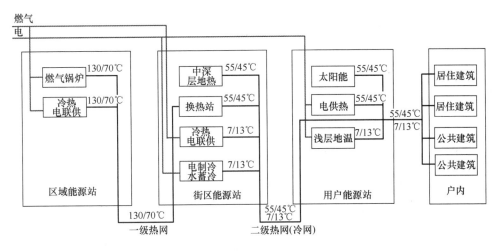

图 4-2-3 容东片区三级能源系统示意

电网络,支持新能源、储能接入及能量双向互动。

国家电网雄安新区供电公司在新区积极开展低压直流配电技术研究与探索,通过构建拓扑灵活、高效、稳定的交直流配电网,搭建包含"绿色清洁能源接入—分布式储能—直流家用电器"的全谱系低压直流配用电网生态系统。目前在新区已实践的应用场景主要包括楼宇供电、分布式绿色能源、车辆直流充电桩、储能系统、直流家用电器等(图 4-2-4、图 4-2-5)。

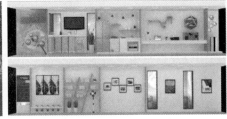

图 4-2-4 市民服务中心绿能磨盒图

图 4-2-5 市民服务中心光储充一体化车棚图

2.1.3 构建绿色交通体系

新区设立以来,在城市综合交通网络设施建设、慢行交通系统打造、城市绿色交通系统出行管理与引导、城市交通工具与设施提升等方面开展了一系列工作。

(1) 综合交通网络建设

根据雄安新区规划,雄安新区将构建"四纵两横"区域高速铁路交通网。"四纵"为京广高铁、京港台高铁京雄—雄商段、京雄—石雄城际、新区至北京新机场快线,"两横"为津保铁路、津雄城际—京昆高铁忻雄段,实现新区高效融入"轨道上的京津冀"。

① 京雄城际铁路

京雄城际铁路是雄安新区首个重大交通项目,于2018年2月28日正式开工建设。该铁路起自京九铁路李营站,经北京大兴区、北京新机场、霸州市,终至雄安新区,正线全长92.4千米,共设5座车站。京雄城际铁路是联系雄安新区、北京新机场和北京城区最便捷、高效的重大交通基础设施,可实现新区20分钟到北京新机场,30分钟到北京、天津,60分钟到石家庄,将为新区集中承接北京非首都功能疏解提供有力支撑,对促进京津冀协同发展具有重要作用。

② 城市轨道

雄安至北京大兴国际机场快线是唯一一条不同于高铁、由雄安和北京两地调度和收费的城际轨道快线。该线路轨网由一条快线R1线和四条普线(M1~M4)组成,"一干"为起步区—雄安高铁站—北京新机场,"多支"为连接徐水、保定、白沟以及霸州等周边地区。

结合新区城市组团式发展的实际情况,新区轨道交通的建设时序不同于一般城市,采用先建快线、后建普线的模式,以及新区提出"一干多支、互联互通、灵活编组、不断生长"的新区新型城市轨道交通建设模式。

轨道交通直达雄安、北京两地功能区,无缝衔接两地轨网。在互联互通、灵活编组的模式下,让线网在不同时间段适应不同客流的需求特征,增加了线网的客流弹性,实现线网中各种资源的共享、集约用地和节约能源。这种环保、生态、智慧、高效的网络化运营理念,满足新区绿色发展的需求,契合新区规划纲要提出的打造贯彻落实新发展理念创新发展示范区的部署。

(2) 慢行交通系统打造

根据雄安新区规划,雄安新区将构建内外衔接的绿道网络,形成城乡一体、区域联动的城市绿道体系。同时,营造独立舒适的绿道环境,设置适宜骑行、步行的慢行系统,承载市民健身、休闲、娱乐功能。

"容和绿道"项目,即容东片区截洪渠景观一期工程,主要利用容东片区截洪渠箱涵上方的土地资源，打造服务市民健身、休闲、娱乐的城市公共空间（图4-2-6）。容和绿道总长7.5千米，绿化面积30.49万平方米，沿途设置过街人行天桥以及相关配套服务设施、电气工程、绿化灌溉、景观小品及城市家具等。

图4-2-6　雄安新区容和绿道

该慢行绿道连接雄安市民服务中心和容城县大水大街，为市民提供了适宜骑行、步行的绿道环境，成为容城县市民跑步健身、散步休闲等各类活动的空间载体，也是市民自行车通勤的交通要道。另外，新区开展高品质慢行示范，在容城县奥威东路南北两侧辅以非机动车专用路，形成连续、安全、舒适、全天候、有吸引力的慢行交通环境。

（3）绿色交通出行引导

① 提倡使用新能源交通工具

雄安新区将构建以"公交＋自行车＋步行"为主的绿色出行模式，未来绿色交通出行比例达到90%，公共交通占机动化出行比例达到80%。

作为前期探索，雄安市民服务中心率先推行绿色出行理念，已于2018年4月起禁止燃油车驶入。针对外部工作人员和参观市民，开展城市交换中心（City Exchange Center，CEC）示范。通过CEC提供高水平公交接驳换乘，降低小汽车出行占比。通过片区级CEC和街区级CEC的差异化收费、差异化政策，展示雄安新区鼓励公交的绿色出行理念。CEC除了具备截流（非清洁能源车辆）和换乘功能之外，还具有商业、休闲、物流、公交服务等综合化功能，实现信息交换、智慧交换、物流交换、文化交换（图4-2-7）。

雄安新区提倡使用新能源汽车，减少私家车燃油车的使用。根据相关机构研究，未来容东片区按照汽车拥有量30%人口测算，在绿色交通出行比例达到90%情景下，容东片区小汽车碳排放量为2.1万吨，公交车碳排放量为4.9万吨（无轨道交通测算），总计7.0万吨，与绿色交通出行比例达到70%情景相比减少碳排放2.7万吨，与无绿色交通出行相比减少碳排放12.2万吨。

另外，在白洋淀生态环境综合整治中，还重点对白洋淀水域现存的1000余

图 4-2-7　市民服务中心 P1 停车场及市民换乘接驳公交车现场图

艘汽油和柴油机动船舶，进行油改气、油改电等清洁能源改造，极大提升了白洋淀水域及空气环境。

② 大力构建公共交通系统

雄安新区开展公共交通示范，积极构建新能源公交系统，重点打造绿色、多样化、高品质的公共交通服务，率先试运行需求响应型公交，以雄安市民服务中心及容城县内多个站点为基础，示范一人一座、免换乘、快响应的公共交通服务。

③ 积极引入多种共享交通工具

雄安新区积极引入智慧公交、共享单车及电动车等多种交通工具，助力绿色出行。新区政府联合滴滴出行，运用大数据、机器学习和云计算等技术，推出了"雄安智慧公交"，力争构建实时感知、瞬时响应、智能决策的新型智能公共交通体系。其中，智慧中巴服务公共交通主干线网，智慧小巴通过运力资源调配进行灵活补充，为新区"建设者"提供更加便捷、有效的公共交通出行。另外，摩拜已在新区投放 2000 余辆共享单车及部分共享电动车，同时改造了 5 个摩拜智能车吧，为市民出行提供了方便。

2.1.4　打造绿色园区示范

雄安新区将全面推行高标准绿色建筑，开展节能住宅建设和改造，目前已实施了雄安市民服务中心和雄安城乡服务管理中心等具有亮点与特点的绿色园区及绿色建筑项目。

(1) 雄安市民服务中心

雄安市民服务中心是雄安新区首个高起点规划、高标准建设的成规模大型建筑群项目。园区总建筑面积 9.96 万平方米，规划总用地 24.24 公顷，由公共服务区、行政服务区、生活服务区、企业临时办公区四大区域建筑群组成，共同承担着新区公共服务、规划展示、临时办公、生态公园等多项服务功能。园区于 2017 年 12 月初开工，2018 年 3 月完工，建造仅历时 112 天，并于 2018 年 5 月正式投入运营并向公众开放（图 4-2-8、图 4-2-9）。

图 4-2-8　雄安市民服务中心鸟瞰图

图 4-2-9　市民中心入驻企业标牌及游客合影照

作为雄安新区规划建设的重要起步项目，园区践行了《河北雄安新区规划纲要》中关于"构建科学合理空间布局、发展高端高新产业、建设绿色智慧新城、提供优质共享公共服务"的相关要求，整体规划设计充分体现创新、共享、生态等绿色发展理念，具体设计建设创新亮点如下：

1) 建筑师负责制。项目创新性的采用建筑师负责制，设计团队派驻驻场代表全程提供支持。项目实施采用设计总承包管理的模式，实现了在极短时间内高效率提交多专业综合的领先示范园区设计成果。

2) 集成化预制装配式结构应用。园区建设采用了装配化、集成化的建造技术，建筑构件工厂预制生产，现场组装，装配化、现代化程度高，使得建筑在短时间高质量完成。尤其是北部企业办公区，采用集成化装配式建筑体系，使用632个类似集装箱的集成化房屋进行拼装，用时一个月完成了约3万平方米的一体化企业办公场所。

3）践行绿色理念。一是采用可循环的建筑空间与材料，企业办公区采用了整体式的集成化单元，可调整、易拆卸、能够重复使用，使建筑材料充分利用。其他单体建筑的墙体、门窗等材料均采用了装配式材料，均可重复利用，更充分实现全周期的可循环使用；二是复合能源系统，园区内能源供应采用"再生水源＋浅层地温能热泵＋蓄能水池冷热双蓄"复合能源系统设计。充分利用建筑现有的中水等可利用能源，打造项目供暖、制冷、生活热水一体化系统，实现地热能源多层利用；三是被动式超低能耗建筑设计，政务服务中心采用了超低能耗建筑做法：降低建筑体形系数，控制建筑窗墙比例，完善建筑构造细节，设置高隔热隔声、密封性强的建筑外墙。使建筑在冬季充分利用太阳辐射热取暖，尽量减少通过围护结构及通风渗透而造成热损失，夏季尽量减少因太阳辐射及室内人员设备散热造成的热量；四是场内土方自平衡，项目所在的场地原标高低于红线外道路标高约4.0米，项目采用了底层架空层、下沉式停车场等设计、施工方式，减少了现场的土方回填量，通过土方的场内接驳减少外运土方对环境的影响。

4）综合管廊示范。园区综合管廊位于园区主要道路下方，总长3.3千米，将电力、通信、燃气、供热、给水排水、消防等各种工程管线集于一体，全部收进管廊中，并在管廊中创新地安装智能化机器人和监控设备，实现管廊的有效监测和管控，为未来新区的管廊应用做出了尝试和积累。

5）海绵城市技术实践应用。园区践行"海绵城市"的理念，将雨水作为宝贵资源进行引导、存储、净化与利用，形成了一个完备的雨水管理体系，发挥合理利用水资源、净化污水、防洪排涝的作用。因地制宜地设计种植草沟、雨水花园、砾石雨水花园、人工湖、生态净化群落、地下蓄水方沟等，步道砖、停车位的植草砖均采用透水砖，进行雨水收集和调蓄。园区的海绵城市措施与景观工程有机结合，可实现8000立方米的雨水调蓄容积，加上地下雨水管涵12000立方米的调蓄容积，总雨水容纳量超20000立方米，可承受30年一遇的特大暴雨而不内涝。

6）共享、智慧园区。园区内建立了共享会议室、共享公交、共享单车、共享生活空间等设施，通过手机即可与各功能区域相连，充分发挥信息互联的特点，充分利用园区内每一个设备和空间。同时，园区采用CIM（城市全信息模型）平台进行建筑设计和施工过程管理，运用IBMS（基于实时数据库的智能建筑管控平台）实现建筑全生命周期的数字化管理。

总体来说，园区分别从生态环境、绿色交通、绿色建筑、能源系统、水资源、信息化和人文关怀七个维度进行绿色设计、建造及运营（图4-2-10、图4-2-11）。项目集成地下综合管廊、零污水排放、装配式建筑、被动式建筑、浅层地温能＋中水能再生水源＋冷热双蓄技术、CIM平台等先进技术应用，为构建绿色低碳、创新智能、宜居宜业的园区提供重要的技术支撑，为雄安新区后续建设树立了样

2 中国低碳生态城市（区）专项实践案例

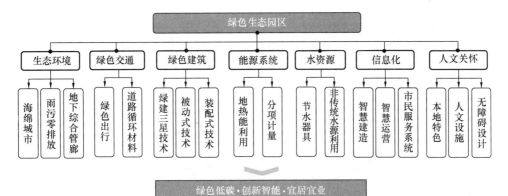

图 4-2-10 绿色园区技术体系构架

图 4-2-11 绿色园区技术体系

板，成为未来绿色智慧园区的典范。

基于绿色生态园区技术体系，园区较好地承载了新区创新发展理念的体验与传播、城市公共空间、政务服务平台等功能，同时，结合当地文化特色及生活模式，开展开放性的人文活动，促进"新雄安人"和本地居民的交流，形成宜居友好的新城区。

（2）雄安城乡管理服务中心

雄安城乡管理服务中心（图4-2-12），是北京市支持雄安新区建设的超低能耗装配式绿色示范项目。该项目承担了政务服务、展示交流、企业办公、会议培训等多项功能。项目总用地面积13000平方米，总建筑面积5173平方米，地上3层，局部5层，建筑高度为22.8米。2018年5月开始进行主体结构施工，当年11月交付。

项目践行"以人民为中心"的根本理念，突出开放式公共空间、互动式体验交流、园林式人居环境、未来式生活场景等鲜明特色，激发人民群众对未来生活

261

图 4-2-12　雄安城乡管理服务中心效果图

的美好畅想，助力新区征迁安置工作的顺利推进。

雄安城乡管理服务中心打造了四个方面的集成优势，即：装配式钢结构与超低能耗建筑的集成；内装工业化与智能家居的集成；BIM智能制造与EPC全产业链实施的集成；模拟城市与实体城市的集成。

项目集成了超低能耗、钢结构、装配式、铝板幕墙等多种技术体系，满足"绿色建筑三星""住房和城乡建设部超低能耗被动式示范项目"要求，同时满足"德国能源署示范项目"要求，践行了雄安标准与国际标准的对接，为新区钢结构装配式超低能耗项目提供了参考示范，将对新区建设起到积极推进作用（图4-2-13）。

图 4-2-13　项目外遮阳板、采光顶被动窗、顶层太阳光伏板

2.1.5　探索城市"微改造"

根据雄安新区建设时序，未来新区将在较长一段时期内面临新城建设与旧城改造相辅相成的过程。处理好新城建设和旧城改造的关系，对于支撑城乡空间结构布局完善、保障公共服务供给、促进新旧城协调发展、延续历史文化传承等具有重大意义。因此，新区设立后，相关团队积极推动以"微改造"为模式的绿色发展实践，循序渐进地修复、活化、培育既有城区活力，补充绿色元素、改善居

住生活环境，同时播种绿色理念的种子。本节以伊街坊、伊工社等"微改造"更新案例为研究对象，介绍新区既有城区提升改造的实践与成效。

（1）伊街坊❶

"伊街坊"是深圳市建筑科学研究院股份有限公司（以下简称深圳建科院）在新区围绕"伊系列"开展的第一项绿色改造实践工作。项目位于奥威大厦对面的国土巷，原为县政府有关部门家属院，入住率不高且巷子年久失修。深圳建科院入驻国土巷后，联合巷内入驻的其他几家企业，发起国土巷环境提升工作，通过"低成本、众合作、快速见效、高度感知"的方式对巷子进行绿色微改造。

1）公共空间营造

公共空间营造主要包括了街巷改造和公共绿地改造两部分。

① 街巷改造——步行道＋伊美术馆室外展厅

国土巷原始状态不宜居住，下雨天气路面泥泞不堪，严重影响巷内居民的生活品质。项目对巷子水电进行改造，室内厨卫管线接通主干道市政管网；用较低的成本开展了巷道路面翻修、两侧浅草沟海绵示范工作，主要路面铺设透水砖，便于雨水下渗。空间营造上通过墙面整体设计，利用连续的折线色块涂刷，形成连贯交通流线。巷内设置统一的标识导向系统，并将巷道改造成"伊美术馆"室外展厅，充分利用室外空间进行艺术品展示和文教普及。通过绿色微改造的方式，提升街巷空间承载力和利用率，打造为向公众传播绿色生活理念和公共艺术的场所（图 4-2-14、图 4-2-15）。

图 4-2-14　伊街坊改造前后（左：改造前；右：改造后）

② 公共绿地改造——伊尚园－居民休闲空间

"伊尚园"改造工作主要分为两期：第一期，将原有无人治理的建筑垃圾堆放场进行清理整治，种植景观植物和蔬果；第二期，2019 年初春完成土建工作，

---

❶ 本节图表除标明来源之外，其余均为深圳市建筑科学研究院股份有限公司提供。

图 4-2-15 伊街坊巷道改造成伊美术馆室外展厅

春夏交替时节种植景观植物，营造公共休憩空间（图 4-2-16）。

图 4-2-16 伊尚园改造成果

2）院落改造

深圳建科院在伊街坊共改造 5 座院落，包括绿舍（F3、F4）、淡食（E3）、雅居（D3）、德居（D2），涵盖了会议、接待、办公、餐饮、住宿、会客、展览、艺术创作等多重功能，强调空间的复合利用（图 4-2-17、图 4-2-18）。

伊街坊院落改造积极采用绿色微改造的方式，充分利用旧物，80%的旧物在改造中得到利用，浴缸变花池、废弃水暖管变企业标识牌、旧砖变步行道、旧门变公约牌、旧雕刻花床板变门口装饰，既节省了成本，又留存了历史记忆；充分使用绿色建材，包括环保水漆、铝包木门窗、欧松板等；同时，改造中避免过度硬装，减少不必要的拆除，降低对环境的影响（图 4-2-19）。

图 4-2-17 伊街坊院落平面分布图

会议空间　　　　　　　　　接待空间

展示空间　　　　　　　　　艺术创作空间

图 4-2-18　伊街坊院落内空间利用

图 4-2-19　伊街坊旧物利用

在伊街坊改造过程中,项目利用低成本绿色微改造的方式,快速集聚资源提升城市空间承载力,营造多样、复合的办公、休憩与交流空间;同时,创新探索城市更新组织模式与投资模式,以社区为单位,联合街巷内多家企业共建公共空间,以共赢共享的方式进行改造;另外,伊街坊为高性能绿色建材、智能产品等提供展示平台,引导新产业元素与城市发展功能相适应,为企业的孵化提供了空间载体。

(2)伊工社❶

伊工社是深圳建科院在新区"伊系列"实践的第二个绿色改造项目,旨在为新区打造一个绿色研究和低碳生活体验基地。

1)既有建筑绿色化改造示范

伊工社原为服装加工厂,改造后为办公及科研建筑,总建筑面积约 2000 平方米,改造投资额约 360 万元,改造工期不到 4 个月。项目以维持原貌和减少拆除为改造原则,同时运用太阳能光伏、室内垂直绿化、可变式多功能外墙、装配式构件、多能互补暖通空调系统、多功能天窗、环保家具等 20 多项绿色节能技术,集中展示了既有建筑绿色化改造成果。同时,项目融入了共享办公、无界交流等理念,开敞弹性的办公空间有利于协同工作,注重员工身心健康。这种"针灸式"的绿色改造方式,无需改动建筑主体结构,工期短、成本低、见效快,使建筑可以迅速达到绿色建筑基本性能,为新区规模化推广应用绿色建筑起到中试和示范作用(图 4-2-20)。

图 4-2-20 伊工社改造前后(左:改造前;右:改造后)

新区既有城区大量既有建筑,短期内不会拆迁,且普遍存在资源消耗水平偏高、环境负面影响偏大、室内环境有待改善、功能和品质有待提升等方面的问题,采取绿色微改造更新,既是体现绿色、低碳的发展理念,也是探索既有城区空间及建筑品质提升的良好实践(图 4-2-21)。

---

❶ 本节图表除标明来源之外,其余均为深圳市建筑科学研究院股份有限公司提供。

2 中国低碳生态城市（区）专项实践案例

可变式外墙　　　　　　　垂直绿化　　　　　　共享办公空间　　　　　多功能天窗

图 4-2-21　伊工社绿色改造技术

2）共享、绿色生活的交流空间与平台

伊工社一层改造为绿色展厅及低碳生活体验馆，主要面向公众展示绿色技术，如家居医生最新科研成果、民用建筑直流电理念及应用、室内垂直绿化实验等。同时，作为活动宣传场所，在新区建设初期，为建设者和当地居民提供了专家学术交流、绿色理念传播、高端智力交流、公众绿色生活教育及体验等的公共空间和活动平台。

（3）伊邻苑❶

伊邻苑位于雄安新区容城县白塔村东侧，是深圳建科院在雄安新区"伊系列"实践的第三个绿色改造项目，以党群共建的方式整体改造了白塔村5套院落和1个厂房，共有近200名本地村民和新区居民、20多家高校和企事业共同参与了社区的共建活动。

伊邻苑改造项目定位为乡村微改造体验街区，全面开启五感社区的生活体验，包括活力共建工程活动、艺术活动、园艺活动和教育活动（图 4-2-22～图 4-2-25）。农田相邻的街巷墙绘是由海外艺术家与孩子共同绘制，地面的四季苗

改造前　　　　　　　　与当地村民合作改造　　　　　　　　改造后

图 4-2-22　伊邻苑活力共建·工程活动

---

❶ 本节图表除标明来源之外，其余均为深圳市建筑科学研究院股份有限公司提供。

改造前　　　　　　　与公众互动完成　　　　　　　改造后

图 4-2-23　伊邻苑活力共建·艺术活动

改造前　　　　　　　与当地村民合作改造　　　　　　改造后

图 4-2-24　伊邻苑活力共建·园艺活动

改造前　　　　　　　与公众互动完成　　　　　　　改造后

图 4-2-25　伊邻苑活力共建·教育活动

圃与废木处理后的有机覆盖物融为一体，树林子底下放置着各类用工地材料制作的城市家具，村民、孩子参与艺术家、美院高校驻地工作坊、活动；街巷旁的蜂窝墙有各个建设、赞助企业的寄语，蜂窝墙的空白处留下了村民、建设者、孩子感恩的留言。伊邻苑的改造体现了以企业与居民社区共建为核心的新社区邻里融合模式，以公共艺术融入社区文化，软化物理空间，温暖人心，创新城市活力。

（4）雄安设计中心

雄安设计中心是由既有厂区改造成的设计企业聚集区，为设计单位提供集中的办公场所与交流平台，目前入驻雄安设计中心的有中国建筑设计研究院、同济大学设计研究院等 31 家企业。

雄安设计中心位于容城县的西侧，改造区域用地面积约 1 万平方米，改扩建后总建筑面积 1.24 万平方米，包括设计中心（改造，原为澳森制衣工厂）、东配楼员工餐厅（改造）、东侧会议中心（扩建）和南侧零碳展示办公区（扩建）（图 4-2-26）。

图 4-2-26 雄安设计中心改造前后

以"绿色生长·活力社区"为设计主题，雄安设计中心采用"少拆除、多利用、快建造、低投入、高活力、可再生"的"微介入"式改造方式，分别从场地生态与景观、低能耗改造、结构与材料、倡导绿色行为四方面进行微改造，打造绿色生态、智慧共享的绿色社区，实现城市更新（图 4-2-27）。

图 4-2-27 设计中心绿色改造技术

2.2 乌鲁木齐市低碳生态城市建设实践[1]

低碳生态城市建设作为生态文明建设重要路径，也是生态环境问题治理的重要抓手。2020年3月3日，中共中央办公厅、国务院办公厅印发了《关于构建现代环境治理体系的指导意见》（以下简称"指导意见"），要求"以强化政府主导作用为关键，以深化企业主体作用为根本，以更好动员社会组织和公众共同参与为支撑，实现政府治理和社会调节、企业自治良性互动，完善体制机制，强化源头治理，形成工作合力，为推动生态环境根本好转、建设生态文明和美丽中国提供有力制度保障"。据此本节基于政府、企业、社会多元治理主体角度，介绍西部典型的绿洲城市——乌鲁木齐市，在低碳生态城市建设方面的实践案例。

2.2.1 基本概况

乌鲁木齐市是新疆维吾尔自治区（以下简称"新疆"）的首府，是其政治、经济和文化中心，是新欧亚大陆中国西段的桥头堡，被称为离海洋最远的城市；同时，也是新疆丝绸之路核心建设区的"核心"。乌鲁木齐市，位于亚欧大陆腹地，地处北天山北坡，准噶尔盆地南缘；全市面积按新区划调整后为13788平方千米，其中建成区面积458.36平方千米。乌鲁木齐属于中温带半干旱大陆性气候区，年平均气温7.4摄氏度，年降水量27.9毫米，年均日照时数232.7小时，煤炭、风能、光能等资源较为丰富，且品质较好、分布较为集中。

据统计[2]，2019年年末乌鲁木齐市常住人口355.2万人，地区生产总值3413.26亿元，三次产业结构为0.8∶26.6∶72.6。人均地区生产总值94813元，城镇居民人均可支配收入42667元。城镇生活垃圾无害化处理率达99%，"乌河分洪"工程正式投用，建成区污水处理率达99.2%、再生水回用率达21.5%。继续实施"树上山""水进城""地变绿""煤变气""天变蓝"项目，建成区绿化覆盖率41.9%，森林覆盖率15.3%[3]，全年优良天数277天，空气质量优良天数

---

[1] 黄淼（生态环境部援疆干部、乌鲁木齐市生态环境局副局长）；陈前利（新疆农业大学管理学院副教授、硕士生导师）；李军（乌鲁木齐市生态环境局高级工程师）；文小丽（新疆北燃乌热能源有限公司党群工作部部长、经济师）；宋姣姣（新疆北燃乌热能源有限公司党群工作部部长助理）；郭成银（新疆金风科技股份有限公司集团运营管理中心安全监察与环保部部长）；李维东（新疆生态学会副秘书长、研究员、李维东自然生态保护服务工作室负责人）；陈雨潇（百鸟汇志愿团队秘书长）；蒋可威（百鸟汇志愿队队长）；陈琳（新疆农业大学管理学院硕士研究生）。

[2] 乌鲁木齐市统计局. 2019年乌鲁木齐市国民经济和社会发展统计公报［EB/OL］.［2020-08-25］. http://www.xinjiang.gov.cn/xinjiang/xjyw/202006/d22a4bd999d3497f9fc30d7f63ac802e.shtml, 2020-04.

[3] 乌鲁木齐市统计局, 国家统计局乌鲁木齐调查队. 乌鲁木齐统计年鉴2019［M］. 北京：中国统计出版社, 2019.

占75.9%（图4-2-28）。

水磨沟公园小溪

植物园一角

柴窝堡湖国家湿地公园

新疆古生态园

图4-2-28 乌鲁木齐市生态景观（陈前利 摄）

早在2012年，乌鲁木齐市就成为国家第二批低碳试点城市；2014年还成功申报成为国家第三批节能减排财政政策综合示范城市。通过国家财政政策激励，较好地促进了乌鲁木齐市节能减排能力的提升；"十二五"期间单位GDP能耗、化学需氧量、氨氮、二氧化硫、氮氧化物下降率累计分别为13.68%、6.53%、6.63%、14.26%和13.41%，超额完成预期目标[1]。

然而，乌鲁木齐市经济的持续增长加大了能源需求，同时也形成了依靠能源消费来维持高速增长的路径依赖，重化工业结构依然明显，工业投资仍集中在高耗高污染企业[2]。据统计，2018年全年的能源生产总量1784万吨标准煤，能源消费总量3133万吨标准煤，全社会用电量366.4亿千瓦时，工业用电295.7亿千瓦时，城镇居民生活用电18.6亿千瓦时，供气总量（人工煤气、天然气）314661万立方米，其中居民家庭用量61152万立方米。

---

[1] 于红. 乌鲁木齐市节能减排财政政策综合示范城市建设成果与经验做法分析[J]. 节能，2018，37（12）：115-116.

[2] 乌鲁木齐市统计局. 2018年乌鲁木齐市国民经济运行情况报告[EB/OL]. [2020-08-25]. http: //www.urumqi.gov.cn/fjbm/tjj/tjsj/422703.htm, 2019-04.

2018年，全市规模以上工业综合能源消费量1948.53万吨标准煤，工业总产值单位能耗为0.86吨标准煤/万元，工业增加值单位能耗为2.78吨标准煤/万元❶。最近十几年来，规模以上工业企业能源消费中，原煤等传统能源消费维持较高的水平，各类能源消费情况见表4-2-1和表4-2-2。

乌鲁木齐市燃气各年度使用量❷　　　　　　　　　　　表4-2-1

指　　标	2014年	2015年	2016年	2017年	2018年
天然气					
供气总量（万立方米）	295702	277416	307847	306163	312908
家庭用量	36600	36000	41000	42000	59400
供气管道长度（千米）	4975	5478	5769	6022	6737
用气人口（万人）	288.35	291.93	292.47	275	268.87
集中供热					
热水供热能力（兆瓦）	13138	16553	19758	19837	19867
集中供热面积（万平方米）	9485	12088	15003	17073	17989
热水管道长度（千米）	2779	3149	6126	4508	4895

乌鲁木齐市规模以上工业企业能源消费量　　　　　　　表4-2-2

能源品种	2000年	2005年	2010年	2015年	2018年
原煤（万吨）	555.69	1084.19	1600.55	1676.40	2154.63
洗精煤（万吨）	57.31	144.48	407.48	377.72	237.77
其他洗煤（万吨）	5.31	10.20	6.82	3.95	107.45
焦炭（万吨）	58.08	118.65	308.57	223.37	283.86
焦炉煤气（万立方米）	20622.00	32937.00	99281.00	99083.00	80546.62
高炉煤气（万立方米）	24141.00	19768.00	944977.00	619157.00	752883.72
天然气（万立方米）	46283.00	102878.00	89172.00	216476.00	216258.34
原油（万吨）	346.49	445.26	535.29	747.82	636.78
汽油（吨）	17864.00	11540.00	13755.00	13463.00	12172.17
石油沥青（吨）	1978.00	20.00	384.00	55.00	5342.97
柴油（吨）	27537.00	37304.00	55000.00	32699.00	27165.22
润滑油（吨）		469711.00	140540.00	13258.00	487.15
液化石油气（吨）	38713.00	55235.00	94.00	195.00	162.72

---

❶ 乌鲁木齐市统计局，国家统计局乌鲁木齐调查队. 乌鲁木齐统计年鉴2019 [M]. 北京：中国统计出版社，2019.

❷ 同❶

续表

能源品种	2000年	2005年	2010年	2015年	2018年
炼厂干气（吨）	162292.00	187731.00	169309.00	179187.00	146004.00
其他石油制品（吨）	50231.00	52428.00	378344.00	511773.00	533709.03
热力（万百万千焦）	186.60	430.44	2083.36	1994.09	5277.28
电力（亿千瓦时）	39.95	63.86	134.58	222.45	279.02
其他能源		15758.00	21543.00	4940.00	510.43
能源合计（万吨标准煤）	1384.69	2047.52	3301.63	1610.25	1941.25

注：1. 数据来自历年"新疆统计年鉴"和《乌鲁木齐统计年鉴2014》；
　　2. 在"其他能源"中，2000—2015年为其他燃料，单位为吨标准煤；2018年为余热余压，单位为万百万千焦。

当前，乌鲁木齐市正围绕绿色发展理念，持续探索"生态＋"模式，不断努力延展"生态＋"效益，释放生态红利，打通绿水青山向金山银山转换通道；严禁引进"三高"（能耗高、污染物排放高、安全生产风险高）项目；着力推动实体经济绿色发展、低碳发展和循环发展；优化供热结构；集聚新型产业，打造绿色发展高地。继续坚决打好污染防治攻坚战，落实主体功能区规划，实行最严格的生态保护制度和空间用途管理制度，严守生态保护红线、环境质量底线、资源利用上线❶。绿色低碳城市建设，除了需要政府发挥积极主导作用，还需要企业和社会各界的共同努力。下面重点介绍地方政府职能部门在"三线一单"编制中的工作、能源企业在蓝天保卫战中的努力，以及环保公益组织在自然环境保护中的行动。

2.2.2　政府主导：编制"三线一单"

"指导意见"重点指出，在生态文明建设中要"以强化政府主导作用为关键"。"三线一单"编制成为新时代发挥政府主导作用的基本抓手和重要举措，为低碳生态城市建设提供总体"框架"，为之"保驾护航"。

（1）战略背景

为了进一步强化战略和规划环评的硬约束，促进高质量发展和绿色发展，2016年环境保护部印发《"十三五"环境影响评价改革实施方案》，确立了以生态保护红线、环境质量底线、资源利用上线和生态环境准入清单（以下简称"三线一单"）为主线，推进战略和规划环评落地的工作思路，力争实现以"三线"优化空间利用格局和开发强度，用"一单"规范开发建设行为，将生态环境保护

---

❶ 王媛媛. 让"绿色"成为首府的发展底色[EB/OL]. (2019-1-11) [2020-08-25]. http://epaper.xinjiangnet.com.cn/epaper/uniflows/html/2019/01/11/A08/A08_52.htm.

的规矩立在前面，推动形成节约资源和保护环境的空间布局、产业结构、生产生活方式❶。"三线一单"是推进生态环境保护精细化管理、强化国土空间环境管控、推进绿色发展高质量发展的一项重要工作。建立"三线一单"是解决我国当前突出环境问题的迫切需求，是提高我国生态环境保护管理水平的有效途径。确定"三线一单"体系，是深入贯彻习近平生态文明思想、贯彻落实全国生态环境保护大会精神及《中共中央 国务院关于全面加强生态环境保护 坚决打好污染防治攻坚战的意见》的重要举措。乌鲁木齐市作为新疆试点城市，于2019年在全疆先行开展区域空间生态环境影响评价"三线一单"工作。

（2）主要内容

乌鲁木齐市区域空间生态环境影响评价"三线一单"，以改善生态环境质量为核心，以生态保护红线、环境质量底线、资源利用上线为基础，系统分析辖区内国土空间的资源环境属性；以精细化管控为导向，将全市国土空间划分为若干环境管控单元，在一张图上落实生态保护、环境质量目标管理、资源利用管控要求，从空间布局约束、污染物排放管控、环境风险防控、资源开发效率等方面编制生态环境准入清单，以生态环境准入清单的方式落到各个环境管控单元，构建环境分区管控体系。通过划分环境管控单元，制定生态环境准入清单，把生态环境管控的要求落实到具体区域的管控单元，形成覆盖全市的生态环境分区管控体系，从而为推动新疆首府高质量发展提供绿色支撑。到2020年，乌鲁木齐市初步建立"三线一单"体系，实现成果共享共用，为形成以"三线一单"成果为基础的区域生态环境评价制度积极探索。

本次乌鲁木齐市"三线一单"编制的基准年为2017年，近期为2020年，中期2025年，远期规划年为2035年。国土空间覆盖全市域范围，包括乌鲁木齐县、天山区、沙依巴克区、高新区（新市区）、水磨沟区、经开区（头屯河区）、达坂城区、米东区（甘泉堡经济技术开发区），总面积13783.1平方千米。部分区域性问题分析，在乌昌石城市群、天山北坡经济带等更大空间尺度上开展。

目前划定的乌鲁木齐市环境管控单元共86个❷，其中：优先保护单元41个，占全市面积70%，优先保护以饮用水源保护为主的水源涵养和水土保持生态功能单元，以及生态功能重要区和生态环境敏感区。重点管控单元41个，占全市面积14%，重点解决大气环境污染与能源消费、水环境质量改善、强化农业面源污染防治、破解产业布局与环境格局不匹配等问题。一般管控单元共4个，占全市面积16%，主要为环境要素制约少、工业规模小、环境问题不突出，以农

---

❶ 生态环境部2018年8月3日对"十三届全国人大一次会议第7899号建议的答复"。
❷ 待乌鲁木齐市"三线一单"各环境要素和各类资源的管控分区内容修订和完善后，全市环境管控单元数量和面积还会有所调整。

业生产为主的管控单元。

乌鲁木齐市生态环境准入清单以本市环境问题为导向、与产业发展相结合、以法规要求为准绳，以更好服务于环境管理的总要求进行编制。在划定的综合管控单元基础上，梳理出全市环境管控单元涉及的属性类别（包括地理区位属性、保护地类别属性、地块类别属性等）和主体功能定位类别。以"三线"识别出的限制性、约束性因子为导向，找出重点环境问题，以国家、自治区、乌鲁木齐市、县（区）各级及行业的经济产业发展调控、生态环境保护管理要求等方面的政策和文件为依托，结合区域发展战略，分析战略和项目实施后可能给环境带来的压力及重大问题，在此基础上衔接地方经济社会发展、产业发展和生态环境保护等各类规划、计划、方案文件，根据条文内容归并到空间布局约束、污染物排放管控、环境风险防控、资源开发效率要求四个维度，编制形成准入清单数据库。

针对每一个环境管控单元的主要属性和主体功能定位，从清单数据库中选取相应条文，组合形成生态环境准入清单基本内容。对于优先保护单元，以生态环境保护优先为原则，严守城市生态环境底线，确保生态环境功能不降低。对于重点管控单元，既是产业发展承载区，也是环境污染治理和风险防范的重点区域。从加强污染物排放管控、环境风险防控和资源开发利用效率等方面，重点提出水、大气污染防治措施、建设项目禁入清单、土壤污染风险防控措施和治理修复要求、水资源、土地资源和能源利用控制要求等。对于一般管控单元，落实生态环境保护相关要求，重点加强农业、生活等领域污染治理。

（3）实践小结

乌鲁木齐市"三线一单"编制在深入分析全市生态环境状况、生态功能定位和区域经济社会发展特征、趋势的基础上，充分衔接了第二次全国污染源普查、国土空间规划和"十四五"各项规划的新近成果，确定了生态分区管控格局，提出了2025年和2035年大气、水环境质量底线、土壤环境污染风险管控底线和各类资源利用上线❶。在环境准入清单的编制中，既集成了国家、自治区现行法律法规标准以及"乌昌石"区域环境同防同治要求，又深入分析了"三线"识别出的限制性、约束性重点环境问题，突出因地制宜原则，针对不同类型环境管控单元的特点和保护需要，对每个单元逐一提出定量、定性的管控要求，形成具有针对性的生态环境准入清单。

乌鲁木齐市"三线一单"是指导乌鲁木齐市开展环境保护和生态建设的战略性、纲领性文件，定位为环境参与综合决策的基础性规划、环境参与"多规融合"的空间性规划、实施环境系统管理的综合性规划和指导城市环境治理的战略性规划。

---

❶ 大气、水环境质量底线、土壤环境污染风险管控底线和资源利用上线内容待有关部门审核批准。

2.2.3 企业主体：保卫碧水蓝天

"指导意见"强调，在生态文明建设中要"以深化企业主体作用为根本"。企业不仅是节能减排、环境治理的直接主体，同时在推进居民、社会节能减排和污染治理方面发挥着积极作用。2018年全市污水处理厂集中处理率98.73%，比2015年增加了14.5个百分点。2018年全市供气总量及其居民家庭用量分别比2015年增长了13%、62%。2019年全市继续实施"煤变气"项目，改造燃煤供热设施3033台、新增电采暖供热能力200兆瓦，供热能源结构更优化、更清洁❶。企业在能源供应、污水处理、"煤变气"等方面发挥了积极作用(图4-2-29)。

废弃的燃煤供热

现用的天然气供热

图4-2-29　小区供热设施（陈前利 摄）

新疆北燃乌热能源有限公司在"煤变气"方面做了努力❷。新疆金风科技股份有限公司秉承"为人类奉献碧水蓝天，给未来留下更多资源"的理念，在风电开发，水、大气等环境问题改善方面进行了探索❸。

（1）联合燃气与热力公司，建设燃气基础设施

中央新疆工作座谈会上明确要求，抓好乌鲁木齐等中心城市大气污染防治；环境保护部也将乌鲁木齐大气污染治理列入《国家环境保护"十二五"规划》。自治区环境保护"十三五"规划把全面实施大气污染防治行动计划、持续改善环境空气质量作为主要任务和重点工程。

在国家政策和自治区"气化南山"的号召下，经过北京援疆指挥部的协调，2013年4月，北京市燃气集团与新疆乌鲁木齐热力公司联手成立了新疆北燃乌热能源有限公司，在新疆乌鲁木齐县投资建设燃气基础设施，为城市郊区用户提

---

❶ 乌鲁木齐市统计局. 2019年乌鲁木齐市国民经济和社会发展统计公报［EB/OL］.［2020-08-25］. http://www.xinjiang.gov.cn/xinjiang/xjyw/202006/d22a4bd999d3497f9fc30d7f63ac802e.shtml, 2020-04.
❷ 文小丽，宋姣姣. 新疆北燃乌热能源有限公司——燃气工笔，雕刻碧水蓝天画卷. 2020, 6.
❸ 郭成银. 金风科技助力乌鲁木齐城市生态发展. 2020, 7.

供燃气服务。2014年11月，场站正式运营通气，结束了乌鲁木齐县无天然气的历史。在面对"煤改气"用户需集中建设、通气的情况下，采用管道气与LNG槽车供气两种方式结合的形式，即主管道覆盖区域及周边采用管道气输送，不具备管道敷设条件的区域或政府紧急要求通气、供暖，但管道还未敷设的村庄，采用LNG槽车供气，有效避免了因时间紧、任务重造成的供暖延迟，保障了2000多户居民、3个社区、1个部队的燃气供应（图4-2-30）。

入户宣传

施工现场

入户检修

图 4-2-30　现场工作照（宋姣姣 提供）

2015年，乌鲁木齐市"煤改气"工程获得住房和城乡建设部颁发的中国人居环境范例奖获奖。截至目前，共建设天然气门站及调压站8座，建设完成中高压天然气管线218千米，居民用户11681户，公服用户185户，煤改气采暖锅炉288整吨，惠及13个村镇4000余户居民。从燃煤供暖、天然气供暖到气电联动、气电互补、电采暖供热模式，乌鲁木齐能源消费结构发生重大变革，彻底改变了过去以燃煤为主的供热方式，促进节能减排，改善空气质量。

（2）开发风能和光能资源，提供更多清洁能源

丰富的风光资源，为乌鲁木齐市能源清洁化提供了良好的条件。不少相关企业在开发风光资源方面进行了积极努力（图4-2-31）。新疆金风科技股份有限公司（简称"金风科技"）在风力发电方面进行了长期的探索。在乌鲁木齐市政府的大力支持下，新疆风能有限责任公司于1988年建立了达坂城风电场，后续经金风科技持续扩大在达坂城风电场的装机规模；至今，达坂城风电厂装机容量已增长145倍，每年上网电量可达8亿千瓦时，相较于煤电厂发电减少消耗32万吨标准煤，减少温室气体排放80万吨，减排二氧化硫排放量约8000吨，氮氧化物约为3600吨。

金风科技的风力发电机组采用拥有自主知识产权的直驱永磁先进技术，相比传统技术路线，发电效率提高5%，更加有效利用风能。达坂城风电厂还承担着科研测试任务，先后完成国家"九五"重点科技攻关项目600kW国产风力发电机组研制任务，以及金风750kW、1.2MW、GW131/2.X、GW145/3.0D等机型的测试任务，提高了国家风电技术装备水平。

图 4-2-31 清洁能源生产
（a）盐湖附近风电厂；（b）达坂城风电厂；（c）达坂城光伏发电站；（d）风电与光伏发电
（图 a 陈前利 摄；图 b 郭成银 提供；图 c 宁静茹 摄❶；图 d 来自网络❷）

据了解，2018年上半年乌鲁木齐市风电和光伏发电量就达到 40 多亿千瓦时，但因为没有并网等因素，弃风、弃光率较高。为此，上海企业提出一个解决方案——将风光电转化为氢能，供燃料电池汽车使用；在 2018 科技援疆交流活动暨沪乌科技成果对接会上，新疆氢能与燃料电池汽车工程技术研究中心揭牌成立，上海企业将与新疆地方高校合作，推动一批制氢站和加氢站落户乌鲁木齐，为燃料电池公交车（图 4-2-32）和物流车供应清洁能源❸。

（3）政企合建污水处理厂，提高清洁用水效率

在乌鲁木齐市的纬十五路，金风科技与乌鲁木齐经济开发区合建了一座污水处理厂（图 4-2-33）。其日处理量 2 万吨，是乌鲁木齐市经济技术开发区第二处污水回用工程。采用先进的"预处理＋高效沉淀池＋曝气生物滤池＋转盘滤池"工艺，尾水再采用紫外消毒，出水水质可达到城镇污水处理厂污染物排放标准一级，处理后出水回用至经济技术开发区进行绿化，可减缓当地用水的压力。在满负荷运行条件下，该污水处理厂每年可输出 700 余万吨再生水，约减少排放 COD 3285 吨、BOD5 排放量 1752 吨/年、SS 排放量 2482 吨/年、NH4-N 排放量 292 吨/年、TN 排放量 32.85 吨/年。

---

❶ http：//xj.people.com.cn/n/2014/1017/c188514-22631162.html ［2020-08-25］.
❷ https：//www.shobserver.com/news/detail?id=100275 ［2020-08-25］.
❸ https：//www.shobserver.com/news/detail?id=100275 ［2020-08-25］.

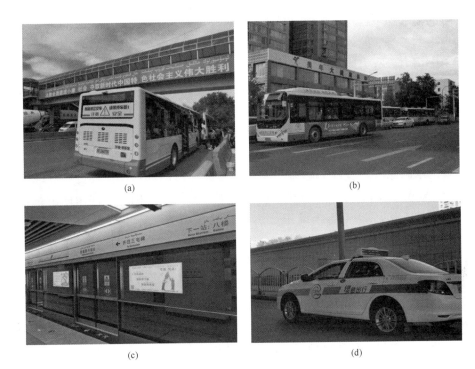

图 4-2-32 乌鲁木齐市的公共交通（陈前利 摄）

(a) 电动公交车；(b) 混合动力公交车；(c) 新开通的一号地铁；(d) 电动出租车

图 4-2-33 污水处理厂

（郭成银 提供）

2.2.4 社会参与：保护生态环境

"指导意见"还指出，在生态文明建设中要"以更好动员社会组织和公众共同参与为支撑"。良好生态环境是最普惠的民生福祉❶，因此随着公众对良好生

---

❶ 李干杰. 人民日报：守护良好生态环境这个最普惠的民生福祉［EB/OL］. （2019-06-03）［2020-08-25］. http://opinion.people.com.cn/n1/2019/0603/c1003-31116023.html.

态环境的需求越来越高，社会组织和公众对环境问题也越来越关注，在环境保护和治理中的参与意愿越来越强，其作用也越来越大。环保公益组织在其中做了积极的不懈努力，有力地促进了人与自然的和谐共生。本章重点介绍李维东自然生态保护服务工作室❶在一号冰川和乌鲁木齐河源保护、百鸟汇志愿团队❷在白鸟湖湿地保护中所做的努力。

(1) 天山一号冰川的保护

天山一号冰川对于乌鲁木齐市来说具有极其重要的生态价值，也是乌鲁木齐市重要的水源地。2006年，李维东筹建新疆关注西部环境民间促进会（绿色西域），在WWF、FFI和SEE等机构的支持下，开展了天山一号冰川区伊犁鼠兔栖息的保护工作，2014年李维东自然生态保护服务工作室（简称"工作室"）成立。

该工作室为保护中国天山特有动物伊犁鼠兔等濒危物种和乌鲁木齐母亲河等河源生态系统，从2006年起开展了以伊犁鼠兔栖息地保护为主要突破方向的乌鲁木齐河上游环境问题的调研。从伊犁鼠兔的保护着手，推动冰川和乌鲁木齐河源生态系统的保护（图4-2-34、图4-2-35）。将中国新疆天山特有濒危动物伊犁鼠兔作为区域明星物种和保护亮点，作为多方合作的战略方向，最终推动政府批准建立了天山一号冰川保护区域。2015－2016年，完成中国扶贫基金会的"拯救伊犁鼠兔行动"项目❸，从而实现了当年确定的伊犁鼠兔的各项保护目标，使

(a)   (b)

图4-2-34　天山一号冰川与伊犁鼠兔
(a) 天山一号冰川；(b) 伊犁鼠兔
（图a 热里夏提 摄；图b 李维东 摄）

---

❶ 李维东.新疆李维东自然生态保护服务工作室——坚持在一线，严守着生态环境底线.2020，6.
❷ 陈雨潇.百鸟汇：实现城市与生态、人与自然可持续发展的未来.2020，6.
❸ 2016年起，该工作室争取政府资源，推动政府层次的行动，建立了精河县伊犁鼠兔保护地。通过中国生物多样性与绿色发展基金会和腾讯公益完成近25万元的众筹资金，主要用于精河县伊犁鼠兔保护地天山精灵卫士的工作。

(a) (b)

图 4-2-35　天山一号冰川与乌鲁木齐河源保护
(a) 参与保护区规划；(b) 乌鲁木齐河源
(图 a 谢永平 摄；图 b 李维东 摄)

伊犁鼠兔被列为 IUCN 濒危级物种❶。2017—2019 年，在第二届"迈向生态文明 向环保先锋致敬"环保公益活动中，得到中华环保基金会、中国扶贫基金会等机构的项目支持。

放牧、旅游、蘑菇大棚、矿业开发、216 国道等对河源冰川区生态系统造成一系列的影响。工作室针对该问题，通过与各组织机构、新闻媒体及政协委员、民主党派的密切合作，经过十余年的努力和呼吁，终于引起了政府的重视。在环保督查和项目支持下，开始了区域的整改，从停止旅游、开矿、国道 216 改线到牧民搬迁和新疆环鹏公司大污染企业退出等。在各方努力下，为政府建言献策，通过企业机构重组，政府提供政策的方式推动了搬迁工作，彻底解决了后峡环鹏公司这一重污染企业对河源生态系统的影响，为野生动物保留了更大的生存空间，使乌鲁木齐市的居民喝上了更清洁的水（图 4-2-36、图 4-2-37）。

图 4-2-36　环鹏公司退出前的重污染
(李维东 摄)

---

❶ 2020 年 6 月 19 日，在国家林业和草原局、农业农村部联合发布的《国家重点保护野生动物名录》公开征求意见稿中，"伊犁鼠兔"拟被新增为国家重点保护野生动物名录，建议保护级别为二级。

第四篇　实践与探索

图 4-2-37　与当地牧民、养护工人共同探讨保护方案
(李淑华 摄)

(2) 白鸟湖生态环境保护

乌鲁木齐市白鸟湖湿地，原名石油泉子，位于乌鲁木齐市经开区（头屯河区），距乌鲁木齐市的中心直线距离 13.6 千米，湖面积近 1.5 平方千米，是本市西郊最大的有野生鸟类繁殖栖息的天然湿地。因白鸟湖湿地及周围地区有着充裕的食物，是本地区野生动物活动的主要区域，所以这里有着极其丰富的生物多样性和生态资源。在白鸟湖 170 种野生动物中，被列为国家一级重点保护动物的有 1 种、国家二级重点保护动物 22 种、被列入《国家保护的有益的或者有重要经济、科学研究价值的陆生野生动物名录》的有 125 种，国家保护动物占到白湖动物总数的 86.5%；新疆维吾尔自治区一级重点保护动物 7 种、新疆维吾尔自治区二级重点保护动物 24 种（图 4-2-38）。其中就有世界濒危物种白头硬尾鸭❶。

图 4-2-38　白鸟湖湿地的珍稀鸟类
(图片来源：百鸟汇志愿者团队)

2016 年，因为白鸟湖湿地没有围栏，很多车辆直接开进湖区，在山坡上越野、到湖边洗车，破坏湿地水体水质，导致山坡和岸边都是车辙印，被车轮压过

---

❶　2020 年 6 月 19 日，在国家林业和草原局、农业农村部联合发布的《国家重点保护野生动物名录》公开征求意见稿中，"白头硬尾鸭"拟被新增为国家重点保护野生动物名录，建议保护级别为一级。

的地方，很久没有植被生长。其空气污染、水体污染、土壤污染严重。2016年5月7日，白鸟湖湿地保护项目成立，主要目的是保护白鸟湖湿地及周边生态；由志愿者自发组建的百鸟汇志愿者巡护队也正式成立。巡护工作，降低环境胁迫，每天坚持守护这片湿地，除了劝离进入湿地的车辆、游人，同时还要负责捡拾市民游玩留下的大量垃圾。2017年募集资金，核心区防护围栏施工完成，白鸟湖巡护站落成。白鸟湖核心保护区粗具雏形。2017年，中国生物多样性保护与绿色发展基金会为白鸟湖颁发了"中华白头硬尾鸭保护地"，成为中国唯一的保护地（图4-2-39）。

图 4-2-39　白鸟湖湿地保护前后对比

（图片来源：百鸟汇志愿者团队）

2017年8月18日，自治区党委书记、新疆生产建设兵团党委第一书记、第一政委陈全国分别就中央环境保护督察组移交的"白鸟湖污水排放"转办问题作出批示（图4-2-40）。白鸟湖污染问题，是因为新建的污水处理厂活性污泥未培养好、不能达到处理标准，处理后的中水直接排入蓄水较少的白鸟湖，造成了湖水富氧化、形成了环境污染。接到转办件后，乌鲁木齐县立即制定了近期和远期两步走整改方案。近期通过变更消毒方式、采用处理能力充沛的活性泥、停排中水改为拉运、打捞绿藻和浮游生物等方式进行3天至15天整改；远期将对污水处理厂排放方案进行重新设计，制定实施白鸟湖荒山绿化等生态修复方案❶。

---

❶ 张雷．陈全国督办中央环保督察组移交新疆的转办问题［EB/OL］．(2017-08-20)［2020-08-25］．http://news.cnr.cn/native/city/20170820/t20170820_523909100.shtml．

第四篇　实践与探索

(a)

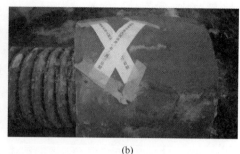
(b)

图 4-2-40　白鸟湖湿地污水排放
（a）排污管排污；（b）排污管被封
（图片来源：百鸟汇志愿者团队）

在各方努力下，白鸟湖湿地从无人管理、无人问津、游人肆意、盗猎猖獗、环境胁迫、水体污染的危急情况，逐渐转变为目前的核心区隔离、生态修复、常态化巡护、环保宣传推广、反盗猎、污染检测与监督、拉动周边企业社区支持、与政府部门协同配合的良性循环。百鸟汇志愿者团汇聚起来的生态环境保护志愿者社群，逐渐成长为致力于生态环境保护、物种多样性保护、环境教育的行动者和民间力量；陆续发起了湿地保护项目、白头硬尾鸭保护网络项目、试点学校环境教育项目、青少年家庭及公众环境教育项目等（图 4-2-41）。作为长期活跃于本地的生态保护团队，2019—2020 年连续两年荣获生态环境部颁发的"全国百

图 4-2-41　百鸟汇走进校园
（图片来源：百鸟汇志愿者团队）

名最美生态环保志愿者"奖项❶❷；2019年被乌鲁木齐市生态环境局授予"先锋环保志愿者团队"称号。

2.2.5 结语

低碳生态城市建设是乌鲁木齐市生态文明建设和生态环境保护的重要路径，这是生态环境治理体系和治理能力现代化的内在要求，也是必经之路，需要不同治理主体的共同参与。通过梳理乌鲁木齐市政府部门"三线一单"的编制工作，相关企业在碧水蓝天保卫战中的实践，相关公益环保组织在天山一号冰川、乌鲁木齐河源以及白鸟湖湿地生态环境保护中的努力，我们发现：首先，乌鲁木齐市的大气污染等环境问题有所改善，但低碳生态城市建设依然任重道远。其次，在其建设过程中，地方政府发挥了积极的主导作用，企业发挥了切实的主体作用，而环保公益组织的积极参与对生态环境保护起到了良好的作用，尤其充分利用政府和社会的支持，实现了良好的宣传和监督作用。其三，除了每个治理主体自身的努力外，还需要各个主体协同治理，才能取得更好的治理效果。值得一提的是，乌鲁木齐市低碳生态城市建设，既离不开本地人和相关机构、组织的努力，也离不开全国各地援疆人员、友人、相关机构和组织的支持。

---

❶ 生态环境部宣传教育中心，"美丽中国，我是行动者"系列丛书编写组. 爱在山河 人间值得：2019年最美生态环保志愿者人物档案［M］. 北京：中国环境出版集团，2020.

❷ http://www.mee.gov.cn/ywdt/hjywnews/202006/t20200605_782952.shtml［2020-08-25］.

3 国内外绿色生态城市实践比较
3 Comparison of Green Eco-City Practice at Home and Abroad

3.1 LEED 城市与社区❶

从古至今,以城市为核心的集中式的发展带来了较高的经济效益,提升了人类的物质与文化生活的质量,但也使得人类更加远离自然,城市成为人类改造自然最彻底的地方。人类为了追求自身发展,对自然资源过度地干扰、汲取与占用,这种不合理、不可持续的发展模式,使得人类的生存与发展开始面临越来越多的挑战,包括日益严峻的全球气候变化、能源与资源短缺、生态系统的恶化与破坏,以及一系列伴随而来的城市病,如市政基础设施老化、交通拥堵、城市热岛效应、公共卫生与健康问题、住房供应、经济与社会发展的不平等问题。

无论是直接或间接的影响,正是人类缺乏对于自然的敬畏之心,人类的活动不断突破地球的承载能力,打破了原有生态系统的平衡,造成了全球气候发生不可逆转的变化,导致这一系列灾难发生。

那么,如何通过绿色发展的理念与科技手段提升城市可持续发展水平,降低人类活动对环境的影响,变得至关重要。全球的城市领导者开始意识到需要通过绿色建筑、绿色基础设施建设以及城市物联网等新基础设施的搭建,实现传统城市向生态智慧生态城市的转变。

2019年4月2日,美国绿色建筑委员会(USGBC)正式发布了 LEED v4.1 系列标准,其中包含了 LEED 城市与社区标准体系(图4-3-1)。LEED 城市与社区是全球领先的规划、建设与评估城区发展的工具,旨在促进城市可持续发展与提升人居环境品质,为城市实现联合国可持续发展目标提供技术路径。❷

3.1.1 LEED 城市与社区标准体系

LEED 城市与社区标准体系的编制过程融合了 LEED Building、LEED ND、

---

❶ 何凌昊,美国绿色建筑委员会/绿色事业认证机构,E-mail:linghao.he@outlook.com。
❷ https://new.usgbc.org/leed-v41#cities-and-communities [2020-08-25]。

图 4-3-1　关注城市/社区发展全生命周期的 LEED 标准体系

LEED Transit，STAR Communities，PEER，SITES，TRUE，RELi，ParkSmart 等标准的技术要点，并结合了美国绿色建筑委员会全球 160 多个城市与社区项目的合作经验，是美国绿色建筑委员会集大成的标准体系。

其中 STAR Communities 的前身是在 2007 年由 ICLEI-Local Governments for Sustainability 倡导地区可持续发展国际理事会、USGBC 美国绿色建筑委员会与 Center for American Progress 美国城市发展中心在克林顿全球倡议的计划下编制的 Green City Index，同年在芝加哥 Greenbuild 国际峰会上发布了 STAR Community Index。该计划的目标是通过统一的框架体系促进美国城镇的可持续发展。随着 STAR Community 计划及其管理机构在 2018 年 6 月正式并入美国绿色建筑委员会 LEED 城市与社区项目，原先由 STAR Community 认证的城市也加入到了 LEED 城市的网络中。STAR Communities 的框架内容，它包含了建成区环境、气候与能源、经济与就业、教育 & 艺术与社区发展、健康与安全、自然系统等板块，并细分为 45 项条款、500 多项具体的评估指标。❶

全球城市由于其所处的地理位置、自然资源禀赋、经济与社会发展阶段、人文环境以及国家体制与政策的差异，各个城市面临着不同的发展机遇和挑战，也相应的有着不同的发展目标。LEED 城市与社区标准体系旨在通过一个统一、全面的可持续发展评估的框架，为全球城市提供评估方法和解决方案，从而打造更加安全、健康、包容、智慧、高效、公平、韧性、可持续的城市与社区。

LEED 城市与社区项目涵盖了项目发展的全生命周期，包含了新建与既有这两个不同的体系。从项目的规划、设计，到施工建设阶段都可以使用针对新建类

---

❶　http://www.starcommunities.org/about/our-story/［2020-08-25］.

项目的标准体系，而对于既有的城区，可以使用针对既有项目的标准体系来指导项目的运营和管理，并使用数据平台（Arc）对项目动态发展的数据进行持续监测，提升既有城区的环境品质。此外，根据项目申请对象的差异，该标准体系细分为LEED城市与LEED社区两套标准，LEED城市主要适用的申请对象为城市地方政府或具有行政管辖权的部门（如管委会），而LEED社区主要适用于城市中的区域，如街道、商务区、混合功能区、产业园、居住区等❶。LEED城市与社区标准体系包括7个主要板块，分别是：综合过程、自然系统与生态、交通与土地利用、用水效率、能源与碳排放、材料与资源、生活品质，以及创新与因地制宜的加分板块。

　　LEED城市与社区标准体系可以帮助参与的项目系统地梳理、整合并评估项目的总体规划与各个子系统（自然生态、土地利用、交通、能源、水、废弃物、经济与社会等）专项规划的内容，制定可持续发展路径包括设立目标、制定政策、行动措施与实施方案，和通过平台展示城市可持续发展的成果，并与全球其他项目对比评估结果、交流实践经验。此外，LEED城市与社区还强调通过数据驱动支持城市发展决策，同时基于LEED城市框架下的其他子系统的可持续发展工具与全球最佳实践经验，为项目提供策略引导和技术路径（图4-3-2），从而更有效地实现城市可持续发展目标，例如：应对全球气候变化、打造海绵城市、提升城市韧性、促进经济繁荣与提升人居生活品质等。

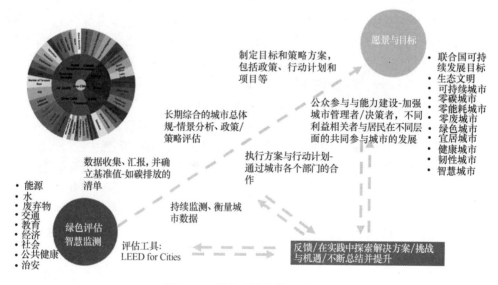

图4-3-2　城市可持续发展路径图

---

❶　https://new.usgbc.org/leed-for-cities［2020-08-25］．

截至 2020 年 6 月，全球范围一共有 180 多个参与的城市与社区项目，超过 110 个城市与社区获得了认证❶。有来自北美洲、欧洲、亚洲等 15 个国家的城市与社区参与其中，包括：美国的华盛顿哥伦比亚特区、凤凰城、芝加哥市、亚特兰大市、剑桥市，意大利的萨沃诺，印度的苏特拉，日本的札幌市，阿联酋迪拜市，还有北京的大兴国际机场临空经济区、张家口崇礼太子城小镇（北京 2022 冬奥会赛场之一）等项目。

3.1.2　LEED 城市与社区国际案例

（1）华盛顿哥伦比亚特区：引领美国清洁能源转型

2017 年 8 月，华盛顿特区以 85 分的高分，成为全球首个获得 LEED 城市铂金级认证的城市。通过参与 LEED 城市认证，华盛顿特区将继续致力于实现以下目标：增强城市对气候变化的适应性，推进清洁能源创新，促进人与自然和谐发展，并提升城市的经济繁荣与宜居水平。

美国联邦政府于 2019 年 11 月正式启动退出《巴黎协定》的程序，幸而由于美国的政治体制的特点，全美各州和地方的各级政府仍在自行制定其应对气候变化与能源转型的行动计划，继续努力履行《巴黎协定》提出的减排目标。美国的首府华盛顿哥伦比亚特区一直以来都是全美践行气候变化行动与能源转型的领头羊。在 21 世纪初，华盛顿特区政府就认识到气候变化是全人类共同面对的挑战，并且特区本身也持续遭遇气候变化所带来的种种影响。2015 年，华盛顿特区政府自主确立了温室气体减排目标，即到 2032 年，温室气体排放量比 2006 年的水平减少 50%。

为了实现这一目标，华盛顿特区需进行深远和迅速的能源革命，包括提升全市范围的建筑与住房能效、减少能源消费、转向使用更多的清洁与可再生能源，提供更多低碳绿色的交通出行选择等。长期以来，华盛顿特区能源与环境部作为牵头部门采取了积极行动，制定了包括"气候应对计划（Climate Ready DC）""清洁能源计划（Clean Energy DC）"以及"可持续发展计划（Sustainable DC）"等行动计划。

华盛顿特区历年温室气体排放清单数据表明，华盛顿特区的 2050 年碳中和目标（图 4-3-3）正在实现。2017 年全市温室气体排放总量相比于 2006 年基准值降低了约 28%，全年人均温室气体排放量仅为 7.1 $MtCO_2e$（二氧化碳当量）。其中，建筑占全市温室气体排放总量的 73%，是最主要的排放来源（图 4-3-4）。此外，交通排放占 23%，废弃物产生的排放占 4%。而其中电力产生的排放占

---

❶　https：//www.usgbc.org/articles/leed-cities-and-communities-around-world-february-2020［2020-08-25］.

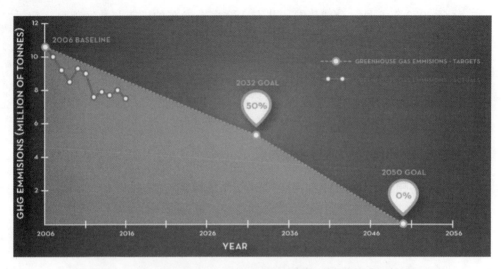

图 4-3-3　华盛顿哥伦比亚特区全市范围温室气体排放总量与目标
（图片来源：华盛顿特区能源与环境部❶）

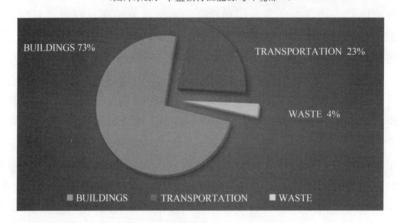

图 4-3-4　华盛顿哥伦比亚特区 2017 年温室气体各部门排放占比
（图片来源：华盛顿特区能源与环境部）

54%，汽油燃料占 19%，天然气占 18%❷。

华盛顿特区历年温室气体排放总量不断降低的主要驱动力包括：

① 更清洁的能源系统

能源系统的转型是驱动华盛顿排放量降低的最主要因素，贡献了约 70% 的

---

❶ Department of Energy and Environment. Washington DC Greenhouse Gas Inventory 2006-2016 [R/OL]. [2020-08-25]. https：//doee.dc.gov/service/greenhouse-gas-inventories.

❷ Department of Energy and Environment. Washington DC Greenhouse Gas Inventory 2017 [R/OL]. [2020-08-25]. https：//doee.dc.gov/service/greenhouse-gas-inventories.

减排量（图 4-3-5）。通过提升天然气、太阳能与风电等清洁能源的供电比例、增强交通系统电气化水平，逐渐改变原先以化石燃料供能为主的能源系统。2018 年 12 月，特区通过了可再生能源法案加强可再生能源配额制（Renewable Portfolio Standard），即到 2032 年全市范围可再生能源供电的比例应达到 100%。截至 2017 年，全市已安装 33.8 兆瓦时容量的太阳能发电系统，并且为低收入家庭开设了社区太阳能光伏项目，目标是到 2032 年通过光伏发电减除其 50%的电费账单。此外，华盛顿特区的能源系统也在进行优化升级，鼓励更多社区尺度的分布式能源包括微电网的应用，并发展智能电网、支持用电需求响应。

MAJOR DRIVERS OF EMISSIONS CHANGE 2006 TO 2016	% OF EMISSIONS REDUCTIONS SINCE 2006**
Greening the Electrical Grid	70%
Reduced Non-Residential Energy Consumption	28%
Increased Vehicle Fuel Economy	14%
DC Sustainable Energy Utility Programs	5%
Decreased Per Capita VMT	5%
Warmer Summer	-15%
Floor Area Growth	-13%
Colder Winter	-7%

Factors reducing emissions

Factors increasing emissions

** Cumulative reductions exceed 100% because the combined weather impacts of a colder winter and warmer summer would have increased emissions 21% over the 2006 baseline if not for these factors.

图 4-3-5 华盛顿特区 2006—2016 年温室气体排放降低的主要驱动因素

（图片来源：华盛顿特区能源与环境部）

② 持续提升的建筑能效

华盛顿特区是全美首个通过绿色建筑法案（Green Building Act of 2006）的城市（图 4-3-6），该法案要求全球所有的公共与商业建筑都需获得绿色建筑认证，如 LEED 和 Energy Star。因此，华盛顿特区成为全美 LEED 认证项目人均

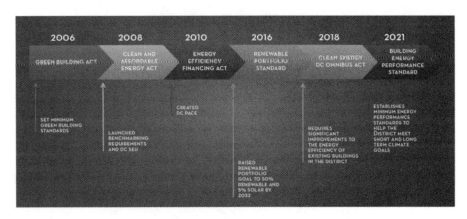

图 4-3-6 华盛顿特区主要绿色建筑政策与法规的制定

（图片来源：华盛顿特区能源与环境部）

数量和面积最多的城市。此外，从 2014 年起，政府就强制要求全市所有建筑面积大于 5 万平方英尺的住宅和商业建筑，以及面积大于 1 万平方英尺的公共建筑公开披露其能耗与水耗数据，通过能耗基准对比，持续提升建筑能效水平。

③ 提升汽车燃油经济效率

汽车燃油经济效率的提升依赖于汽车工业技术的进步和国家燃油经济标准的提高。华盛顿特区在提升汽车燃油效率的同时，还执行了尾气排放标准。

④ 改善交通出行方式

华盛顿特区通过改善城市公共交通系统，降低市民出行对小汽车的依赖，从而将人均交通出行里程数（VMT）相比于 2006 年降低了 8%。美国人口普查社区调查统计数据表明，2016 年全市上班通勤公共交通出行分担率达到了 37%，步行和自行车分别占 13% 和 5%，约 36% 的家庭没有小汽车。最后，华盛顿还在积极发展电动车与共享单车，推动低碳绿色交通的发展❶。

(2) 亚利桑那州凤凰城：应对水资源短缺的挑战

亚利桑那州凤凰城是美国的西南部亚利桑那州的州府（图 4-3-7），建立于 1881 年，常住人口超过 150 万人，是全美人口第五大的城市。凤凰城作为首批参与 LEED 城市认证的城市，于 2017 年获得了铂金级认证。

图 4-3-7　亚利桑那州凤凰城

凤凰城位于沙漠地区，常年气候干燥，是一个水资源相对匮乏的城市。科罗拉多河是凤凰城水资源的主要来源，然而该河流经常处于干旱状态。为了更好地应对全球气候变化带来的挑战以及地理因素带来的常年干燥缺水的困境，实现为市民提供终年不间断、清洁与安全的供水的目标，凤凰城制定了长期的水资源发展计划。包括：

① 制定《水资源管理计划》等一系列法案与计划

通过分析城市未来几十年可能面临的风险和潜在挑战，展开了一系列针对水

---

❶ Department of Energy and Environment. Washington DC Greenhouse Gas Inventory 2006-2016 [R/OL]．[2020-08-25]．https：//doee.dc.gov/service/greenhouse-gas-inventories．

资源紧缺的行动措施，例如投资数百万美元扩充城市周边科罗拉多流域的盐河与佛得河（Salt and Verde Rivers）上水库的储水量，这使得凤凰城拥有收集和回用大量雨水的能力。凤凰城从 1980 年就制定了《地下水管理法案》，凤凰城对地下水的净贡献为正值，仅使用了科罗拉多河分配水量的 2/3，将其他 1/3 用于地下水的补给。此外，全市 98％的市政供水仅使用可再生的地表水，89％的污水通过处理实现循环利用，用于农田灌溉、发电、湿地修复和地下水回补。凤凰城还拥有高效的供水管网泄漏修复工程，为全市 540 平方英里的供水范围、7000 英里以上的输水管道提供监测与维护。

② 打造城市湿地

凤凰城通过打造占地 480 英亩的人造湿地 Tres Rios（图 4-3-8），将污水处理厂的二级污水排放到人造湿地中，湿地自然净化为凤凰城节约了 3 亿美元的污水处理设备费用，这项举措不仅带来了经济效益，还为城市创造了良好的生态环境和生物栖息地。同时，凤凰城还将污水厂处理过程中产生的沼气用于发电。

图 4-3-8　凤凰城城市湿地

③ 进行公众教育

凤凰城水务部门在 2015 年发起了面向居民和企业的公众节水教育项目（图 4-3-9），目的是让人民更好了解城市严峻的水资源匮乏的问题，并普及节水知识与方法。这个项目每年为居民提供免费的景观灌溉与种植的讨论会，为学校、机构和企业提供免费的节水教育课程等，积极地鼓励居民将节水行为作为一种生活方式和城市文化，去参与这种沙漠中的生存方式 "desert lifestyle"❶。

---

❶　Phoenix water smart brochure. https：//www.phoenix.gov/waterservicesite/Documents/Phoenix-WaterSmart_Brochure.pdf［2020-08-25］.

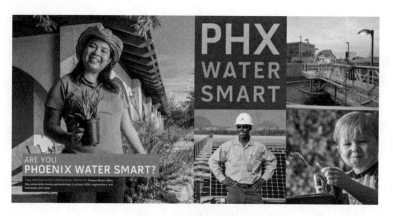

图 4-3-9　凤凰城节约用水宣传

④ 建立韧性基金

凤凰城建立了 600 万美元/年的科罗拉多河韧性基金，该基金使该市可以与当地自来水公司合作共享水井，并将该市未使用的科罗拉多河水存储在地下补给设施中。此外，凤凰城还与图森市合作建立了创新性的"凤凰城－图森市水资源共享计划"：凤凰城可以将部分其未使用的科罗拉多水储蓄在图森市，在未来科罗拉多河干旱期，凤凰城可将储存的水供给图森市。反之，图森市可储蓄等量的水在凤凰城，在缺水时作为交换供给凤凰城市民。这个项目旨在提升两座城市抵御水资源短缺的能力。❶

通过这一系列的措施，在过去的 20 年间，凤凰城在节水与水资源的循环利用方面成效显著，在全市总人口增加了 36 万的同时，全市人均水资源消耗比 1996 年的高峰下降了 34%。

(3) 马萨诸塞州剑桥市：绿色基础设施与城市空间更新

剑桥市位于马萨诸塞州波士顿都市圈（图 4-3-10），与波士顿隔着查尔斯河相望，是世界著名学府哈佛大学、麻省理工学院的所在地，被认为是全美领先的宜居、人文的城市。剑桥市作为早日获得 STAR 社区五星级认证的城市，2018 年 STAR 社区并入 USGBC 之后，剑桥市通过再认证正式加入了 LEED 城市的大家庭。

剑桥市在城市雨水管理与绿色街道改造方面的工作，对增强城市韧性、提升城市宜居性和居民生活品质，发挥了重要作用。

① 绿色基础设施

20 世纪 60 年代，剑桥市依畔的查尔斯河还是一条重度污染，散发着恶臭的

---

❶ City of Phoenix Water Resource Plan. https：//www.phoenix.gov/waterservices/resourceconservation/yourwater/water-resources-information/water-resource-plan［2020-08-25］.

图 4-3-10　马萨诸塞州剑桥市

河流，无数的死鱼和城市垃圾漂浮在水面。人们意识到环境的恶化对自身健康的危害，成立了查尔斯河流域协会，通过政府与民间组织多年的共同努力，终于恢复了查尔斯河的水生态环境（图 4-3-11），并且从 1995 年之后，剑桥市持续地对河流水质进行监测，并向公众汇报。在协会的倡议下，剑桥市还开展了"蓝色城市计划"，通过城市绿色基础设施与绿色廊道的整合设计，将汇流入查尔斯河及其支流的雨水进行自然净化，同时增强居民区与城市自然环境的联系❶。

图 4-3-11　查尔斯河今昔的对比

---

❶　Blue Cities，Charles River Watershed Association. https：//www.crwa.org/blue-cities.html [2020-08-25]．

从 2003 年开始，剑桥市又制定了更完善的对市区内的自然资源的保护计划并开始实施，不断增加了城市的绿色空间与湿地，目前全市 38% 以上的空间都被绿色基础设施所覆盖（图 4-3-12）。

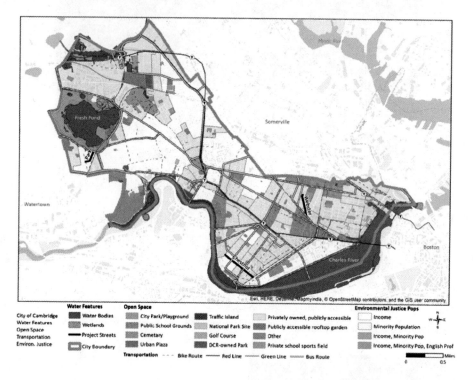

图 4-3-12　剑桥市水系、开放空间、交通路网与环境正义区

（图片来源：Design dispersed, small-scale green infrastructure systems, Charles River Watershed Association）

② 绿色街道设计

查尔斯河流域协会（CRWA）在与剑桥市市政及环保部门的合作下，开展了绿色街道设计计划，该计划分别从流域、城市及社区层面对城市重点街道要素现状开展分析，包括土壤条件、地形、开放空间、自行车道、人行步道、雨污混合区、既有排水管道等，并充分借鉴了 LEED ND 与 SITES 标准体系中对于低影响开发与绿色基础设施的相关要求，制定了详细的绿色街道设计方案（图 4-3-13）。通过分析明确不同区域适合增加的绿色基础设施类型，如下沉式绿地、雨水花园或人造湿地，为城市的绿色街道更新提供了重要指导❶。

---

❶ Cambridge Green Streets Guidance Project. https：//www.cambridgema.gov/~/media/Files/CDD/Transportation/JointCommittee/2018/CRWA51418PedBikeTrafficMtg.pdf? la=en［2020-08-25］.

3 国内外绿色生态城市实践比较

图 4-3-13　剑桥市绿色街道设计

（4）迪拜：气候适应型的韧性城市

迪拜，作为阿联酋人口最多的城市，是中东地区的经济和金融中心，同时也是世界主要客运及货运的枢纽。由于地理位置条件所限，迪拜的气候环境较为恶劣，炎热少雨，常年气温高达 45 摄氏度以上，年平均降水量不到 100 毫米且蒸发量大。这导致城市的可利用水资源极其匮乏，而沙尘暴等自然灾害更是频发。这些自然资源和气候条件已成为迪拜实现城市可持续发展的瓶颈❶。

为提升城市气候适应性与可持续发展的水平，迪拜正按照清晰的愿景和目标去实现可持续发展，积极地探索城市资源消费与经济发展模式的转型。2016 年，迪拜正式加入了 C40 城市项目，与全球 100 多个城市共同努力，制定并实施应对气候变化的计划，从而实现将全球变暖控制在 1.5 摄氏度的目标。2019 年 4 月，迪拜获得了 LEED 城市铂金级认证，成为阿拉伯地区以及中东和北非地区第一个获得此认证的城市（图 4-3-14）。

图 4-3-14　探索可持续发展之路的迪拜
（图片来源：Thrillophilia）

❶　https://en.wikipedia.org/wiki/Dubai［2020-08-25］.

① 创新可再生能源解决方案

通过推行可再生能源和清洁能源试点项目以及创新的解决方案，改善城市能源、水资源消费以及空气质量的情况。在迪拜的《碳减排战略（Carbon Abatement Strategy）》中，明确了截至 2021 年相比于基准年将减少 16% 碳排放的目标，同时城市的能源需求侧管理策略中也制定了截止到 2030 年减少 30% 能源与水资源消耗量的目标。此外，迪拜正在实验性地开发一个净零能耗项目"可持续的城市（The Sustainable City）"（图 4-3-15）。

图 4-3-15　一个"中央绿色脊柱"沿着迪拜可持续发展城市中心延伸

（图片来源：Newsatlas）

② 海水淡化及废水循环处理

在水资源利用方面，迪拜通过科技实现海水淡化及废水循环处理，作为居民生活用水和工业生产用水的主要来源，以逐渐恢复该地区地下含水层水质及蓄水容量。

③ 智慧城市项目

迪拜致力于推动创新的技术和解决方案，加速智慧城市项目的落地，在医疗保健、政府管理、城市治安等诸多领域中运用最新的智能科技，从而打造一座迎向未来的气候适应型的智慧城市❶。

(5) 日本札幌：地震中成长的宜居城市

札幌市是日本北海道的首府，是日本最北端岛屿的政治、经济和文化中心，也是以雪景著名的旅游城市。2020 年的 1 月 21 日，札幌以截至目前全球既有城市中的最高分 87 分，正式获得了 LEED 城市铂金级认证。在全面推进经济、环境与社会的均衡发展，实现联合国可持续发展目标方面，其成就并非一日之功。

---

❶ https://www.emirates247.com/news/emirates/dubai-receives-platinum-rating-in-leed-for-cities-2019-04-18-1.682659［2020-08-25］.

3 国内外绿色生态城市实践比较

① 应对频发自然灾害的城市"韧性"

2018年9月6日,北海道发生里氏6.7级强震,且余震不断,是北海道地区有史以来最强烈的地震。受强震和台风带来的多日强降雨双重影响,震中区域发生大规模滑坡和泥石流,导致大量民宅被山体掩埋,造成严重人员伤亡(41人遇难,600余人受伤),北海道境内大规模断电、停水、交通受损,也中断了人们的正常生活节奏(图4-3-16、图4-3-17)❶。

图4-3-16 日本北海道地震后造成的山体滑坡
(图片来源:straitstimes❷)

图4-3-17 北海道札幌,一辆汽车被困在被地震破坏的道路上
(图片来源:straitstimes❸)

---

❶ https://en.wikipedia.org/wiki/2018_Hokkaido_Eastern_Iburi_earthquake[2020-08-25].
❷ https://www.straitstimes.com/multimedia/photos/in-pictures-hokkaido-earthquake[2020-08-25].
❸ https://www.straitstimes.com/multimedia/photos/in-pictures-hokkaido-earthquake[2020-08-25].

然而，日本在应对灾难的处理方式及灾后的城市恢复运转的效率令人惊叹。在日本各级政府的努力下，震后第二天北海道地区已开设447处避难所，收容了11900名避难者。在地震发生后几天内，札幌市长秋元克广向札幌市市民发送了寄语，除了表达了对于在地震中遇难的人们的悼念和对受灾地区的居民的诚挚慰问，寄语中还公布了电力、供水的恢复状况，发布了地震期间生活支援指南以及多国语言札幌防灾手册，为仍过着避难生活的市民提供综合性的支援信息。同时，详细说明了札幌市的交通系统、医院、学校、呼叫中心等运行状况，为市民提供第一时间的资讯。9月12日起，市内所有学校复课，9月19日全市的交通工具包括地铁、巴士、电车以及机场快速线恢复正常运行，主要的医疗机关也恢复了正常诊疗，商业、酒店等也都陆续恢复运行。

总之，地震灾害对札幌市的生产、生活影响时间较短，震后社会秩序井然；公众应对灾害行为成熟，政府组织应急救援规范，部门发布和媒体报道信息及时、专业、权威。这得益于日本对建筑物、构筑物和设施的高水准抗震设防、社会公众的防灾减灾教育与演练、灾后信息的及时专业权威发布和灾前、灾时、灾后依法有序规范的灾害风险管理机制等一系列的预防和应对措施，展现出了城市的良好"韧性"。

② "无核电"能源政策

在能源方面，受福岛1号核电站泄漏事故影响下，札幌市推行了"无核电"能源政策，这要求札幌构建一个以低碳与低影响开发为主导的城市发展模式。札幌计划在2022年实现相比于2010基准年降低15%的燃气用能与10%的电力用能，可再生能源的发电量将从1.5亿千瓦时增加至6亿千瓦时，分布式能源发电量从1.7亿千瓦时增加至4亿千瓦时，从而逐步替代核能发电量。2018年，札幌市人均温室气体排放量为5.83吨/年。

③ 集约型城市计划

在废弃物管理方面，札幌市于2008年推行了"集约型城市计划（Slim City Sapporo Plan）"，该计划要求全市执行严格的垃圾回收和分类标准，成功地帮助札幌市有效降低了废弃物的排放量，2016年全市废弃物排放总量为591000吨，相比于2008年降低了80%，而人均废弃物排放量仅为0.3吨/（人·日），垃圾回收率从2008年的16%提升至28%。

④ 经济与社会发展

在经济与社会发展方面，札幌市政府2019年发布的城市发展数据报告显示，诸多LEED城市的评估指标都表现突出，包括：城市在公共健康与居民福祉的财政支出比例高达38.8%；受到本科及以上的高等教育的人口比例为46.7%；居民平均寿命男性为81.14岁，女性为87.04岁；失业率仅为5.44%；犯罪率基本为零❶。

此外，为应对札幌市现今面临的主要经济与社会问题，例如持续下降的人口出生率和不断增加的老龄化人口（图4-3-18）、缓慢发展的经济状况，札幌市制定了新的城市发展战略计划，为了更好地适应札幌市经济与社会结构的转变，提升居民生活品质与健康水平❷。

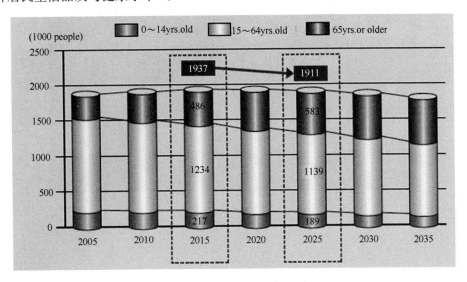

图4-3-18 札幌市人口变化趋势

（图片来源：City of Sapporo，National Census by the Ministry of Internal Affairs and Communication）

⑤ 可持续发展：促进目标实现的伙伴关系

早在2008年，札幌市便下决心要建设成为"Eco-Capital Sapporo"，通过促进建筑与工业节能、大力推广可再生能源、资源循环利用等措施减缓全球变暖，从而实现构建环境友好、生态城市的目标。2018年6月，日本政府将札幌市选为"SDGs Future City"，以鼓励和促进札幌市通过一系列的措施实现其SDGs可持续发展目标。1959年起，札幌市与美国波特兰市就已经结为姐妹城市，波特兰也已获得LEED城市认证。两个姐妹城市相继实现绿色转型，也充分体现了SDG 17——促进目标实现的伙伴关系。

（6）印度苏拉特：在鼠疫席卷后"重生"的城市

2018年，苏拉特成为印度首个获得LEED城市铂金级认证的城市（图4-3-19）。苏拉特市是印度的西部古吉拉特邦的港口城市，拥有530多万人口，占地326平

---

❶ https：//www.city.sapporo.jp/city/chinese/documents/plan_english.pdf［2020-08-25］.

❷ Sapporo City Development Strategic Vision 2013-2022. https：//www.city.sapporo.jp/city/chinese/documents/vision-gaiyo_all_en.pdf［2020-08-25］.

第四篇 实践与探索

图 4-3-19 苏拉特
（图片来源：Flickr）

方千米，是印度第八大城市。苏特拉在 20 世纪 90 年代爆发了印度的一起全国性传染病疫情——苏拉特鼠疫❶❷。

1994 年印度象神节的第二天，苏拉特市的医院不断有人出现高烧不退、咳嗽、昏厥等症状，仅 1～2 天就从几人发展到上百人。9 月 20 日，第一名患者在医院死亡，48 小时内又有 20 多位病人死亡。从 9 月 22 到 25 日约有 30 多万人逃离了苏拉特市（图 4-3-20），学校停课、工厂停工、公共服务场所关门停业，部分地区甚至饮水和食物供应中断。留在城里的市民也惶恐不安，各种抗菌药物、口罩被抢购一空，全市医疗系统崩溃。一时间，整座城市陷入混乱，逃出的市民更是将鼠疫扩散到了印度 7 个邦和首都新德里。最终苏拉特的实际死亡病例为 56 例，印度向世界卫生组织报告了 693 例疑似鼠疫病例❸。

据分析，苏拉特鼠疫爆发并非偶然，当地生态系统的失衡导致老鼠数量增加、鼠疫爆发前的地震让更多携带病菌的野鼠迁移至村镇，以及 1994 年全球气候异常——北半球长时间的高温和炎热天气是点燃这次瘟疫的导火索。而苏拉特市当时恶

---

❶ 鼠疫又被称为"国际头号传染病"，在《中华人民共和国传染病防治法》中，鼠疫是甲类传染病 1，它的流行情况和危害程度远超 SARS（乙类传染病）。感染鼠疫的人通常在 1～7 天潜伏期后出现症状，且它的致死率极高，患者若无法得到早期治疗，病死率甚至可达 100%。由于鼠疫病毒可以通过空气中的飞沫在人际传播，所以鼠疫传染性极强，曾导致三次世界性大流行，造成数千万人死亡。

❷ https://www.who.int/zh/news-room/fact-sheets/detail/plague［2020-08-25］.

❸ https://en.wikipedia.org/wiki/1994_plague_in_India［2020-08-25］.

图 4-3-20　1994 年 9 月 25 日，戴着面巾的苏拉特市民排队购买出城的火车票
（图片来源：网络）

劣的城市卫生条件更是为鼠疫主要宿主之一的褐家鼠的繁殖提供了温床❶。

从瘟疫中恢复过来的苏拉特市痛定思痛，对城市公共卫生状况进行了彻底的整治。例如之前城市废弃物和污水的处理能力只能满足实际需求的 50%，通过环境整治、基础设施的不断完善，苏拉特城市的清洁供水覆盖率达到 94%，废弃物与污水处理系统覆盖率也超过了 90%。如今，苏拉特被誉为"太阳城"，已经成为印度第四清洁城市。苏拉特在城市可持续发展方面的诸多领域的表现，都在印度全国范围内发挥着引领作用。

① 提升可再生能源应用比例

在能源方面，苏拉特的人均温室气体排放仅为 4.06 吨/年，远小于国外大部分城市的消耗水平。这归功于苏拉特采取的一系列的措施，如采用 ESCO 模型、智慧电网、用电需求响应以及不断增加太阳能光伏、风力和生物质燃料发电等可再生能源的应用比例，减少了全市 10% 的能源消费总量。

② 水资源审计和漏水监测

在水资源利用方面，苏拉特为全市居民提供了优质的清洁供水，并通过水资源审计和漏水监测来有效管理用水，减少了 15% 的水资源损失。它还处理了数百万加仑的废水，以满足工业和园林绿化的用水需求。

③ 固体废弃物管理

在城市的固体废弃物管理方面，苏拉特积极地通过堆肥、生物甲烷化和利用废弃物转化为燃料等方式，目标是实现从城市的垃圾填埋场转移 80% 的固体废弃物。当前全市人均固体废弃物排放量为 0.33 吨/(人·日)。

---

❶　俞东征. 震惊世界的苏拉特鼠疫流行及其教训 [J]. 疾病监测，1995，10（4）：104-106.

④ 经济与社会发展

在经济发展方面，苏拉特在人均住房投入仅占收入的16%，并且由于城市经济的复苏与互联网相关产业的蓬勃发展，苏拉特的城市失业率仅为0.29%。经济的发展同时带动了城市的教育、医疗与治安水平的提升❶。

⑤ 韧性城市战略

此外，苏拉特还参与了印度"智慧城市使命（Smart City Mission）"项目，在参与的100个城市中排名第四；同时苏拉特还采用了与ACCRN，SMC和TARU合作开发的韧性城市战略，通过这些举措，苏拉特积极探索韧性城市道路。

3.1.3 LEED城市与社区中国案例

3.1.3.1 北京大兴国际机场临空经济区：智慧生态新城建设

2019年9月，以北京新航城控股有限公司为申报主体进行申报的北京大兴国际机场临空经济区（北京部分）获得全国首个LEED for Cities铂金级认证，同时也是全球首个LEED for Cities规划设计类项目（图4-3-21）。

图4-3-21 北京大兴国际机场临空经济区

北京大兴国际机场选址北京市大兴区与河北省廊坊市交界处，定位为辐射全球的大型国际航空枢纽，与北京首都机场共同承担京津冀地区国内国际航空运输业务。大兴国际机场距首都国际机场约67千米，距雄安新区约65千米，距天津滨海机场约85千米，基本位于北京市区、雄安新区、天津市区的中心位置。新机场建成后将成为全球最大的航空枢纽之一，预计到2025年旅客吞吐量达7200万人次，货邮吞吐量达200万吨。新机场将成为首都的重大标志性工程，是国家发展一个新的动力源。

北京大兴国际机场临空经济区（北京部分）依托于新机场，规划用地面积约

---

❶ https://gbci.org/surat-indias-first-leed-cities-certified-city［2020-08-25］.

50平方千米，包括东、西两个片区。北京大兴国际机场的规划建设发展，为临空经济区聚集高端临空产业、吸引优质人才提供了根本保障。同时，在政策导向方面，临空经济区作为北京市南部的规划新区，毗邻河北省，是实施京津冀协同发展、疏解非首都核心功能等重大战略、政策的重要平台。国家发展改革委印发的《北京新机场临空经济区（2016—2020年）规划》明确提出临空区具有三大战略定位：京津冀协同发展示范区、国际交往中心功能承载区、国家航空科技创新引领区。

① 整合设计与综合指标体系

临空经济区为了对项目整体进行更系统化的全生命周期的管控，根据自身现状与发展目标的评估、分析，通过多专业领域的融合与研讨，制定了一套针对临空经济区发展的综合指标体系。这套指标体系涵盖了四大领域：产业与科技、资源与环境、信息与交通、社会与人文，包含14个重点目标，以及49个二级指标，包括单位GDP能耗、研发投入强度、绿色建筑比例、绿化覆盖率、公共场所免费WIFI覆盖率、绿色出行比例、年国际交流活动举办次数等（图4-3-22）。

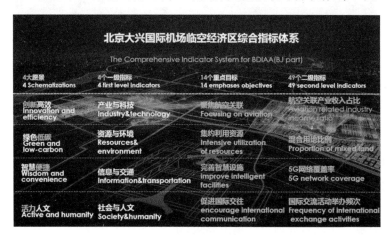

图4-3-22　临空经济区综合指标体系

② 大力发展绿色建筑

临空区明确了其绿色建筑的发展目标。根据北京市政策，2013年后，全市所有的新建建筑（无论开发主体或运营主体是否为政府部门）都必须是绿色建筑。而临空区提出了更高的目标，临空区控制性详细规划中提出，在100%绿色建筑的基础上，至少90%都是二星级或三星级绿色建筑（按照北京市《绿色建筑评价标准》DB11/T 825—2015，绿色建筑等级由低到高依次为一星级、二星级、三星级）。

目前临空区已经详细规划了不同性质用地的绿色建筑星级目标，如居住建筑至少达到二星级，大型政府办公类、商业类项目至少达到三星级，开发建设过程会严格落实这些目标要求。

此外，为保障征地拆迁工作的品质，临空经济区规划建设北京市首个绿色建筑二星标准安置房（图4-3-23）。按照绿色、低碳、智慧、便捷的理念，按照绿色建筑二星级标准，规划建成136栋、195万平方米的安置房。一站式手续办理工作方式的创新，"以民为本，服务优先，平稳回迁"的工作原则，使得1万余套房仅用15天便回迁完毕，并且确保百姓按期回迁、放心回迁、满意回迁。

图4-3-23　临空经济区榆垡组团安置房项目

③ 生态环境保护与修复

临空经济区重点从降低建设活动对农业用地和粮食生产的影响、保护区域内水生生态系统这两个方面制订了新区的自然资源保护和修复计划，并参照国家和北京市相关政策法规对规划设计提出要求。

临空经济区将所有建设用地都严格控制在基本农田保护红线范围外，杜绝对基本农田占用。对于受到开发建设影响的周边农田，在临空区建设过程中参照《北京市实施〈中华人民共和国土地管理法〉办法》，采取下列保护和补偿措施降低建设活动的影响：

◆ 对于因土方工程而被占用的普通农田，在施工前需剥离表层土壤（约20cm）储存或运至其他区域用于农田或绿化覆土；

◆ 对于受工程影响的项目周边农田，将依据有关政策及规定进行合理补偿；

◆ 施工期间，严格控制施工时间和施工范围，减少对周围地区农民农业生产和生活的影响。

临空经济区的建设区域远离海岸线或沿海地区，且为区域内的河道和水体划定了城市蓝线和 30 米的滨水绿化带。在临空区总体规划中明确其建设开发满足 50～100 年一遇的防洪标准，满足《防洪标准》GB 50201—2014 对同等规模城市的防洪要求。

临空经济区按照《北京市河湖保护管理条例》要求，运用生态、自然的方法对区域内水生态系统进行保护和修复。通过划定水域保护空间、丰富生物种类、改造生态岸线等，提高临空区内水生动植物物种多样性，为河流湿地、水体等构建完整的水生态系统。例如：在河道蓝线外控制一定宽度的滨水绿化带，设置湿塘、湿地、植被缓冲带、生物滞留设施、调蓄设施等低影响开发设施。结合河道淹没空间进行景观营造及植物搭配，植物选择大兴区常见的本地植物（图 4-3-24）。

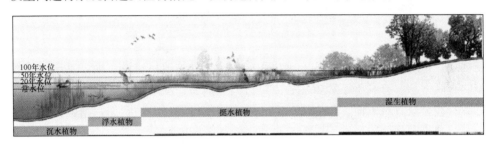

图 4-3-24　滨水绿化带植被剖面图

④ 分布式能源与可再生能源利用

临空经济区开展了能源专项规划，充分考虑了分布式能源的综合利用，包括以再生水源热泵、地源热泵、综合能源站、街区式锅炉房为主的四大类供热供冷片区。另外，在公共管理与公共服务设施、商业、物流仓储等用地类型的建筑屋顶以及公交场站、轨道交通场站、公用停车场、公交枢纽、货运枢纽等基础设施区域规划建设分布式光伏发电系统，新建居住建筑以及宾馆、酒店、学校、医院、游泳馆等有生活热水需求并满足安装条件的新建公共建筑规划配建太阳能热水系统。由于北京属于太阳能较丰富的地区，若充分利用屋顶、停车场、公交站、电动汽车充电站等区域，临空经济区光伏铺设面积可达 403 万 m^2，占新区总用地面积的 18%，分布式光伏装机容量可达 573MW，年发电量约为 5.7276 亿 kWh，约占临空经济区用电比重的 11%。

⑤ 规划建设一体化信息平台

临空经济区致力于打造区域的"规－建－管"一体化信息平台（图 4-3-25），基于 GIS、BIM、物联网等技术，对项目范围内的规划建设活动进行全生命周期的数据管理，以协助行政决策，服务招商活动，配合公众宣贯。

具体而言，该规划建设信息平台能够集成区域的规划方案、项目设计方案、工程建设信息等各类数据后进行分析，在宏观规划层面，有利于衔接不同的规划设计方案，优化项目的开发建设时序，动态监测规划的实施情况，提高政府在编

图 4-3-25　临空经济区规划建设一体化信息平台

制规划、拟定行动计划方面的宏观决策能力；在具体项目建设层面，基于三维模型的直观展示，有利于工程参建各方进行高效沟通，制定统筹的可行的工程实施方案；在公众宣贯方面，以生动的方式展示城市规划建设的状态，增强公众对城市规划建设工作的参与感。

目前，临空经济区的规划建设信息平台已经投入使用，新区的规划方案（基于 GIS）、重点项目信息与数据（基于 BIM）均已上传至平台，可进行三维显示，并且在征求不同平台用户的使用反馈，还将继续优化❶。

3.1.3.2　张家口：中国城市能源转型探索

张家口是一座拥有 440 万人口的中等城市，位于河北省西北部，毗邻北京市，是我国华北地区风能和太阳能资源最丰富的地区之一（图 4-3-26）。风能资源

图 4-3-26　张家口丰富的可再生资源

---

❶　北京大兴临空经济区 LEED 城市申报材料。

可开发量超过 4000 万千瓦，太阳能发电可开发量超过 3000 万千瓦。由于得天独厚的资源禀赋与区位优势，2015 年，中国国务院批准张家口市为全国首个国家级可再生能源示范区。2019 年 10 月，张家口崇礼太子城小镇获得 LEED 城市：规划与设计铂金级预认证，这也是全球第一个获此殊荣的文旅项目。

根据 2015 年国家发展改革委印发的《河北省张家口市可再生能源示范区发展规划》，对张家口未来可再生能源发展提出了目标：到 2020 年，可再生能源消费量占终端能源消费总量比例达到 30%，55% 的电力消费来自可再生能源，全部城市公共交通、40% 的城镇居民生活用能、50% 的商业及公共建筑用能来自可再生能源，40% 的工业企业实现零碳排放。到 2030 年，可再生能源消费量占终端能源消费总量比例达到 50%，80% 的电力消费来自可再生能源，全部城镇公共交通、城乡居民生活用能、商业及公共建筑用能来自可再生能源，全部工业企业实现零碳排放，实现可再生能源经济社会领域全覆盖❶。

近几十年来，这座城市一直秉承着生态和自然资源保护优先的经济发展原则，并不断加大可再生能源的部署。2018 年，张家口市可再生能源发电装机容量达到 13.45GW，占全市总装机容量的 73%，其中风力发电装机容量达到 8.72GW，太阳光伏发电容量接近 3GW，可再生能源发电量占总发电量的 45%。

在张家口市风力与太阳能发电分区分布图中，"低碳奥运"是一个关键词。在 2015 年北京被选为 2022 年冬奥会的主办城市后，张家口的崇礼区也被选为冬奥会赛事的主办场地之一，支持北京 2022 绿色低碳冬奥会的目标。

建设中的崇礼太子城小镇，将在 2022 年承担北京冬奥会的赛时保障工作。这座小镇除了着眼"冰雪和冬奥"，更关注"四季和可持续发展"。它的七项独特的设计理念是小镇实现低碳、生态与人文发展的关键。

绿色施工：整个项目在建设过程中秉承绿色低碳发展的原则，通过装配式施工（图 4-3-27），预制构件的使用可减少材料浪费，同时降低施工对环境的影响。

景观设计：小镇因地制宜地运用了其独特的中国北方山地风貌，景观种植优先选择适应性较强的本地植物，使项目景观与山体和森林融为一体。

气候适应：崇礼独特的山地气候冬季寒冷、夏季凉爽。崇礼太子城小镇依托此特点，为游客营造室内外活动空间，夏季可户外活动消夏纳凉，冬季可室内活动抵御严寒。

场地适应：崇礼太子城小镇地处山谷河道的低地势地区，在施工进程中政府及专家针对防洪、抗震、风环境反复论证，确保赛后也可以作为奥运遗产、历史经典传承下去。

---

❶ 河北省张家口市可再生能源示范区发展规划. http://hbdrc.hebei.gov.cn/common/ueditor/jsp/upload/20170731/79791501491416488.pdf［2020-08-25］.

图 4-3-27　绿色施工－装配式建筑

公共交通导向：崇礼太子城小镇拥有优秀的公共交通系统，京张高铁可直通北京和崇礼太子城小镇，为人们提供快速便利的通勤方式。

慢行系统：小镇以空中龙桥、景观湖、有轨电车等设施为依托，打造了慢行系统和立体交通。有轨电车也有效降低了区域的交通碳排放。

小镇生活：在崇礼太子城小镇（图 4-3-28），人们可以享受到冰雪节、电音节等全家全时全季的度假新场景，这增加了小镇可利用频次，从实用角度做到"可持续"。❶

图 4-3-28　崇礼太子城小镇

根据国际可再生能源署（IRENA）发布的《张家口能源转型战略 2050》报告，电气化和电解制氢是张家口市实现 2050 年低碳未来目标的两条重要技术途径。此外，区域电网和储能系统的发展也必不可少。然而，只依赖能源技术创新

---

❶　"太子城小镇·建筑志"七项特性 让太子城与众不同. https://mp.weixin.qq.com/s/JHx7Bv79J3qAEtPR_gQAgw[2020-08-25].

是不够的，能源系统战略的规划以及相关政策与市场机制的创新将对张家口的能源转型发挥巨大的作用。张家口市作为中国可再生能源示范区，在探索中国低碳发展及能源转型的机制和路径上，其经验与教训对全国城市有着重要借鉴意义❶。

3.1.4 实践比较与总结

城市是各类要素高度聚集的空间，是一个复杂的系统，大型城市尤其如此。每个城市面临的挑战和发展处境也不尽相同。对于用四十年走完了西方国家近百年才完成的城市化道路的中国而言，我们面临着更严峻的人口、资源与环境问题的挑战。

通过上述案例，我们可以看到不同国家及地区的城市发展都面临着各自不同的挑战和机遇，如何从系统化的角度思考问题、充分认识复杂城市系统之间的关系，从而诊断城市发展的症结成为关键。只有这样，才能因地制宜地制定合理的发展目标和规划方案，并建立起完善的制度和机制。

选择合适的方法与工具，也能够有效帮助我们制定具体的行动方案与措施。LEED 城市与社区标准体系强调通过系统性的顶层设计与整体规划，并通过促进城市多方利益相关者的交流与协作，为全球城市与社区在可持续、公平性与韧性发展提供了一款有效的推进与转化工具，也为中国的城市发展提供了一个不同的视角，具有一定参考与借鉴意义。

3.2 中德低碳城市实践对比研究——以埃森和厦门为例❷

作为对有效控制城市温室气体排放、低碳转型和寻找符合自身发展状况的城市发展模式探索，低碳城市的理念和模式在过去十多年来逐渐成为相关领域广泛研究的焦点。推进低碳城市的全面建设，是履行《巴黎协议》国际承诺，实现国家经济低碳运行和低碳社会的基础。中国和德国作为新兴发展中国家和发达工业化国家，对能源需求的持续增长均导致了较高的温室气体排放量，但两国也是推动巴黎气候协定和完成控制减排目标的重要承诺国，低碳城市建设与能源转型是两国实现 2030 全球可持续发展目标的重要举措和必经之路❸。尽管中德低碳城市

---

❶ International Renewable Energy Agency, Zhangjiakou Energy Transition Strategy 2050. https://www.irena.org/-/media/Files/IRENA/Agency/Publication/2019/Nov/IRENA_Zhangjiakou_2050_roadmap_2050.pdf [2020-08-25].

❷ 高莉洁，中国科学院城市环境研究所，博士，助理研究员，E-mail: ljgao@iue.ac.cn；冯运双，中国科学院城市环境研究所，硕士，研究生，E-mail: ysfeng@iue.ac.cn；石龙宇，中国科学院城市环境研究所，博士，研究员，E-mail: lyshi@iue.ac.cn；J·Alexander Schmidt, 德国杜伊斯堡—埃森大学城市规划与城市设计研究所，博士，教授，E-mail: alexander.schmidt@uni-due.de.

❸ 德国国际合作机构（GIZ）. 德国气候治理-聚焦北莱茵威斯特法伦州 [M]. 德国联邦环境、自然保护、建筑与核安全部（BMUB）. 北京：德国国际合作机构（GIZ），2014.

是发生在不同社会－技术背景下的尝试和实践，通过二者的比较研究，有益于探索城市低碳发展的共性问题，研究不同社会经济技术背景下的驱动因素、应对策略和响应方式，进一步了解国际社会低碳城市实践成功的关键要素，有益于促进其理念发展，同时对于中国的低碳城市发展具有很好的借鉴意义。

本研究采用比较方法研究了中德低碳相关试点城市（德国埃森、中国厦门），以研究其发展策略、框架、政策和技术等，试图理清中国和欧洲不同社会－技术系统下的低碳城市创建模式，具有一定的普适和借鉴意义。

3.2.1 德国和中国低碳城市建设缘起

3.2.1.1 德国低碳转型背景

作为推动欧盟承诺减排的核心成员国之一，德国是20世纪90年代欧盟积极参与一系列国际气候谈判，设定逐步减排目标的重要力量，也成为1997年京都议定书下欧盟实现减排承诺的关键[1]。早在1990年，德国联邦政府就制定了第一个国家层面的二氧化碳减排计划，并确定了初步的减排目标，这为当时欧盟委员会计划将2000年的温室气体排放量稳定在1990年水平的目标奠定了关键性的基础。此后，气候保护一直是德国政治的重要组成部分（表4-3-1）。

德国低碳城市建设标志性举措　　表4-3-1

时间节点	标志性事件
2002	公布了至2020年温室气体排放总量比1990年水平减少40%的国家减排目标
2005	加入欧盟温室气体排放交易体系EU ETS，主要减排目标集中在电力部门和能源密集型工业
2007	通过的综合能源和气候保护计划(IEKP)，针对EU ETS之外的额外减排措施如扩大可再生能源和热电联产规模，提高能效，进行建筑节能改造和可持续交通发展
2008	德国联邦环境、自然保护、建筑及核安全部(BMUB)发动了"气候倡议"(Climate Initiative)，为地方政府和公共机构在设计和实施地方气候保护措施的过程中提供支持
2010	推出了能源方案长期计划，确定2050年扩大可再生能源，并以立法的机制保障率先开展能源转型国策，包括可再生能源法(EEG)、促进热电联产(KWK)法、建筑节能法(EnEV)以及生态税法案等
2014	制定了2020国家气候行动计划
2016	制定了2050国家气候行动计划

3.2.1.2 中国低碳转型背景

在中国，应对气候变化的政府行动起步较晚，相应于国际气候变化谈判进程

---

[1] Hatch M T. The Europeanization of German Climate Change Policy. Prepared for the EUSA Tenth Biennial International Conference，Montreal，Canada，2007.

的时间节点逐步推进。2004年，我国发布气候变化初始国家信息通报和温室气体排放清单，标志着开始重视推进气候政策目标的推进。开展低碳试点工作，是我国积极应对气候变化的另一项重大举措。2008年后，中国政府或相关部门和管理机构开始针对城市的低碳和生态启动了各类试验性试点举措（表4-3-2），可分为两种主要模式：政府主导试点和国际合作实践。早期低碳城市实践在主流研究中强调较多的是社会技术学习过程。随着国外先进科学技术的涌入，始于2000年左右的国际合作实践成为许多生态和低碳城市倡议的关键方式❶。

中国低碳城市建设标志性举措　　　　　表4-3-2

形式	时间节点	标志性事件
政府主导试点	2008	国家建设部与世界自然基金（WWF）将上海和保定两市列为低碳城市试点城市
	2011	发布《国务院关于印发"十二五"控制温室气体排放工作方案的通知》
	2010、2012	国家发展改革委先后两批在6个省和36个城市组织开展低碳省区和城市试点
	2014	确定2030年达峰目标
	2014	国家发展改革委发布《开展低碳社区试点工作的通知》并组织编制《低碳社区试点建设指南》。根据指南，试点社区应确定实施主体及创建流程，编制工作方案，围绕低碳社区规划、建设、运营管理及低碳生活等方面，明确提出控制温室气体排放的工作目标、进度安排、基本要求和保障措施
	2017	对35个低碳城市试点提出到2025年底提前达到峰值排放的目标❷
国际合作实践	2008	中新天津生态城
	2010—2012	无锡中瑞低碳生态城
	2011	中荷深圳低碳生态城（Eco-2-Zone）
	2013—2017	中欧生态城市联盟（EC-LINK）

3.2.2 比较框架与数据来源

3.2.2.1 对比城市

埃森市位于德国西部鲁尔区的中心地带，是北莱茵-威斯特法伦州（简称北威州）的一个非县辖城市。截至2016年12月31日，总人口为583084人，城市

---

❶ De J M, Yu C, Chen X T, et al. Developing robust organizational frameworks for Sino-foreign eco-cities: comparing Sino-Dutch Shenzhen Low Carbon City with other initiatives [J]. Journal of Cleaner Production, 2013 (57): 209-220.

❷ NEASPEC. Twenty-first Senior Officials Meeting (SOM) of NEASPEC, Review of Programme Planning and Implementation: Low Carbon Cities. UN Economic and Social Commission for Asia and the Pacific. http://www.neaspec.org/sites/default/files/4.%20SOM21%20LCC_1.pdf[2018-02-13].

面积 210.34 平方千米，2011 年国民生产总值即达到 238 亿欧元。北威州作为德国人口第一大州，也是工业和经济重地，消耗全国近四分之一的终端总能耗，温室气体排放量约占全国三分之一，电力生产占全国总量近 30%❶。埃森作为人口稠密的主要城市，位于 Ruhrgebiet 市郊，极易受到气候影响，极端事件增加了风险。同时，传统煤炭和钢铁的重工业经济转型使得埃森市将气候保护视为经济发展转型的契机。很早以来埃森就是 2008 年欧洲市长盟约以及市长适应倡议的成员之一，作为德国联邦教育研究部（BMBF）节能城市的五项获奖项目之一，埃森当地政府支持并通过了"缓解和适应"的双重战略，追求综合、可持续和气候友好型城市发展。埃森市在 2009 年就建立了"综合能源与气候概念总体规划（IEKK）"，其行动计划中包含了 2020 年前需完成的 160 余项措施并给予资源保障。2017 年埃森市被评选为"欧洲绿色首都"，其城市实践案例在全欧洲推广❷。

厦门市地处福建省东南端，陆地面积 1699.39 平方千米，常住人口 401 万人（2017 年），海域面积 390 多平方千米，以滨海平原、台地和丘陵为主，属于亚热带海洋性季风气候。然而，厦门淡水资源匮乏，城市日常用水 80% 取自九龙江。1980 年批复设立经济特区后，厦门是首批全国文明城市，是国内知名的生态城市、宜居城市和花园城市。生态文明先行示范区。在 2010 年 8 月由国家发展改革委确立为国家第一批五省八市低碳试点城市之一。厦门市根据相关要求，编制了低碳发展规划并纳入到"十二五"规划中，制定支持低碳绿色发展的配套政策，加快建立以低碳排放为特征的产业体系，建立温室气体排放数据统计和管理体系，积极倡导低碳绿色生活方式和消费模式，并在建筑、工业、交通等方面开展了卓有成效的减排工作，比如鼓浪屿低碳社区、集美循环经济产业园、空中自行车道等。跟国内的一些城市作比较，厦门市的碳排放生产水平处于比较领先的地位❸。

本研究所比较的这两个城市都是各自国家低碳和生态城市发展模式的先行者和示范地区，已在低碳的道路上发展了十多年，追溯和检验他们的发展策略和治理路径，有利于揭示城市低碳转型的不同路径。

3.2.2.2 数据来源

本研究收集和分析了埃森市和厦门市的低碳城市实践相关数据，其中，埃森的数据主要来自政府网站、相关研究报告、欧洲绿色首都评选网站以及项目内部报告；厦门市的数据主要来自政府公开网站、相关研究资料、参考文献以及社会调研。

---

❶ https：//opendata.essen.de/ ［2020-08-25］.
❷ https：//ec.europa.eu/environment/europeangreencapital/ ［2020-08-25］.
❸ http：//news.xmnn.cn/xmnn/2016/04/12/100032017.shtml ［2020-08-25］.

3.2.2.3 分析比较框架

低碳城市作为一种可持续的实践，被认为是"治理实验"，因此，它包括了机构的核心概念、决策过程、机制、网络和利益相关者等❶。随着低碳城市的关注点逐渐从理论研究转向符合需求的应用实践，相关研究认为涉及了几个关键步骤，包括编制温室气体排放清单和温室气体驱动因素分析、根据减排潜力和成本建立温室气体减少目标、设计实施相关行动计划、KPI评估指标以衡量进度并优化❷。2010年国家发展改革委在五省八市开展低碳建设的试点行动中主要提出了五大方面的内容，包括制定地方低碳计划、通过政策支持低碳发展、建立低排放特征的工业系统、建立温室气体排放的统计和管理系统以及建立低碳生活方式和消费模式。综合来看，可以概括为目标、任务和支持政策三大要求。其中，温室气体排放核算和通过驱动因素分析主要碳排放部门是达成温室气体减排目标的基础，也是可定量化、可考核的关键；涉及关键部门的任务和行动计划能够推动和促进低碳城市的规划策略和社会管理，低碳转型的关键部门主要有能源、建筑、交通、工业等；支持措施是有效执行低碳城市计划的关键组成部分，在发改委开展的低碳试点中，包括了行政、计划和法律、财务和税收、市场、科学研究和其他措施。其中，行政手段方面包括了咨询小组、绩效评估体系、温室气体排放统计、核查与管理、能源审核和标签、低碳工业园区企业要求等；计划和法律包括特别规划、规章条例、优惠政策（土地、财政、采购政策）；财务和税收包括低碳基金、财政奖励、财政资助、消费税、能源价格；市场包括清洁发展机制、能源和碳交易市场、产业技术交易中心；科学研究包括低碳研究中心、低碳服务中心、人才引进；其他措施包括信息披露、国际合作、公众意识和促进。因此本研究也选用此标准衡量比较埃森与厦门市。

由于目前并没有一致认可的低碳城市概念以及清晰的KPI评估体系，为了追溯和检验中德两个城市的低碳发展策略和质量，揭示城市低碳转型的不同路径，本研究拟从四个方面进行分析和比较：

（1）治理框架

基于可持续发展框架下的治理概念，包括了核心概念、决策和行动过程模式、网络和利益相关者等关键要素和过程框架比较。

（2）目标设定

考察温室气体排放清单编制和气候减排行动规划和目标。

（3）任务设置

---

❶ Pierre J, Peters B G. Governance, politics and the state [M]. Macmillan: St Martin's Press, 2000.

❷ Li H M, Jie W, Xiu Y, et al. A Holistic Overview of the Progress of China's Low-Carbon City Pilots [J]. Sustainable Cities & Society, 2018: S2210670718308047.

能源、建筑物、交通、工业等低碳城市建设关键部门的任务和行动计划设置和安排。

（4）支持政策

行政手段、计划和法律、补贴和税收、市场、科学研究和其他措施等支持政策的运用。

3.2.3 埃森与厦门的低碳城市建设比较

3.2.3.1 治理框架

（1）核心概念

1）埃森市

2007年埃森市通过了"环境保护目标"，其中即已定义了与城市气候相关的相关目标，包括促进绿色交通并提高机动性，减少细粉尘和氮氧化物等空气污染，减少能源消耗和二氧化碳排放，在埃森环境质量、资源消耗和环境管理方面起示范作用。2013年北威州气候保护计划推出后，将州气候保护法规定的气候保护目标进行了具体化，设定了温室气体减排、保护资源节约能源、提高资源能源利用效率、扩大可再生能源规模、降低气候变化负面影响等具体目标，这些也组成了埃森低碳城市建设的核心概念。

2）厦门市

低碳城市在宏观层面是指经济增长与能源消耗增长及CO_2排放相脱钩。从微观层面，低碳经济包括进口、转化和出口环节，用可再生能源替代化石能源等高碳性的能源，大幅度提高化石能源的利用效率，包括提高工业、建筑和交通能效等，并且通过植树造林、保护湿地等增加碳汇面积。

（2）决策和行动过程模式

1）埃森市

为了促进埃森IEKK及其碳排放目标的实施，并为其进一步发展过程提供支持、建议和监控❶，埃森组建了"气候｜机构｜城市｜埃森（Klima｜Werk｜Stadt｜Essen）工作组"（图4-3-29），围绕战略规划，组织采用自上而下与自下而上相结合的方式，在由市长办公室、行政管理委员会、公用事业公司（Stadtwerke）、埃森市供应和运输协会（EVV）组成的督导组和13名代表组成的能源与气候保护委员会的领导下，组建了管理团队、气候埃森部门、气候机构、能力团队等相关支撑部门开展决策和行动。

2）厦门市

---

❶ https://www.umweltbundesamt.de/en/topics/climate-energy/climate-change-adaptation/adaptation-tools/project-catalog/city-combats-climate-change-integrated-strategies［2020-08-25］.

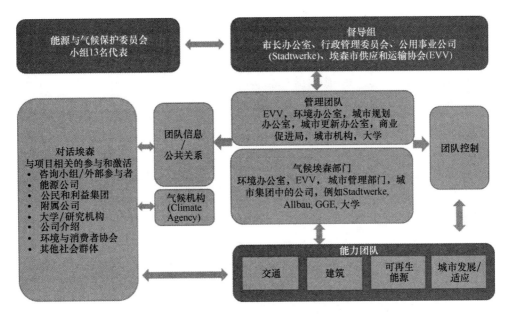

图 4-3-29 埃森"气候|机构|城市|埃森工作组"组织架构

厦门市通过当地市政府向国家发改委表达了低碳城市发展意愿后,即已启动编制低碳城市总体规划纲要,2010 年由国家发展改革委确定为国家首批低碳试点城市之一。之后厦门市编制了《低碳城市建设规划(2011—2015)》并向国家发展改革委提交《低碳试点实施方案》报批并发布。在国家低碳试点政策框架下,围绕总体规划纲要和工作实施方案,厦门市构建了国家、市、区及各部门多层次低碳试点工作领导体系,成立由主要市领导担任组长的低碳试点工作领导小组,在市发展改革委设立相关专职机构,统筹协调和归口管理全市应对气候变化和低碳发展工作,与部门一同把相关项目分配给下级政府部门、各区以及相关重点企业(表 4-3-3)。根据国家《关于开展低碳省区和低碳城市试点工作的通知(发改气候〔2010〕1587 号)》要求开展具体工作,包括将应对气候变化工作全面纳入本地区"十二五"规划,研究制定试点城市低碳发展规划,明确提出控制温室气体排放的行动目标、重点任务和具体措施,建立温室气体排放数据统计和管理体系,积极倡导低碳绿色生活方式和消费模式,降低碳排放强度(图 4-3-30)。

厦门市低碳城市时间表　　　　　　　　　　表 4-3-3

机构	计划/行动	发行日期
国务院	设定 2020 年削减 CO_2 排放强度的目标	2009 年 11 月 25 日
厦门市	编制完成《厦门市低碳城市总体规划纲要》,确立交通、建筑和生产三大领域为低碳发展的重点行业	2010 年 3 月

续表

机构	计划/行动	发行日期
厦门市人民政府	成立厦门市可再生能源建筑应用工作领导小组	2010年6月25日
国家发展改革委	开展低碳省区和低碳城市试点(五省八市)工作	2010年8月10日
厦门市人民政府	成立厦门市可再生能源建筑应用工作领导小组	2011年4月22日
厦门市人民政府办公厅	成立建设低碳交通运输体系试点城市领导小组	2011年9月16日
福建省人民政府	发布《福建省"十二五"节能减排综合性工作方案》	2011年10月30日
厦门市发展改革委	发布《厦门市低碳城市试点工作实施方案》	2012年8月28日
福建省人民政府	发布《福建省"十二五"控制温室气体排放实施方案的通知》	2013年1月31日
厦门市建设与管理局、厦门市发展改革委、厦门市经济发展局	制定《厦门市绿色建筑行动实施方案》	2014年1月16日
厦门市人民政府	发布《厦门市人民政府关于进一步加强节能降耗工作的通知》	2014年7月29日
厦门市交通运输局	制定《厦门市推进综合交通"五个工程"建设的实施方案》	2016年12月14日
厦门市人民政府办公厅	制定《厦门市贯彻落实碳排放权交易市场建设的实施方案》	2017年5月18日

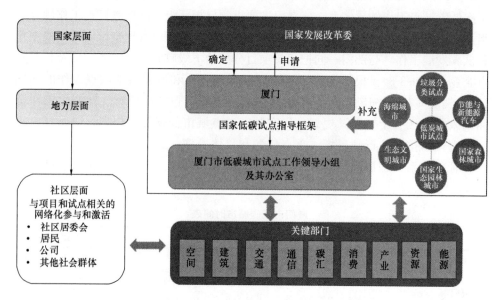

图 4-3-30 厦门低碳城市试点组织架构

(3) 网络构建和利益相关者

1) 埃森市

网络构建：实现气候保护目标的关键是城市社区的全面参与，为了将气候、机构、城市、埃森的许多不同利益相关者联系起来，埃森气候机构（Climate Agency）创建于 2012 年，是埃森创建气候文化的稳定网络环境，其核心服务是更新气候服务包，同时提供咨询服务、支持项目、组织和活动信息，并建立相关网络❶。

利益相关者：针对北威州气候保护计划，北威州政府采用了广泛的公众参与流程让各利益相关方均可参与其中。在此基础上，埃森在制定 IEKK 时，通过广泛的参与过程，为适应气候变化制定了全面的战略和行动计划。以能源效率合作伙伴系统为例，该系统是与埃森地区工匠组（Kreishandwerkerschaft Essen）的合作项目，大大降低了节能改造的复杂性，并对于业主各种不同的需求，在免费的初始咨询会议之后，提供一揽子服务，以满足利益群体目标。因此，从最初的分析到规划、融资、让租户参与和进行翻新工程，建筑业主在翻新过程的所有阶段都能够得到支持。

2) 厦门市

网络构建：厦门市在国家发展改革委低碳试点主要框架下开展低碳城市试点工作，构建工作组并由政府部门提供实体支持，与部门一同把相关项目分配给下级政府部门、各区以及相关重点企业，强调了政府、企业和社会等参与主体的关键作用，更偏向于整体战略利基管理框架的构建和转变。

利益相关者案例：2014 年，国家发展改革委发布《开展低碳社区试点工作的通知》并组织编制《低碳社区试点建设指南》。之后，福建省于 2015 年公布了第一批省级低碳示范社区试点，其中包括了厦门市思明区鼓浪屿社区（闽发改区域〔2015〕867 号）。鼓浪屿根据相关要求编制了低碳社区建设实施方案，编制温室气体排放清单，设置了优化能源系统、公共机构节能、资源循环利用、低碳基础设施建设、信息管理平台构建、拓展绿色空间和水环境、倡导低碳生活方式、创建低碳旅游景区等主要建设任务。2017 年 5 月，厦门市思明区在全市率先建成鼓浪屿龙头、内厝、瑞景 3 个低碳社区试点❷。

为了解当地利益相关者的基本信息，2017 年 7 月，研究以厦门市辖区中开展创建"低碳社区"示范工作的社区作为选取标准，选取龙头、内厝社区作为研究对象，本研究作者及中科院城市环境研究所研究生开展了面向政府官员、组织管理者和居民的调查，主要关注：①利益相关者对低碳社区建设的基本信息，

---

❶ https://ec.europa.eu/environment/europeangreencapital/winning-cities/2017-essen/ 〔2020-08-25〕.

❷ http://www.mnw.cn/xiamen/news/1715797.html 〔2020-08-25〕.

图 4-3-31　低碳社区网络化治理示意

②对当地低碳社区建设和管理工作的反馈，按随机抽样的方式采访社区居民、管理人员和企业等利益相关者。每个社区发放 30 份问卷，共 60 份，回收 60 份，其中有效问卷 59 份。问卷回收率为 100%，有效率为 98%。

基于现场调查发现，两个社区不约而同地建立了采用参与式方法将技术行动与地方政府服务联系起来的治理机制，同时，随着厦门市政府逐步推进的向第三方社会力量购买公共服务的相关政策出台，通过微信等即时信息工具，已形成了数字革命背景下的智能低碳社区网络化治理模式（图 4-3-31），提高了社区应对气候变化的整体效率。

3.2.3.2　温室气体清单编制、评估和目标设定

（1）温室气体清单编制和评估

1）埃森市

2007 年开始埃森市使用在线工具 ECORegion 来核算碳足迹，也有欧洲能源奖（EEA）审计，市长公约可持续能源行动计划（SEAP）和 IEKK 年度余额报告等相关工具进行二氧化碳审计。同时，IEKK 下所有气候保护活动的协调和记录控制工具的核心是对其规划下约 130 项措施和项目开展简短评估❶。

2）厦门市

编制完成厦门市 2005—2009 年温室气体排放清单并以科研课题方式编制 2010—2014 年温室气体排放清单，建立建筑领域 PCDM 基线值和监测方法，完成了全市 6 类建筑基准能耗参考值❷。

（2）目标设定

1）埃森市

作为气候联盟成员，承诺每五年将其温室气体排放量减少 10%，到 2030 年将人均排放量（基准年 1990 年）减半，通过节约能源、提高能源效率和使用可再生能源，将温室气体排放量减少到 2.5 吨/（人·年）的可持续水平；作为《市长公约》的签署方，埃森承诺到 2020 年超过欧洲联盟的"20/20/20"目标；2020、2050 年德国国家气候行动计划（2014，2016）设定了实现国家经济低碳

---

❶　http：//www.klimawerkstadtessen.de/klimawerkstadtessen＿klimawandelpolitik/klimawerkstadt-essen＿klimabilanz＿essen/klimabilanz＿essen.de.jsp［2020-08-25］．

❷　https：//www.ndrc.gov.cn/fggz/tzgg/ggkx/201310/t20131016＿1071191.html［2020-08-25］．

运行目标。2013年北威州成为德国第一个出台气候保护法的联邦州，并设立了具有法律约束力的减排目标（2020年比1990年排放总量减少25%，2050年减少80%）。在欧盟、德国、北威州完善的多层级气候变化法律法规和政策框架下，埃森市提出了超出各层级的目标，到2020年二氧化碳排放量（基准年1990年）至少减少40%，到2030年减少55%，到2040年减少70%，到2050年减少80%～95%。

2）厦门市

《厦门市低碳城市总体规划纲要》设定了低碳城市建设总体目标，包括单位GDP能耗能源强度目标、碳排放总量目标，2020年单位GDP能耗可在2005年基础上下降40%，单位GDP为0.39吨标准煤/万元GDP，碳排放总量控制在6864万吨。同时，还设置了工业、建筑和交通部门的特定排放目标，2020年建筑使用碳排放控制在1922万吨，其中居住建筑652.53万吨，公共建筑1269.49万吨；交通领域二氧化碳排放总量控制在1235.58万吨；生产领域二氧化碳排放总量控制在3020.32万吨。

3.2.3.3 任务设置

1）埃森市

① 联邦州层面低碳行动

北威州为了达成气候保护和温室气体减排目标，制定了州级气候保护计划，每五年对气候保护措施的实施情况进行检测、调整和补充，并采用了自上而下与自下而上相结合的方式，创新性地促进当地400多个利益相关方参与流程的方法，包括规划前端的专家意见和提出规划异议阶段开展地区层面的交流会、公民大会和网上平台，同时推出了辅助的激励措施，如城市气候保护经理培训项目。北威州气候治理政策和保护计划既旨在达成减排目标，还希望实现经济转型，被认为是可检验德国气候减排目标经济可行性的实验案例❶。

② 地方层面低碳行动

在欧盟-德国-北威州 埃森市多级气候治理框架下，埃森市于2009年制定了IEKK，计划在2030年前采取160多项措施，针对不动产企业、可再生能源与供热、城市规划、空间发展和气候适应、交通、环境和经济、能源效率等开展了一系列工作。其中，提高能效的主要措施有使用集中供热系统，对住宅区供热供暖系统进行能源更新，实施街道照明全面翻新方案等；发展可再生能源措施包括在建筑的屋顶安装光伏系统，使用太阳能、生物质供热，垃圾焚烧厂提供燃料以满足埃森市20%的区域供暖需求等；能源系统改造计划包括扩展高效分散热电联

---

❶ 德国国际合作机构（GIZ）. 德国气候治理-聚焦北莱茵威斯特法伦州［M］. 德国联邦环境、自然保护、建筑与核安全部（BMUB）. 北京：德国国际合作机构（GIZ），2014.

产系统、创新地方供热网络等，使得热电联产、区域和地方热网余热回收的潜力能够被工业持续利用；创建灵活的多种联运交通系统包括建设快速自行车道、自行车租赁系统、电动汽车共享、气候机构组织环保交通方式等；在区域和城市土地利用规划中，如在城市建设绿色开放的公园、水域和近自然空间❶（图 4-3-32～图 4-3-35）。

图 4-3-32　埃森市能源优化的房屋建筑——创新性的局部供热网络：
DilldorferHöhe 和 Seebogen-Kupferdreh 气候保护社区（右下）
（图片来源：埃森市）

---

❶　https：//ec. europa. eu/environment/europeangreencapital/winning-cities/2017-essen/ ［2020-08-25］.

3 国内外绿色生态城市实践比较

图 4-3-33 杜伊斯堡埃森大学区公园内——"埃森绿色中心"（GrüneMitte Essen）
（图片来源：作者）

图 4-3-34 城市开放的自行车道和绿色空间——克虏伯公园（Krupp Park）
（图片来源：埃森绿色首都奖）

图 4-3-35 近自然的生态转换——埃森市"Emscher"河流
（图片来源：埃森绿色首都奖）

2) 厦门市

厦门市低碳城市试点工作实施方案的主要任务和工作重点见表 4-3-4。同时，除了通过"十二五"规划分配年度目标和低碳城市建设相关工作❶，厦门在同时

---

❶ http：//www.xm.gov.cn/zfxxgk/xxgkznml/szhch/zsfzgh/201211/t20121107_562710.htm [2020-08-25].

期及之后的"十三五"规划期间，也包括了与低碳相关的其他国家级/省级试点，如海绵城市、垃圾分类试点、节能与新能源汽车、国家森林城市、国家生态园林城市、生态文明城市等的政策框架在相关提法中均涉及了温室气体减排、增加碳汇、适应气候变化等低碳城市理念（图4-3-36～图4-3-39）。

低碳城市试点工作实施方案主要任务和工作重点❶　　表4-3-4

（一）推进城市建设低碳化，构建低碳新城	1. 优化城市空间布局，建设低碳城市 2. 推进建筑节能，发展低碳建筑 3. 完善城市信息通信网络，推进城市管理低碳化 4. 改善城乡生态环境，提高城市碳汇能力
（二）倡导低碳出行与消费，推进居民生活低碳化	1. 大力发展绿色交通 2. 倡导绿色消费 3. 完善再生资源回收利用体系
（三）深化对台低碳交流与合作	1. 构建两岸低碳技术交流中心 2. 构建两岸低碳产业合作基地 3. 推进两岸低碳合作体制机制创新
（四）推进产业结构升级，构建低碳化产业体系	1. 加快发展现代服务业 2. 推进工业节能降耗 3. 发展低耗能工业 4. 推进技术减碳
（五）优化能源结构，提高能源利用效率	1. 减少燃煤使用，提高低碳清洁能源使用比例 2. 积极发展可再生能源 3. 加快智能电网建设
（六）开展示范试点工程	1. 组织开展低碳示范点创建工作 2. 开展"十城千辆"试点工程（节能与新能源汽车） 3. 开展"十城万盏"试点工程（LED照明产品示范工程） 4. 实施"金太阳"示范工程（太阳能光伏） 5. 建立健全节能技术产品推广体系 6. 引进国家推广低碳产业发展方向的项目、新兴产业领域的企业
（七）创新体制机制，探索建立低碳发展政策法规体系	1. 建立完善温室气体排放统计、核算和考核制度 2. 建立健全促进低碳发展的体制机制 3. 完善低碳相关法规，探索构建低碳城市发展的政策法规体系 4. 将应对气候变化（低碳城市）工作全面纳入"十二五"发展规划

---

❶ http://www.xm.gov.cn/zfxxgk/xxgkznml/szhch/zsfzgh/201211/t20121107_562710.htm［2020-08-25］.

图 4-3-36　厦门市低碳社区试点——鼓浪屿社区
（图片来源：厦门市政府网站）

图 4-3-37　厦门山海健康步道
（图片来源：作者拍摄）

图 4-3-38　厦门市空中自行车道　　　　图 4-3-39　厦门市水上自行车道
　　（图片来源：东方网）　　　　　　　　　（图片来源：作者拍摄）

3.2.3.4　支持政策

1) 埃森市

行政手段方面，埃森设置了咨询小组、温室气体排放统计、核查与管理；在计划和法律方面，2009年由埃森市委员会启动了能源与气候保护综合规划（IEKK）。在财务和税收支持方面，气候｜机构｜城市｜埃森工作组为160余项项目提供了资助❶，在绩效评估和科学研究方面，通过资助"埃森气候倡议"项目，构建了基于行动导向的低碳城市指标体系，从城市空间、机动性、建筑和可再生能源领域对城市低碳发展水平进行了综合评价；作为BMBF竞赛"节能城市"的五项获奖项目之一，促使埃森居民、科研机构、企业、地方行政和政治力量积极参与。在其他措施方面，埃森建立了气候埃森网站❷，并且在IEKK气候保护战略制定的过程中即已结合了公众参与流程❸。

2）厦门市

行政手段方面，厦门市组建了工作组，设置了低碳工业园区的企业要求，加快推进集美新城、翔安新城等低碳城区和科技创新园等低碳园区建设，制定了集美新城（14平方千米）的低碳生态指标体系与土地控制指引，在全国率先建立系统的新城低碳指标体系和土地控制指引。计划和法律方面，出台绿色建筑、可再生能源建筑应用管理办法，开展建筑节能条例立法调研工作。财务和税收方面，推进清洁发展机制和碳交易市场，实施建设领域碳交易试点，已获得成为建设部确定的全国首个建设领域PCDM机制试点城市，建立建筑领域PCDM基线值和监测方法，完成全市6类建筑基准能耗参考值，结合低碳示范新区建设规划，制订建筑领域碳交易计划❹。在科学研究方面，在多方资金支持下，厦门市与当地研究院所开展了低碳城市发展途径及其环境综合管理模式、厦门市低碳城市试点项目、厦门市低碳城市建设规划（2011—2015）、厦门市2015—2016年温室气体排放清单、厦门市"十三五"碳减排目标及实现路径研究等一系列研究项目，为低碳城市试点的温室气体排放清单编制、规划实现路径乃至环境综合管理模式等提供了坚实的科学基础。

3.2.4 结论和讨论

综合比较框架的四大点，研究发现：

（1）从核心概念上看，埃森和厦门均关注了气候变化减缓的各个关键要素，相对而言埃森的气候保护概念更加宽泛，还关注了降低气候变化负面影响等气候变化适应的部分。

（2）从治理框架和目标设定来看，埃森充分运用了多尺度框架和多种路径发展低碳城市。在欧洲和德国的整体应对气候变化文化政治框架下，埃森低碳城市

---

❶ http：//www.klimawerkstadtessen.de/klimawerkstadtessen_klimawandelpolitik/klimawerkstadtessen_klimabilanz_essen/klimabilanz_essen.de.jsp［2020-08-25］．

❷ http：//www.klimawerkstadtessen.de/klimawerkstadtessen_startseite_1/startseite.de.jsp［2020-08-25］．

❸ 德国国际合作机构（GIZ）．德国气候治理-聚焦北莱茵威斯特法伦州［M］．德国联邦环境、自然保护、建筑与核安全部（BMUB）．北京：德国国际合作机构（GIZ），2014．

❹ https：//www.ndrc.gov.cn/fggz/tzgg/ggkx/201203/t20120326_1062811.html［2020-08-25］．

的发展一脉相承了过往的诸多工作,包括了节能城市评选,欧洲绿色首都评选,参与了欧洲和气候联盟,获得了核算工具、气候变化工作开展的技术支持,总体来说形成了多级气候治理框架下的气候治理机制(欧洲-德国-州-地方政府),包括了法律法规、规划和气候变化目标等多级和多方面的约束与支持。而厦门市主要在国家发展改革委的应对气候变化框架下开展低碳城市试点工作,基于低碳试点主要架构和相关技术要求,更偏向于地方的自我尝试和整体战略利基管理框架的构建和转变,更多关注于政府策划并培育保护低碳转型和管理的空间(利基)的过程,其中强调了政府、企业和社会等参与主体的关键作用。

(3)埃森市低碳城市建设形成了典型的利基网络,通过结合社会-技术机制和小尺度利基(Niche)提供新技术创建和管理空间❶,开展参与主体、技术和网络的更新转变。具体来说,IEKK和工作组的组建为低碳建设体制策划构建了由咨询小组/外部参与者、能源公司、公民和利益集团、附属公司、大学/研究机构、环境与消费者协会和其他社会群体等组成的网络,通过气候机构定期更新气候服务包,促进了整体社会学习过程,从而促进利益相关者形成气候保护的共同期望以及应对在利基转变中所面临相应的挑战。而在厦门,本研究发现除了在"十二五"规划中提及大力发展循环经济、低碳经济和绿色经济❷,在试点以后的"十三五"规划中更加明确地强调了推动建立绿色低碳循环发展产业体系❸,在如节能专项规划、能源规划、城市建设、生态文明建设等其他专项规划中可以看到低碳城市理念的深入。并且,在"十二五""十三五"期间,与低碳相关的其他试点等政策框架在相关提法中均涉及了低碳城市理念,由此逐渐形成了全方位的中央和地方政府自上而下与自下而上气候政策框架。该结果与Peng等人的研究相印证❹,他们在研究上海低碳城市创新嵌套结构时,发现低碳城市的发展不仅是发改委的低碳试点要求,城市的低碳转型举措已嵌入了现有的政策框架中。

在社区参与中,埃森市在构建工作组以及相关支撑部门中已考虑了能够促使居民、机构、企业、地方行政和政治力量积极参与的网络建设工作,从而确保了城市有效执行气候保护行动,促进德国鲁尔区独特的气候文化。而厦门市社区尺度的碳排放管理体系和相关宣传活动还较为松散,社区碳排放总体核算监测机制建设仍很薄弱,引入第三方为形成创建氛围、培养居民低碳生活意识起到了较好

---

❶ Geels F W. The multi-level perspective on sustainability transitions: responses to seven criticisms [J]. Environmental Innovation & Societal Transitions, 2011, 1 (1): 24-40.
❷ http://www.xm.gov.cn/zwgk/flfg/sfbwj/201003/t20100330_344488.htm [2020-08-25].
❸ http://www.xm.gov.cn/zwgk/flfg/sfwj/201607/t20160706_1345760.htm [2020-08-25].
❹ Peng Y, Bai X. Experimenting towards a low-carbon city: policy evolution and nested structure of innovation [J]. Journal of Cleaner Production, 2018, 174: 201-212.

作用，同时，通过微信等即时信息工具，建立了数字革命背景下的新型智能低碳社区网络模式。

总结比较来看，中国和德国都在积极推进低碳城市的建设及实践，但由于社会发展沿革的不同，侧重点也不同。德国埃森低碳城市的建设实践更加关注促进利益相关者的协作和参与，强调从治理、创新、监督和协作等方面多管齐下针对关键问题和行动领域开展各项措施。低碳城市转型过程中，德国注重跨学科研究和专家咨询在具体规划实践中的应用，通过研究和建设政策框架，全方位保障气候政策目标的达成，结合社会宏观治理、创新、监督和协作等多个方面推进相关工作。中国低碳城市的建设实践则强调以试点城市作为践行低碳发展转型的重要抓手，基于自上而下的设计与自下而上的创新相结合的方式，辅以完善和成熟的政治和体制框架、综合的组织结构和技术解决方案以及基于即时信息工具的迅速传播和广泛动员能力，提高了社区应对气候变化的治理效率，但在构建利益相关者网络、减缓气候变化影响等方面的能力仍有待提高。

第五篇 中国城市生态宜居发展指数（优地指数）报告（2020）

中国城市生态宜居发展指数（以下简称"优地指数"）旨在促进规划、建设过程的生态化；反映政府作为、推动低碳生态城市事业的发展；评估低碳生态城市建设的经济、社会、环境效益，推动低碳生态城市建设市场的发展；鼓励公众参与、公众监督，推动社会关注和人文引导。从而梳理和总结中国生态城市发展特色，寻找城市生态宜居建设的可持续发展路径。

"城市生态宜居发展指数"是生态城市发展进程的动态考核。其特点在于，并不是对城市生态建设建成之后的结果进行评估，而是考察生态城市子系统的功能、发展效率与动态。由于城市始终处于动态的建设过程之中，因此，指标体系需要是动态、可比的，既体现了城市与城市之间的横向比较，也能够反映城市自身的纵向比较。对典型地区的绿色低碳满意度评价从主观上反映出指数评估不能反映的内容，二者相辅相成，相互补充。指数评估体系的进一步完善需结合居民生态宜居的主观感受，进行综合评价，以便为政府制定科学决策和确定下一阶段的建设目标提供依据。

自2011年发布优地指数至今已连续评估10年，在2019版的基础上更新了288个地级市城市生态宜居发展指数评估结果，同时以结果指标与过程指标为基础，对提升型、发展型、进步型城市进行结果-过程指标的关联特征分析，评估各类城市的发展特点与指标项之间的联系。评估结果对后续不同类型的城市发展起到方法引导的作用。此外，通过全国及优地指数各类城市中受影响较大典型城市的疫情发展数据，研究城市疫情发展趋势与城市发展特征规律的关系，从而对政府部门防疫和城市建设的政策措施制定提供借鉴意义。

总体评估结果表明：

2020年的评估结果，有92个城市属于提升型城市（第一象限），占总城市数量的31.9%；发展型城市（第二象限）共有106个，占比为36.8%，生态宜居城市建设成效进一步提升的发展空间较大；起步型城市（第三象限）共有87个，占被评城市的30.2%，这些城市的发展模式仍相对粗放，生态宜居建设成效较差，仍需改善城市生态宜居状况；有3个城市属于本底型城市（第四象限），占比为1%。

总体而言，我国的低碳生态建设力度较强，但无论是起步型、发展型还是提升型城市，生态宜居成效仍然滞后于生态宜居建设力度，二者的匹配程度较低，仅有42个城市建设成效得分（结果指数）高于行为强度得分（过程指数）。

Chapter V | Report on China's Urban Eco-livable Development Index (UD Index) (2020)

China's Urban Eco-livable Development Index (UD Index) aims to promote the ecological planning and construction process; reflect the government's actions and promote the development of low-carbon eco-city; evaluate the economic, social and environmental benefits of low-carbon eco-city construction, promote the development of low-carbon eco-city construction market; encourage public participation, public supervision, and promote social relations note and humanistic guidance. In order to sort out and summarize the characteristics of China's eco-city development, looking for the sustainable development path of urban ecological livable construction.

UD Index is a dynamic assessment of the development process of eco-cities. The characteristic of this assessment is to investigate the function, development efficiency and dynamics of eco-city subsystem, instead of to evaluate the results of urban ecological construction. Because the city is always in the dynamic construction process, the index system needs to be dynamic and comparable, which not only reflects the horizontal comparison between cities, but also reflects the vertical comparison of cities themselves. The green and low-carbon satisfaction evaluation of typical areas reflects the content that the index evaluation cannot reflect subjectively. The two complement each other. The further improvement of the index evaluation system needs to be combined with the residents' subjective feelings of ecological livability, so as to provide the basis for the government to make scientific decisions and determine the construction objectives in the next stage.

It has been 10 years since the UD Index was released in 2011. Based on the 2019 edition, the evaluation results of UD Indices of 288 Chinese cities have been updated. At the same time, based on the Result index and Process index, the relationship between the development characteristics and index items of various cities is evaluated by analyzing the correlation characteristics of results and process indicators for promotion, development and progress cities. The evaluation results can guide the development of different types of cities. In addition, based on the epidemic development data of typical cities which were greatly affected by COVID-19, the relationship between the development trend of urban epidemic situation and characteristics and laws of urban development was studied, so as to provide reference for government departments to formulate policies and measures for epidemic prevention and urban construction.

The overall evaluation results show that:

According to the evaluation results in 2020, 92 cities belong to the promotion type cities (the first quadrant), accounting for 31.9% of the total number of cities; there are 106 development oriented cities (the second quadrant), accounting for 36.8%. There is a large space for further improvement in the construction of ecological livable cities; there are 87 start-up cities (the third quadrant), accounting for 30.2% of the total cities. The development mode of these cities is still in the same state; 3 cities belong to the background type (the fourth quadrant), accounting for 1%.

Generally speaking, China's low-carbon ecological construction is relatively strong, but the ecological livable effect still lags behind the ecological livable construction in both start-up, development and promotion cities, and the matching degree of the two is low. Only 42 cities' construction effect score (Result index) is higher than the behavior intensity score (Process index).

1 研究进展与要点回顾
1 Review of Research Progress

研究组❶于 2011 年提出"中国城市生态宜居发展指数"（以下简称"优地指数"），以期对中国城市的生态、宜居发展特征进行深入的评价和研究，至今已连续评估十年。

1.1 方 法 概 要

1.1.1 二维体系

优地指数从低碳建设过程和成效两个维度对中国近 300 个地级及以上城市进行评估与比较，综合评估城市建设过程中生态、宜居和可持续性发展的表现。其中，结果指数主要反映建设成效，从可持续发展、城市高效运营、提高生活水平、提升能源效率、改善环境质量五个方面来进行综合衡量；过程指数着重体现"发展"，主要从管理高效、生活宜居以及环境生态三个方面来进行评价。两个维度的评估指标体系共包含 5+14 个评估指标❷，根据城市建设过程指数和生态建设结果指数的得分，以及城市在二维平面直角坐标系的不同象限的位置，将城市划分为提升型（第一象限）、发展型（第二象限）、起步型（第三象限）和本底型（第四象限）（图 5-1-1），以确定城市生态位。

1.1.2 数据处理

由于各评价指标的性质不同，通常具有不同的量纲和数量级，在优地指数评估中需要将各项指标都进行标准化处理，基于评估年份所有被评城市的基础水平和规划目标最优值，设定各项指标起步值、理想值两个参数，将各项指标数值标准化处理至 0～100 范围内，以便进行加权计算及横、纵向比较。考虑到城市社

---

❶ 中国城市科学研究会生态城市专业委员会重点研究课题——由深圳建筑科学研究院股份有限公司组织科研小组研发成果。

❷ 2020 年城市评估主要基于获取的 2017、2018 年城市统计数据开展。在 2020 年评估中考虑指标可得性的变化，对部分评估指标进行更新，并同步对历年评估数据进行修正以保证历史数据的可比性，因此报告部分数据与历年评估结果存在一定差异。

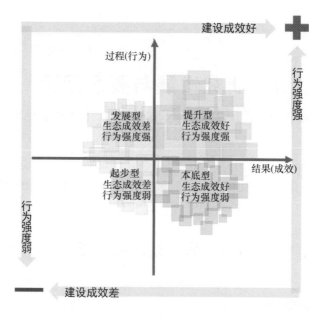

图 5-1-1 优地指数的二维评估体系

会经济发展的影响,各项指标总体呈现提升,为降低这部分提升对结果的影响,每年各指标的起步值、理想值按照全国平均增幅/降幅进行动态调整。

将各项指标均进行标准化处理之后,按照分配权重加权求和,分别求得过程指数和结果指数,综合评价生态城市总体水平。

1.2 应用框架

优地指数自 2011 年开始评估,已累积十年的评估数据。在此基础上,优地指数已在宏观、中观和微观层面上开展了具体的评估应用,形成了相对成熟的应用框架。

1.2.1 宏观:总体布局与发展路径

通过每年对近 300 个地级及以上城市的持续评估,基于这些城市的结果指数、过程指数评估结果,给出全国被评城市的生态宜居建设成效、投入力度的总体排名,以及各类型的城市清单;分析四类型城市的空间分布情况,并基于城市类型的分析结果,对位于不同空间位置的城市类型特征进行分析。

宏观层面评估侧重于对全国生态宜居发展特征的总体研究。对全国生态宜居城市建设的总体进程和历史发展路径进行分析,并进一步量化评估社会经济发展水平(如运用人均 GDP、第三产业增加值占比等指标)对城市生态宜居建设成效的影响，整体把脉城市生态宜居发展路径规律与特征。除以上主要分析内容之外，还可以进一步分析评估结果的年际动态。

1.2.2 中观：区域特征与比较分析

对特定区域与其他区域整体❶（城市群或省份）的优地结果指数、过程指数进行横向比较，绘制四象限定位图评估该区域的生态宜居发展定位特征。可通过绘制柱状图、风玫瑰图等形成可视化图表，分析各评估区域在生态宜居建设成效与力度方面的长短板，进而提出下一步提升的着力点。

通过分析被评区域内城市在四象限的分布情况，初步判断城市群的生态宜居发展定位以及协同情况。收集被评区域内城市的经济发展、空气质量、能源消耗等优地指数发展特征指标的指标数值、指标变化率数据，从水平-变化率两个维度对各区域社会经济特征进行总体分析与横向比较。最后，对被评区域内城市的行为力度、建设成效的协同性进行比较，分析城市群、省份内部的发展协同水平。

中观层面评估分析特定城市群、省份等区域的生态宜居发展特征，并与其他区域进行横向比较。进一步的，评估现阶段该被评区域的发展侧重点及优劣，以及区域范围内不同城市的发展定位、优劣与趋势，寻找区域内城市间相互协调、协同发展的路径。

1.2.3 微观：城市定位与专项评估

基于历年优地过程指数与结果指数的评估结果，找出被评城市在近300个地级及以上城市中的排名、在四象限中所在象限以及历年发展变化的情况，对城市进行总体定位。对城市总体定位进行评估后，进一步分析城市与全国平均水平、最优水平或者是特定城市的差异，或者各项评估内容所处的水平，选择特定城市（可以是全国总体排名靠前的城市，也可以是地理位置或发展背景相对靠近的城市）的总体结果或各项指标进行对标分析。

在前述已开展对城市定位、历史轨迹以及城市对标、优劣势进行分析的基础上，可进一步深化对城市具体评估对象指标的分析。例如对经济发展、运营管理、道路交通、能源节约、大气环境、城市绿化等具体指标的专项评估，包括建设水平分析、城市单指标对标、差距分析以及历史趋势情况等，对城市各项发展工作进行具体把脉，以提出下一步着力重点，尽早布局相关工作。

微观层面评估首先要对城市进行生态诊断。在这一过程中，优地指数是从总

---

❶ 城市群/省份评估与城市评估方法大致相同，在选定指标体系后，根据人口、规模、土地面积等指标属性的不同，进行加权赋值，再通过统计处理得出分析结果。

体上了解城市定位、评估城市生态宜居发展优势与不足的评估工具。通过对历年对全国近300个地级及以上城市的优地指数评估指标与结果的数据累积，可以快速在300多个城市中找到被评城市的生态位、历史发展轨迹以及城市发展的优势、不足与潜力。

2 城市评估与要素评价
2 Evaluation on Cities and Urban Elements

2.1 中国城市总体分布（2020年）

2.1.1 总体分布

根据2020年的评估结果（图5-2-1、表5-2-1），有92个城市属于提升型城市（第一象限），占总城市数量的31.9%；发展型城市（第二象限）共有106个，占比为36.8%，生态宜居城市建设成效进一步提升的发展空间较大；起步型城市（第三象限）共有87个，占被评城市的30.2%，这些城市的发展模式仍相对粗放，生态宜居建设成效较差，仍需改善城市生态宜居状况；有3个城市属于本底型城市（第四象限），占比为1%。

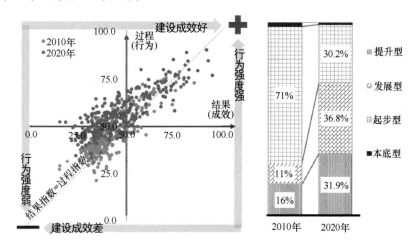

图 5-2-1　2020年各城市优地指数四象限分布特征

总体而言，我国的低碳生态建设力度较强，但无论是起步型、发展型还是提升型城市，生态宜居成效仍然滞后于生态宜居建设力度，二者的匹配程度较低，仅有42个城市建设成效得分（结果指数）高于行为强度得分（过程指数）。

2020年各城市优地指数评估结果 表 5-2-1

类型	象限	数量	占比	城市名称
提升型	一	92	31.9%	上海 深圳 北京 杭州 厦门 南京 青岛 广州 宁波 成都 大连 苏州 天津 武汉 济南 合肥 重庆 沈阳 长沙 烟台 南宁 无锡 昆明 珠海 嘉兴 长春 福州 郑州 黄山 海口 威海 常州 扬州 镇江 拉萨 绍兴 南昌 南通 贵阳 西安 舟山 银川 常德 金华 佛山 温州 桂林 徐州 东营 绵阳 潍坊 太原 东莞 湖州 廊坊 台州 泉州 漳州 哈尔滨 芜湖 丽水 乌鲁木齐 三亚 襄阳 呼和浩特 株洲 宜昌 连云港 中山 衢州 秦皇岛 宝鸡 宿迁 洛阳 柳州 遂宁 惠州 唐山 鹰潭 铜陵 泰安 吉安 呼伦贝尔 梅州 大庆 肇庆 北海 鄂尔多斯 丽江 淮安 湘潭 遵义
发展型	二	106	36.8%	延安 克拉玛依 赣州 临沂 郴州 吉林 岳阳 盐城 池州 通化 南阳 六安 抚州 佳木斯 滁州 钦州 莆田 泸州 蚌埠 泰州 石家庄 三明 南平 齐齐哈尔 德州 兰州 安庆 济宁 宁德 河源 江门 汕头 景德镇 松原 淄博 龙岩 黄石 九江 永州 西宁 新余 荆门 包头 张掖 益阳 咸阳 湛江 赤峰 白山 自贡 黄冈 晋城 德阳 开封 怀化 随州 宜宾 韶关 锦州 广安 茂名 咸宁 酒泉 玉林 衡阳 十堰 辽源 固原 淮北 雅安 广元 南充 新乡 张家口 长治 安康 承德 鹤壁 聊城 平顶山 汕尾 沧州 资阳 张家界 漯河 双鸭山 鄂州 濮阳 阳江 本溪 攀枝花 鞍山 焦作 滨州 商丘 马鞍山 周口 驻马店 枣庄 邢台 盘锦 阜新 衡水 平凉 铜川 莱芜
起步型	三	87	30.2%	日照 宜城 四平 上饶 铜仁 玉溪 萍乡 汉中 保定 天水 淮南 宜春 大同 安顺 普洱 潮州 黑河 乐山 梧州 六盘水 吴忠 信阳 绥化 中卫 金昌 宿州 河池 阜阳 乌海 丹东 临沧 三门峡 庆阳 清远 亳州 白城 巴彦淖尔 石嘴山 菏泽 伊春 邯郸 巴中 毕节 崇左 通辽 邵阳 曲靖 商洛 嘉峪关 眉山 孝感 武威 陇南 云浮 晋中 防城港 吕梁 百色 揭阳 白银 保山 营口 鸡西 乌兰察布 朔州 昭通 贵港 阳泉 榆林 达州 娄底 抚顺 来宾 贺州 渭南 定西 忻州 临汾 鹤岗 安阳 铁岭 辽阳 运城 朝阳 七台河 内江 葫芦岛
本底型	四	3	1%	许昌 牡丹江 荆州

2.1.2 区域特征

（1）各省市特征比较

在我国 31 个省市自治区（不含港澳台）中（图 5-2-2），北京、上海、天津、重庆四个直辖市均为提升型城市，它们作为我国经济较为发达的地区，面临的生态建设挑战也更大，伴随其行为强度的增强与持续，生态建设成效明显。浙江、海南、西藏 100% 为提升型城市，江苏、新疆、福建、青海 4 个省份均已没有起步型城市，其中江苏省的提升型城市比重超过 75%。相比而言，贵州、内蒙古、广西、云南、宁夏、陕西、黑龙江、辽宁、山西、甘肃等地区的起步型城市比重

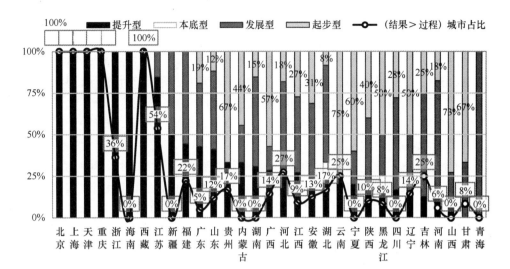

图 5-2-2　2020 年 31 个省市自治区（不含港澳台）的城市类型分布特征

均超过 40%，宁夏、陕西、黑龙江、四川、辽宁、吉林、河南、山西、甘肃、青海的提升型城市不足 25%，这些地区面临着生态和经济的发展选择，生态建设仍有非常大的提升和进步空间，需要进一步转变发展模式，提升生态城市建设力度与成效。

（2）城市群类型特征比较

为了更好地评估我国生态宜居发展的区域差异，选取京津冀、长三角、珠三角等 18 个主要城市群的优地指数类型构成进行比较（图 5-2-3）。其中，珠三角、长三角城市的生态宜居成效总体较好，提升型城市的比重分别达到 88.9% 和

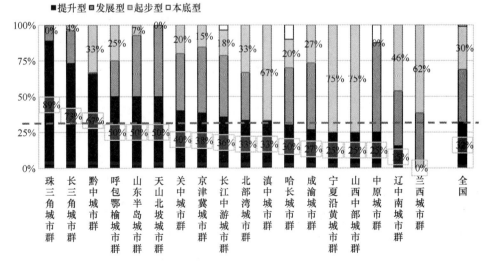

图 5-2-3　2020 年主要城市群的四象限分布特征

73.1%,两个城市群总体只有一个城市位于起步型城市。相比而言,珠三角、长三角、黔中、呼包鄂榆、山东半岛、天山北坡、关中、京津冀、长江中游、北部湾、滇中城市群的提升型城市比例均超过全国平均水平。宁夏沿黄城市群、山西中部城市群、滇中城市群、兰西城市群中起步型城市比例超过60%,其中兰西城市群无提升型城市。总体而言,我国城市群的生态宜居发展处于不同的阶段,区域间差异较大,仍有部分区域的生态宜居发展建设成效不足,有待改善。

(3)主要城市群内部特征

对比京津冀、珠三角、长三角与长江中游城市群(图5-2-4),可以看出:相比于珠三角、长三角城市群,长江中游城市群的生态宜居建设进程较慢。建设成效好、行为强度强的城市以京津冀的北京、天津,珠三角的广州、深圳、珠海,长三角的山海、杭州、南京,长江中游的长沙、武汉等城市为代表,集中在省会城市和经济发展情况相对较好的城市。珠三角的城市类型结构最突出,提升型城

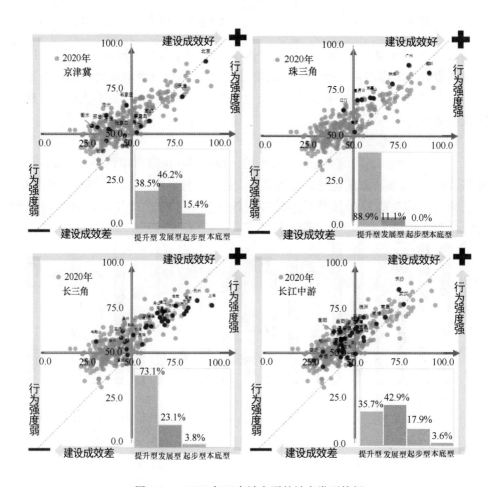

图5-2-4 2020年四个城市群的城市类型特征

市占比达到 88.9%，长三角城市群的提升型城市占比 73.1%，仍有部分城市为发展型甚至是起步型城市。京津冀城市群内部差异较大，除北京、天津外，河北省仅有 3 个城市为提升型城市，占 38.5%。整体来看，城市群内部城市差异性大，需要更加关注区域协同一体化发展。

2.2 四类城市的要素特征

2.2.1 2020 年总体特征

(1) 建设成效特征

优地指数的建设成效评估从可持续竞争力、城市高效运营、提高生活水平、提升能源效率、改善环境质量五个方面进行评估。根据 2020 年评估结果，全国都朝着改善环境质量的方向努力且成效显著，四类城市在各方面得分呈现一定的差异性特征（图 5-2-5）。提升型城市在城市高效运营、提升能源效率、可持续竞争力、提高生活水平等方面均表现突出，整体情况在四类城市中最好，各方面得分均衡。发展型城市和起步型城市可持续发展、城市高效运营、提高生活水平的成效平均水平仍在全部城市平均值之下，存在较大发展空间。

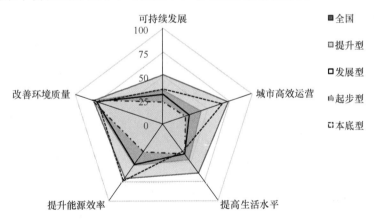

图 5-2-5 2020 年四类城市建设成效各评估要素的平均得分

(2) 建设过程特征

优地指数对城市生态宜居行为力度的评估主要从管理高效（经济发展、高效运营）、生活宜居（公共服务、道路交通）以及环境生态（能源节约、空气质量、水环境、资源利用、城市绿化）三个版块九个方面来进行考察。对比 2020 年四类城市的各项工作平均得分（图 5-2-6），可以发现：2020 年，提升型城市除废气治理方面因工业废气排放强度较高得分低于全国平均水平，其余各项工作均优于全国城市的平均值。本底型城市除在能源节约和废气治理方面表现较优之外，其

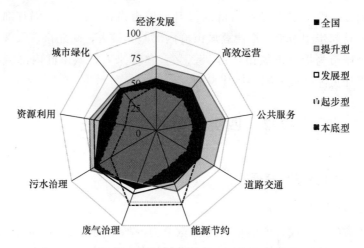

图 5-2-6 2020 年四类城市建设过程各评估要素平均得分

余各项工作仍需提升。起步型城市则在各项工作均表现出实力不足,发展型城市整体情况趋于全部城市的平均值。

2.2.2 2019—2020 年动态特征

(1)结果指数动态特征

将 2020 年四类城市❶在建设成效与行为力度各项工作的平均得分,与 2019 年的水平进行对比,可以看出(图 5-2-7):在可持续发展方面,起步型、本底型

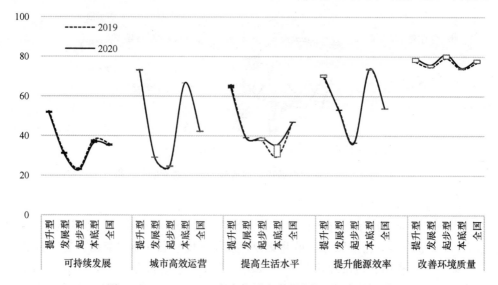

图 5-2-7 2019—2020 年各类城市结果指标平均得分变化

---

❶ 2020 年本底型城市 3 个,在此所做的分析图不具有代表意义,故简化分析。

两类城市的差异都略低于2019年的水平。城市运行效率和能源效率则在2019年与2020年保持了一致性，各类城市的改善环境质量得分均高于2019年平均水平，说明污染防治攻坚感取得了一定成效，起步型、本底型城市提高生活水平得分显著高于2019年，说明脱贫攻坚、改善人民获得感方面的工作取得成效。总体来看，城市高效运营和城市全方位的可持续发展仍是城市宜居建设的重点任务，改善环境质量得到了不同类型城市的重视，整体表现较为均衡，其他四个指标不同类型城市差异性大，需要进一步保持现有的建设力度并加快建设成效的提升，起步型城市要加快跟紧发展型、提升型城市，尽快实现转型。

（2）过程指数动态特征

在城市生态宜居建设过程方面，提升型、发展型、起步型和本底型四类城市九项要素的评估得分在2019年和2020年存在变化波动，其中四类城市都在经济发展、高效运营两个方面的建设强度与2019年基本保持一致，而公共服务、道路交通、能源节约、废气治理、污水治理、资源利用、城市绿化有明显差异（图5-2-8）。总体而言，全国层面，废气治理、污水治理的建设力度提升较2020年最为明显，提升型城市、发展型城市与起步型城市与全国层面两个方面的显著变化保持基本趋势的一致性。发展型城市还在道路交通、能源节约的建设强度突破较

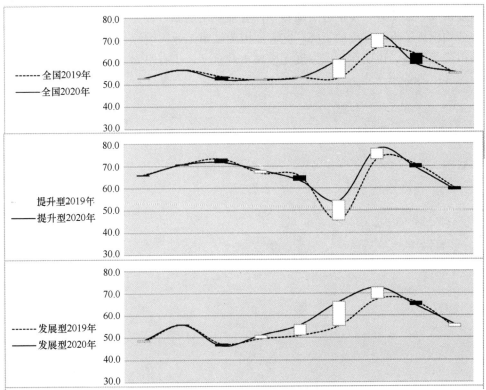

图5-2-8 2019—2020年各类城市过程指标平均得分变化（一）

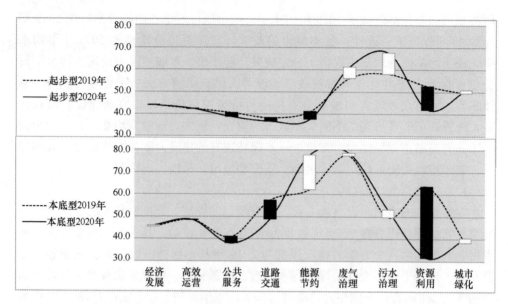

图 5-2-8　2019—2020年各类城市过程指标平均得分变化（二）

大，这侧面反映了交通和资源利用是城市生态宜居建设过程中面临的亟待解决的重要挑战，需要进一步推进交通转型，合理利用资源。各类城市在资源利用方面得分均出现了不同程度的下降，究其原因为城市工业固废综合利用的不足，部分城市降幅明显，说明在我国发展无废城市背景下，仍有很多工作亟待突破。

3 结果-过程指标的关联特征

3 Correlation Characteristics of Result-Progress Indicators

优地指数评估框架方法将可持续发展指数、城市品牌名片、职工平均工资、单位 GDP 能耗、空气质量优良率五项指标作为城市生态宜居发展成效的评估指标，为研究 14 项过程指标与结果指标的关联特征，本节运用相关性分析检验结果指标与过程指标之间的相关关系。

在分析前，对 19 个指标的 288 个城市数据正态性特征进行检验，总体而言，除单位 GDP 能耗、每百人公共图书馆藏书、每万人拥有公共汽电车、单位 GDP 电耗、二氧化硫排放强度、烟粉尘排放强度、污水处理率之外，其他指标数据基本可接受为正态分布。除污水处理率之外，前述 6 个指标通过取对数基本可接受为正态分布，其中二氧化硫排放强度、烟粉尘排放强度具有正态性特质。因此，除污水处理率外，其余结果指标与过程指标之间用 Pearson 相关系数分析检验相关关系（其中前述六个指标运用对数值进行相关分析），用 Spearman 相关系数检验各结果指标与污水处理率的相关关系。

3.1 结果-过程指标总体相关特征

运用近 300 个城市 2020 年评估数据（即 2018 年指标数值）进行相关分析（表 5-3-1），结果如下：

可持续发展指数、城市品牌名片、职工平均工资均与人均 GDP、第三产业占比、政府工作网站评分、建成区绿化覆盖率及文化、医疗、公共交通平均水平显著正相关（0.01 显著水平）。

单位 GDP 能耗与人均 GDP、第三产业占比、政府工作网站、工业固体废物综合利用率显著负相关（0.01 显著水平），体现城市发展水平、产业结构调整、政府管理效率、提升固体废弃物进行循环利用均有助于降低单位 GDP 能耗。另外，单位 GDP 能耗与单位 GDP 电耗、二氧化硫排放强度、烟粉尘排放强度、人均公园绿地面积显著正相关（0.01 显著水平）。

空气质量优良率与二氧化硫排放强度、烟粉尘排放强度、污水处理率及每万人拥有公共汽电车数量显著负相关（0.01 显著水平），说明改善空气质量需要严格控制工业废气、废水的排放水平，并引导城市公共交通的绿色发展。另外空气质量优良率与人均道路面积、工业固废综合利用率、建成区绿化覆盖率呈 0.05 显著水平的负相关，一方面可以看出交通、工业固废循环利用过程对于空气质量的影响，需要严格管控；另一方面建成区绿化覆盖率与空气质量优良率的负相关需要反思，说明除覆盖率之外还需要更关注绿地结构、空间布局、物种选择等绿地实际质量对于改善环境质量的影响。

结果-过程指标相关分析结果表　　　　　　　　　表 5-3-1

过程指标＼结果指标	可持续发展指数	城市品牌名片	职工平均工资	☆单位 GDP 能耗	空气质量优良率
人均 GDP	0.749**	0.608**	0.605**	−0.189**	−0.104
第三产业占比	0.498**	0.356**	0.442**	−0.185**	0.032
政府工作网站评分	0.508**	0.504**	0.341**	−0.451**	−0.016
☆每百人公共图书馆藏书	0.690**	0.512**	0.591**	−0.045	0.083
每万人拥有病床数	0.607**	0.395**	0.412**	0.039	−0.023
人均道路面积	−0.077	0.096	0.004	0.033	−0.128*
☆每万人拥有公共汽电车	0.570**	0.401**	0.353**	−0.050	−0.178**
☆单位 GDP 电耗	−0.311**	−0.259**	−0.103	0.695**	−0.075
☆二氧化硫排放强度	0.143*	0.248**	0.135	0.294**	−0.358**
☆烟粉尘排放强度	0.207**	0.242**	0.146	0.337**	−0.346**
★污水处理率	0.112	0.169	0.100	0.042	−0.298**
工业固体废物综合利用率	0.141	0.163	0.149	−0.335**	−0.143
建成区绿化覆盖率	0.289**	0.254**	0.206**	−0.090	−0.117*
人均公共绿地面积	0.009	0.099	0.105	0.183**	−0.043

* $p<0.05$　** $p<0.01$
☆取对数后进行相关分析　　★运用 Spearman 相关系数检验，其余运用 Pearson 检验

3.2　各类城市的结果-过程指标相关特征

为进一步探讨不同类型城市的特征，对提升型城市、发展型城市、起步型城市的 5 项结果指标与 14 项过程指标进行相关特征分析，由于本底型城市数量较少，数据误差较大，故无法对本底型城市进行结果-过程指标相关特征分析。

3.2.1　提升型城市特征

提升型城市表现出**可持续发展指数、职工平均工资**均与人均 GDP、第三产业占比及文化、医疗、公共交通平均水平显著正相关（0.01 显著水平）。说明对

于提升型城市而言、经济发展、管理效率、公共服务及道路交通的改善，与城市可持续发展与改善居民生活水平高度相关（表 5-3-2）。

提升型城市（92 个）的结果-过程指标相关分析结果表　　表 5-3-2

过程指标 \ 结果指标	可持续发展指数	城市品牌名片	职工平均工资	☆单位GDP能耗	空气质量优良率
人均 GDP	0.679**	0.329**	0.482**	-0.170	-0.216*
第三产业占比	0.588**	0.232*	0.556**	-0.2121*	-0.031
政府工作网站评分	0.452**	0.427**	0.249*	-0.484**	-0.197
☆每百人公共图书馆藏书	0.717**	0.257*	0.565**	-0.196	-0.104
每万人拥有病床数	0.596**	0.262*	0.385**	-0.056	-0.168
人均道路面积	-0.291**	-0.182	-0.293**	0.149	-0.069
☆每万人拥有公共汽电车	0.478**	0.076	0.313**	-0.152	0.172
☆单位 GDP 电耗	-0.381**	-0.288**	-0.103	0.492**	0.032
☆二氧化硫排放强度	0.076	0.210	-0.105	0.011	-0.343**
☆烟粉尘排放强度	0.135	0.195	-0.014	0.035	-0.367**
★污水处理率	-0.058	0.005	-0.026	0.152	-0.017
工业固体废物综合利用率	0.099	0.082	0.056	-0.381**	-0.048
建成区绿化覆盖率	0.070	0.098	0.004	-0.070	-0.027
人均公共绿地面积	-0.136	-0.114	-0.091	0.077	-0.024

* $p<0.05$　** $p<0.01$

☆取对数后进行相关分析　★运用 Spearman 相关系数检验，其余运用 Pearson 检验

城市品牌名片与人均 GDP、政府工作网站评分呈 0.01 显著水平的正相关，与单位 GDP 电耗呈现负相关（0.01 显著水平）。另外，城市品牌名片与第三产业占比、每万人拥有病床数、每百人公共图书馆藏书在 0.05 显著水平呈现正相关，可以看出经济发展、政府效率、文化医疗等城市实力对城市品牌名片的正向作用。

单位 GDP 能耗与工业固体废物综合利用率、政府工作网站评分显著负相关（0.01 显著水平），体现提升固体废弃物进行循环利用均有助于降低单位 GDP 能耗。另外，单位 GDP 能耗与单位 GDP 电耗显著正相关（0.01 显著水平），电力作为能耗的主要构成之一，节约用电对于降低能耗强度有直接影响。

空气质量优良率与人均 GDP 负相关（0.05 显著水平）。并且，二氧化硫排放强度、烟粉尘排放强度显著正相关（0.01 显著水平），说明对于提升型城市而言，改善空气质量关键在于严格控制废气排放水平。

3.2.2 发展型城市特征

对于发展型城市而言（表 5-3-3），该类城市的**可持续发展指数**与人均 GDP、每百人公共图书馆藏书、每万人拥有公共汽电车呈现显著的正相关（0.01 显著水平），与每万人拥有病床数、显著正相关（0.05 显著水平），与工业固体废物

综合利用率负相关（0.05显著水平）。

发展型城市（106个）的结果-过程指标相关分析结果表　　　表5-3-3

过程指标 \ 结果指标	可持续发展指数	城市品牌名片	职工平均工资	☆单位GDP能耗	空气质量优良率
人均GDP	0.343**	0.198*	0.348**	0.297**	−0.070
第三产业占比	0.049	0.011	0.103	0.143	0.141
政府工作网站评分	0.089	0.162	0.010	−0.223	0.132
☆每百人公共图书馆藏书	0.317**	0.154	0.360**	0.450**	0.268**
每万人拥有病床数	0.234*	−0.032	0.148	0.540**	0.068
人均道路面积	−0.006	0.229*	0.132	−0.041	−0.205*
☆每万人拥有公共汽电车	0.262**	−0.039	0.045	0.198*	−0.343**
☆单位GDP电耗	0.095	0.061	0.201*	0.595**	−0.191
☆二氧化硫排放强度	0.182	0.131	0.196*	0.518**	−0.355**
☆烟粉尘排放强度	0.209*	0.103	0.122	0.574**	−0.311**
★污水处理率	−0.077	0.010	−0.080	0.085	−0.401**
工业固体废物综合利用率	−0.248*	−0.016	0.048	−0.307**	−0.171
建成区绿化覆盖率	0.154	0.011	0.198*	0.173	−0.031
人均公共绿地面积	−0.079	0.162	0.228*	0.067	−0.132

* $p<0.05$　** $p<0.01$

☆取对数后进行相关分析　★运用Spearman相关系数检验，其余运用Pearson检验

城市品牌名片与人均GDP、人均道路面积呈现显著正相关（0.05显著水平）。

职工平均工资与人均GDP、每百人公共图书馆藏书呈0.01显著水平的正相关，与建成区绿化覆盖率、人均公共绿地面积、单位GDP电耗、二氧化硫排放强度在0.05显著水平呈现正相关，说明该类城市发展尚未与工业发展与电力消耗脱钩。

单位GDP能耗与人均GDP、文化、医疗设施水平、单位GDP电耗、二氧化硫排放强度、烟粉尘排放强度显著正相关（0.01显著水平），与工业固体废物综合利用率显著负相关（0.01显著水平）。

空气质量优良率与每万人拥有公共汽电车、二氧化硫排放强度、烟粉尘排放强度、污水处理率显著负相关（0.01显著水平），与每百人拥有公共图书馆藏书显著正相关（0.01显著水平）。

3.2.3 起步型城市特征

对于起步型城市而言（表5-3-4），**可持续发展指数**与人均GDP呈现显著的正相关（0.05显著水平），与每万人拥有病床数、建成区绿化覆盖率、每万人拥

有公共汽电车显著正相关（0.01 显著水平），与工业固体废物综合利用率显著负相关（0.05 显著水平）。

起步型城市（87 个）的结果-过程指标相关分析结果表　　表 5-3-4

过程指标＼结果指标	可持续发展指数	城市品牌名片	职工平均工资	☆单位GDP能耗	空气质量优良率
人均GDP	0.233*	0.233*	0.243*	0.445**	−0.153
第三产业占比	0.052	0.057	−0.125	−0.043	−0.115
政府工作网站评分	−0.139	0.093	−0.026	−0.170	−0.009
☆每百人公共图书馆藏书	0.214*	0.085	0.142	0.520**	0.070
每万人拥有病床数	0.338**	0.002	−0.121	0.497**	0.001
人均道路面积	−0.081	0.242*	0.278**	0.068	−0.102
☆每万人拥有公共汽电车	0.287**	0.190	0.041	0.545**	−0.284**
☆单位GDP电耗	0.108	0.099	0.164	0.714**	−0.124
☆二氧化硫排放强度	0.056	0.372**	0.225*	0.473**	−0.449**
☆烟粉尘排放强度	0.182	0.342**	0.188	0.601**	−0.426**
★污水处理率	0.166	0.255*	0.267*	0.185	−0.362**
工业固体废物综合利用率	−0.212*	−0.026	0.066	−0.123	−0.117
建成区绿化覆盖率	0.283**	0.305**	0.170	0.040	−0.215*
人均公共绿地面积	0.064	0.195	0.222*	0.421**	−0.004

* $p<0.05$　** $p<0.01$

☆取对数后进行相关分析　★运用 Spearman 相关系数检验，其余运用 Pearson 检验

城市品牌名片与二氧化硫排放强度、烟粉尘排放强度、建成区绿化覆盖率显著正相关（0.01 显著水平），与人均 GDP、人均道路面积、污水处理率呈现显著正相关（0.05 显著水平）。

职工平均工资与人均道路面积呈 0.01 显著水平的正相关，与人均 GDP、人均公共绿地、污水处理率面积在 0.05 显著水平呈现正相关。

单位 GDP 能耗与人均 GDP、每百人公共图书馆藏书、每万人拥有病床数、每万人拥有公共汽电车、单位 GDP 电耗、二氧化硫排放强度、烟粉尘排放强度、人均公共绿地面积显著正相关（0.01 显著水平）。

空气质量优良率与每万人拥有公共汽电车、二氧化硫排放强度、污水处理率、烟尘粉排放强度呈现 0.01 显著水平的负相关，与建成区绿化覆盖率呈现 0.05 显著水平的负相关。

3.2.4　小结

总体来看，三种不同类型城市的结果指标与过程指标的相关度基本一致，各类城市呈现一定的差异性特征（表 5-3-5）。

表 5-3-5 三类城市的结果-过程指标相关分析结果汇总表

过程指标		结果指标	可持续发展指数				城市品牌名片				职工平均工资				☆单位GDP能耗				空气质量优良率			
			总	一	二	三	总	一	二	三	总	一	二	三	总	一	二	三	总	一	二	三
发展		人均GDP	●	●	●	○	●	●	●		●		●	○	●	●	●	●				
		第三产业占比	●	●	●	●	●	●	●	●	●	○	●		●−		●−	○−				
		政府工作网站评分	●	●	●	○	●	●	○		○		●	●		○−	●	○−		○−		
宜居		☆每百人公共图书馆藏书	●	●	○		●	○			●		●							●			
		每万人拥有床数	●−	●			●	●					●	●		●							
		人均道路面积	●	●			●					●−					●						
		☆每万人拥有公共汽电车	●−	●−		○	●−	●−			○			○	●	●	●	●	●−	●−	●−	●−	
		☆单位GDP电耗	○	○		●					○				●	●			●−	●−	●−		
		☆二氧化硫排放强度	●				●	●							●	●			●−	●−	●−		
		☆烟粉尘排放强度		●							●	●	●	○	●	●	○−		●−	●−	●−		
生态		★污水处理率	○	●−	○						○		●	●	●	●	○−		●−	●−	●−		
		工业固体废物综合利用率		●			●	●	●		●			●	●	●							
		建成区绿化覆盖率	●				●	●	●				○	○		●	○		○−				
		人均公共绿地面积									●		○			●							

● ○: 显著相关(其中, ○: $p<0.05$; ●: $p<0.01$)   −: 负相关   总: 总体   一: 提升型   二: 发展型   三: 起步型

☆取对数后进行相关分析   ★运用Spearman相关系数检验, 其余运用Pearson检验

可持续发展指数与经济发展类指标特别是人均 GDP 水平显著正相关，与宜居类指标中的文化、医疗及公共交通供给水平显著正相关。特别的，对于提升型城市而言，可持续发展指数的提升与人均道路面积及单位 GDP 电耗的有效控制显著相关；起步型城市的可持续发展水平与建成区绿化覆盖水平显著正相关，说明提升绿化是该类城市可持续发展的有效途径之一。

城市品牌名片的相关因素方面，各类城市间差异较大。提升型城市主要与经济发展因素正相关，与单位 GDP 电耗水平负相关；起步型城市则与工业废气排放强度、绿化覆盖率显著正相关，说明其城市名片的获取与工业发展、城市绿化关联紧密。

职工平均工资与经济发展类指标特别是人均 GDP 水平显著正相关，除起步型城市均与文化、医疗及公共交通供给水平呈显著正相关。特别的，提升型城市的居民生活水平与人均道路面积负相关、起步型城市则与人均道路面积正相关，说明对于不同发展阶段的城市要正确认识道路交通对于发展的作用。发展型城市的居民生活水平提升与单位 GDP 电耗、二氧化硫排放强度显著正相关，说明能源与工业对该类城市的作用，需要进一步关注该类城市的产业与能源转型。

单位 GDP 能耗与单位 GDP 电耗显著相关、与工业固废综合利用率显著负相关，除提升型城市外与工业废气排放强度显著正相关。对于提升型、起步型城市而言，单位 GDP 能耗与人均 GDP 显著正相关，说明这两类城市经济发展尚未与能源消耗脱钩；对于提升型城市而言，单位 GDP 能耗与第三产业占比显著负相关说明产业结构调整对于该类城市而言已经起到了节能降耗的成效。

空气质量优良率与工业废气排放强度显著负相关，说明改善空气质量离不开对工业废气排放的严格管控。特别的，发展型、起步型城市的空气质量优良率与每万人公共汽电车数量显著负相关，说明需要关注这类城市的公共汽电车污染排放情况，强化其清洁化水平。

3.3 典型城市的 2008—2018 年结果-过程指标相关特征

3.3.1 超大城市

按照新标准，城区常住人口 1000 万以上的城市为超大城市。按照这个标准，中国共有 6 个超大城市，分别为：北京、上海、广州、深圳、天津、重庆。为尝试研究超大城市生态宜居发展的特征和关键因素，在此比较六个城市结果指标与过程指标 2008—2018 年数据的相关关系特征（表 5-3-6）。

可以看出，超大城市的**可持续发展指数、空气质量优良率**总体呈现与过程指标相关关系不显著的特征。特别的，北京的可持续发展指数与工业废气排放强度

表 5-3-6 超大城市 2008—2018 年结果-过程指标相关分析结果表

过程指标		可持续发展指数						城市品牌名片						职工平均工资						单位 GDP 能耗						空气质量优良率					
	结果指标	北	上	广	深	津	渝	北	上	广	深	津	渝	北	上	广	深	津	渝	北	上	广	深	津	渝	北	上	广	深	津	渝
发展	人均 GDP	/	/	/	/	☆	/	★	☆	★	☆	★	★	★	★	★	★	★	★	★	★	★	★	★	★	★	★	/	/	/	/
	第三产业占比	/	/	/	/	/	/	★	★	★	☆	★	★	★	★	★	★	★	★	★	★	★	★	★	★	☆	★	/	/	☆	/
	政府工作网站评分	/	/	/	/	/	/	★	★	☆	/	☆	/	★	★	★	★	★	/	★	/	★	★	★	★	★	★	/	/	/	/
宜居	每百人公共图书馆藏书	/	/	/	/	☆	/	★	★	★	/	/	★	★	★	★	★	★	★	★	★	★	★	★	★	★	★	/	/	/	/
	每万人拥有病床数	/	/	/	/	/	/	★	★	★	★	★	★	★	★	★	★	★	★	☆	/	/	★	★	★	★	★	/	☆	/	/
	人均道路面积	/	★	/	/	/	/	★	☆	★	★	★	★	☆	/	/	☆	/	/	/	/	/	/	★	★	★	★	/	/	/	/
	每万人拥有公共汽电车	/	/	/	/	/	/	★	★	★	★	★	★	★	★	☆	★	★	★	★	★	☆	★	★	★	★	☆	/	/	/	/
生态	单位 GDP 电耗	/	/	/	/	/	/	★	★	/	/	☆	☆	★	★	☆	★	★	★	★	★	★	★	★	★	★	★	/	☆	/	/
	二氧化硫排放强度	/	☆	/	/	/	/	★	★	★	★	★	★	★	★	★	★	★	★	★	★	★	★	★	★	☆	★	/	★	/	/
	烟粉尘排放强度	☆	/	/	/	/	/	★	★	★	★	★	☆	★	★	☆	★	★	/	★	★	★	★	★	★	/	★	/	★	/	/
	污水处理率	☆	/	/	/	/	/	★	★	★	/	★	/	★	/	★	/	/	/	☆	★	☆	/	/	/	/	/	/	/	/	/
	工业固体废物综合利用率	/	/	/	/	/	/	/	/	/	/	/	/	/	/	/	/	/	/	/	☆	/	/	/	/	/	/	/	/	/	/
	建成区绿化覆盖率	/	/	/	/	/	/	/	/	/	/	/	/	★	/	/	/	/	/	★	★	★	/	/	/	★	/	/	/	/	/
	人均公共绿地面积	/	/	/	/	/	/	★	/	/	/	/	☆	★	/	/	/	★	/	★	/	/	★	/	/	☆	☆	/	/	/	/

☆★：显著相关（其中，☆：$p<0.05$；★：$p<0.01$）；—：负相关；/：不显著

显著负相关（0.05显著水平），广州的可持续发展指数与工业固体废弃物综合利用率显著正相关。北京的空气质量优良率相关的因素较多，与经济发展各项指标呈0.05显著水平的负相关，与人均道路面积、医疗服务水平呈0.01显著水平的负相关，与城市绿化水平也呈现显著负相关。上海与广州的空气质量优良率与烟粉尘排放强度显著负相关（0.05显著水平），深圳则与人均道路面积显著负相关。

超大城市的**城市品牌名片**得分与经济发展、医疗与文化设施水平、污水处理率等指标都呈现显著正相关，与电耗、工业废气排放强度呈现显著负相关。**职工平均工资**与经济发展类指标显著正相关（0.01显著水平），与医疗、文化服务设施水平显著正相关，与单位GDP电耗、二氧化硫排放强度显著负相关（0.01显著水平）、与污水处理率显著正相关（0.05显著水平）说明在这六个超大城市中污染物排放已经与职工平均工资挂钩，超大城市减排措施初见成效。

超大城市的**单位GDP能耗**与人均GDP、第三产业占比指标显著为负（0.01显著水平），与医疗、文化服务设施水平显著负相关（0.01显著水平），与单位GDP电耗、二氧化硫排放强度显著正相关（0.01置信水平）。一方面可以看出该类城市的GDP增长已经从原来的粗放型经济增长方式转变为集约型经济增长方式；另一方面，随着第三产业占比的不断提升，第三产业增加值占GDP比重较高而单位GDP能耗也较小，产业转型效果显著。

3.3.2 人口快速增长城市

近年来，中国各地为争夺人才出台一系列优惠政策。据统计，一、二线城市中，2019年人口增加最快的10个城市分别是杭州、深圳、广州、宁波、佛山、成都、长沙、重庆、郑州和西安❶。为尝试分析快速吸引人才城市的特征因素，在此选取杭州、广州、深圳、佛山、成都、西安作为代表，对其结果指标与过程指标2008—2018年数据的相关关系特征进行分析（表5-3-7）。

总体而言该类城市与超大城市呈现相似的特征。除佛山外，各城市的**可持续发展指数**、**空气质量优良**率与各过程指标相关关系不显著，其中成都与每万人拥有公共汽电车数量显著负相关。特别的，成都的空气质量优良率与医疗、公交服务水平、污水处理率显著负相关，与工业固废综合利用率、单位GDP电耗显著正相关（0.05显著水平）。西安则与深圳一样，与人均道路面积显著负相关，需要在吸引人群发展城市的同时，关注城市道路面积的合理管控。

职工平均工资与人均GDP、第三产业占比，文化及医疗服务设施水平显著正相关，与单位GDP电耗、二氧化硫排放强度显著负相关（0.01显著水平）。

---

❶ https://baijiahao.baidu.com/s?id=1664767989320665645&wfr=spider&for=pc.

表 5-3-7　人口快速增长城市 2008—2018 年结果-过程指标相关分析结果表

		可持续发展指数						城市品牌名片						职工平均工资						单位GDP能耗						空气质量优良率					
过程指标	结果指标	杭州	深圳	广州	佛山	成都	西安	杭州	深圳	广州	佛山	成都	西安	杭州	深圳	广州	佛山	成都	西安	杭州	深圳	广州	佛山	成都	西安	杭州	深圳	广州	佛山	成都	西安
发展	人均GDP	/	/	/	—★	/	/	/	/	/	★	★	★	★	★	★	★	★	★	—★	—★	—★	—★	—★	—★	—☆	/	/	/	/	/
	第三产业占比	/	/	/	—★	/	/	/	☆	/	★	★	★	★	★	★	★	★	★	—★	—★	—★	—★	—★	—★	/	/	/	/	/	/
	政府工作网站评分	/	/	/	—★	/	/	/	☆	/	★	/	★	☆	★	★	★	★	☆	/	/	/	/	—☆	/	/	/	/	/	/	/
宜居	每百人公共图书馆藏书	/	/	/	—★	/	/	/	/	/	☆	☆	★	★	★	★	★	★	★	—★	—★	—★	—★	—☆	—★	/	/	/	★	/	/
	每万人拥有病床数	/	/	/	—★	/	/	/	★	/	/	/	★	★	★	★	★	★	★	—★	—★	—★	—★	—★	—★	/	/	/	/	/	/
	人均道路面积	/	/	★	—☆	/	/	/	/	/	/	/	/	☆	★	★	★	☆	/	—☆	/	/	/	/	/	/	—☆	/	/	/	/
	每万人拥有公共汽电车	/	/	/	/	/	/	/	/	/	—☆	/	/	/	/	★	★	/	★	/	/	/	/	/	★	/	/	/	/	☆	/
生态	单位GDP电耗	/	/	/	/	—☆	/	/	/	/	/	/	/	★	★	★	★	★	★	★	/	—☆	/	/	★	/	/	/	/	/	/
	二氧化硫排放强度	/	/	★	/	/	/	/	/	/	/	/	/	☆	★	★	★	☆	★	★	★	★	★	☆	★	/	/	/	/	/	/
	烟粉尘排放强度	/	/	/	—★	/	/	/	/	/	/	/	/	/	★	★	★	/	☆	★	★	★	★	—☆	★	/	☆	—☆	/	/	/
	污水处理率	/	/	/	/	/	/	/	/	/	/	/	/	☆	★	★	★	☆	☆	—☆	—★	/	/	—☆	—★	/	/	/	/	/	/
	工业固体废物综合利用率	/	/	☆	/	/	/	/	/	/	/	/	/	/	★	★	★	☆	☆	/	/	/	/	—☆	/	/	/	/	/	/	/
	建成区绿地覆盖率	/	/	—★	/	/	/	/	/	/	/	/	/	/	★	★	★	/	☆	/	/	—☆	★	/	★	/	/	☆	/	☆	/
	人均公共绿地面积	/	/	/	/	/	/	/	/	/	/	/	/	★	★	★	★	☆	☆	/	★	★	★	★	★	/	/	/	/	/	/

★：显著相关（其中，☆：$p<0.05$，★：$p<0.01$）　—：负相关　/：不显著

单位 GDP 能耗方面，该类城市均与人均 GDP、第三产业占比以及医疗服务水平显著负相关，与单位 GDP 电耗、二氧化硫排放强度显著正相关，特别的，深圳、佛山、成都、西安的单位 GDP 能耗与人均公园绿地面积显著负相关（0.01 显著水平），呈现较好的协同效果。广州、成都的单位 GDP 能耗与烟粉尘排放强度显著正相关，可进一步探索二者是否具有协同减排的潜力。

4 城市疫情发展与各类型城市发展特征分析[1]

4 Analysis on the Urban Epidemic Development of COVID-19 and the Development Characteristics of Various Types of Cities

"新型冠状病毒"的暴发与传播,对经济状况及人类生产生活产生了重要影响。本文通过全国及优地指数各类城市中受影响较大典型城市的疫情发展数据(累计确诊人数、新增确诊/治愈/死亡人数、现有确诊人数、每十万人确诊人数),初步分析和探讨城市疫情发展趋势与规律,从而对政府部门防疫和城市建设的政策措施制定提供借鉴意义。

本研究基于以下假设:当新增治愈人数超过当天的新增确诊人数时,疫情出现拐点,即现有确诊人数开始呈现下降趋势。

数据来源: 国家及东中西部各省市地区卫生健康委员会、2019年优地指数评估数据库(时间截至2020年3月20日)。

4.1 全国疫情趋势进展

根据全国疫情趋势进展分为始发、生长、盛、弱、衰五个阶段,而从疫情迅猛发展开始以来到目前国内疫情逐渐得到控制,研究小组尝试将疫情发展与时空规律进行关联分析,以期寻求疫情发展与城市特征的规律。

按照全国疫情发展的历史数据,疫情自发现以来每日新增确诊人数逐渐增长,在2月4日每日新增确诊人数达到最大值(除2月12日因诊断标准有所改变,新增确诊1.5万人),疫情发展进入"盛行"阶段;2月18日出现"新增治愈(1824例)>新增确诊(1749例)"的拐点信号,全国现有确诊病例约在2月19日达到顶峰,此后随着新增治愈人数与新增确诊人数的差距逐渐增大,逐步由盛转"弱";3月5日前后,在全国人民的共同努力下,疫情的传播受到控制,每日新增确诊人数下降至100人以下,并持续保持,现有病例逐渐治愈,疫情逐渐转"衰";在3月20日前,国内新增确诊病例人数(除境外输入及相关病例)已实现2天零增长(图5-4-1)。

---

[1] 该节中城市类型参照2019年评估结果。

4 城市疫情发展与各类型城市发展特征分析

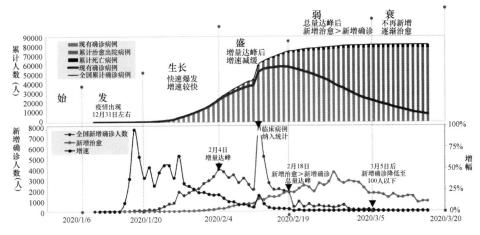

图 5-4-1　全国新冠肺炎疫情发展时间规律图
（数据截至 2020 年 3 月 20 日）

城市疫情的发病、迅猛发展和时令的关系，在当前阶段顺应自然规律，后期还会增加季节性流行病的调研补充，与温度和湿度相关。在本文中先不考虑这部分原因。

4.2　不同类型城市的疫情趋势剖析

为进一步剖析城市疫情发展的特征，本研究对不同优地指数类型、不同规模城市的趋势数据进行收集和深入研究。新冠肺炎疫情发生以来，中国采取各项措施全力抗击疫情，目前已经取得积极成效。截至 2020 年 3 月 20 日，我国出现确诊患者的 316 个城市/地区中，290 个城市的确诊患者已经全部治愈出院，占比达到 91.8%。其中，236 个城市/地区未出现死亡病例，治愈率达到 100%。

从患者全部治愈的 290 个城市疫情数据来看，从 2 月 9 日第一个城市确诊病例全治愈开始，3 月 5 日确诊病例全治愈的城市数量最多，达到 18 个。第二个城市数量峰值出现在 3 月 16 日，且 2 个确诊人数超过 500 例的城市在这一天实现全治愈（图 5-4-2）。

4.2.1　优地指数四类城市的疫情趋势特征

通过分析 300 余个城市（包括 288 个优地指数评估城市及 54 个非评估城市）的疫情特征，对起步型城市、发展型城市、提升型城市和本底型城市进行城市的特征剖析。总体而言，疫情各项指标均呈现提升型城市＞发展型城市＞起步型城市特征，其中较为核心的为从武汉流入人数强度，是引起确诊人数的增加的原因。从侧面也反映了提升型城市与武汉的关联强度强，是人口流动活跃的迁入型城市（图 5-4-3）。

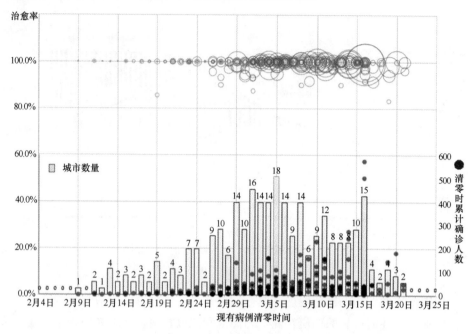

图 5-4-2 中国城市确诊病例治愈时间、累计确诊人数及治愈率
（图中气泡大小与每十万人确诊人数成正比，数据截至 2020 年 3 月 20 日）

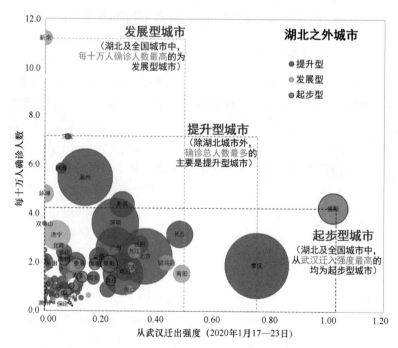

图 5-4-3 非湖北城市的从武汉迁出强度与确诊人数、每十万人确诊人数特征图
（数据截至 2020 年 3 月 20 日）

从总体确诊情况来看，各类城市的累计确诊人数均主要集中在 0~60 人，相比而言提升型城市的累计确诊人数较高，而发展型、起步型及其他未评价城市的累计确诊人数均以小于 20 例为主。除湖北省城市外，有 31 个城市累积确诊人数超过 100 例以上，提升型城市数量＞发展型城市数量＞起步型城市数量，其中 19 个城市为提升型城市，约占 61%（图 5-4-4）。

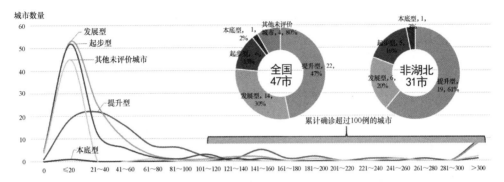

图 5-4-4　累计确诊人数的城市数量分布
（数据截至 2020 年 3 月 20 日）

从每十万人确诊人数来看，总体呈现与累计确诊人数相同的特征，提升型城市以 1~1.5 例/十万人为主，而起步型、发展型与其他未评估城市均以 0~0.5 例/十万人为主。除湖北省城市外，29 个城市每十万人确诊人数超过 2 例/十万人，其中提升型城市数量＞发展型城市数量＞起步型城市数量，提升型城市共 13 个，占比达到 45%（图 5-4-5）。

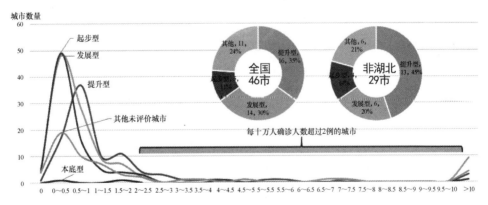

图 5-4-5　每十万人确诊人数的城市数量分布
（数据截至 2020 年 3 月 20 日）

本研究分别选取三类城市（提升型、发展型、起步型）中受疫情影响较大的城市各 6 个，对其疫情发展趋势特征进行分析。

(1) 提升型城市

提升型城市管控效果较好，较早进入平稳状态，除湖北城市外，确诊人数最多的主要在提升型城市。从 6 个典型城市的疫情发展趋势来看，这些城市疫情管控效果较好，当日治愈出院人数已超过当日新增确诊人数（图 5-4-6 中阴影区

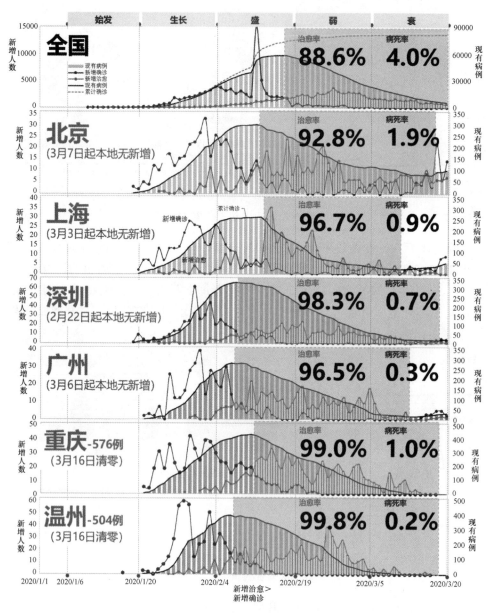

图 5-4-6　典型提升型城市的疫情动态

（截至 2020 年 3 月 20 日）

域),先于全国进入由"盛"转"弱"的阶段。其中,温州、广州、深圳的拐点约在 2 月 8 日前后,为我国第一批进入该阶段的城市;随后重庆、北京、上海也先后于 2 月 12 日、13 日、14 日进入该阶段。

由于提升型城市的累计确诊人数较多,进入确诊病例全治愈的时间相对较晚(例如重庆、温州均为 3 月 16 日)。另一方面,现阶段我国主要新增确诊病例均为境外输入病例,入境城市基本位于提升型城市,以北、上、深、广为代表的城市尽管已无本地新增病例,当前因境外输入病例出现一定反弹。

(2) 发展型城市

在湖北及全国城市中,每万人确诊人数最高的均为发展型城市,在一定程度上说明发展型城市的疫情扩散范围相对较广。在选取的 6 个典型城市中,不管是湖北的随州、黄石,还是江西新余、安徽蚌埠也于 2 月 16 日左右逐渐出现"拐点"的积极信号。

值得注意的是,管控措施到位,严格管控人员进出的河南省,其发展型城市代表南阳早在 2 月 8 日就持续呈现"新增治愈＞新增确诊"的特征(图 5-4-7 中阴影区域),虽然间或确诊人数有所增长,但是现有病例持续下降。出现拐点的时间点,与提升型城市中的第一批城市同步,体现严格管控措施在疫情控制方面的有效性。

随着各地的疫情防控取得成效,选取的 6 个典型城市中,湖北省的 3 个发展型城市在 3 月 5 日前实现无新增病例,而非湖北的蚌埠、信余、南阳等市分别于 3 月 4、8、11 日实现现有病例的清零。

(3) 起步型城市

在湖北及全国城市中,从武汉迁入强度最高的城市(湖北:孝感;全国:信阳),均为起步型城市。由于起步型城市中除孝感、信阳之外,其他城市受疫情影响相对较小,疫情扩散范围也较小,疫情防控难度相对较小,因此相比于发展型城市较早出现由"盛"转"衰"的积极型号,且确诊患者全部治愈的时间也较早。

起步型共有 6 个城市累积确诊人数超过 100 人,选取这 6 个受疫情影响较大的城市进行历史趋势的深入分析(图 5-4-8)。这些城市先后于 2 月 12、13、14 日出现拐点信号,除安徽阜阳持续下降外,其余城市在出现拐点信号后均出现一定程度的反弹。与同省份的发展型城市南阳相比,河南信阳出现"拐点"信号的时间稍晚,于 2 月 11 日出现"新增治愈＞新增确诊",现有确诊病例持续下降。

截至 3 月 20 日除湖北孝感仍有确诊患者,但自 2 月 29 日起已无新增确诊病例。其余 5 个典型城市均已全部治愈,宜春、阜阳、亳州分别在 3 月 3、4、5 日清零,湖南邵阳、河南信阳也分别于 3 月 13、14 日清零。

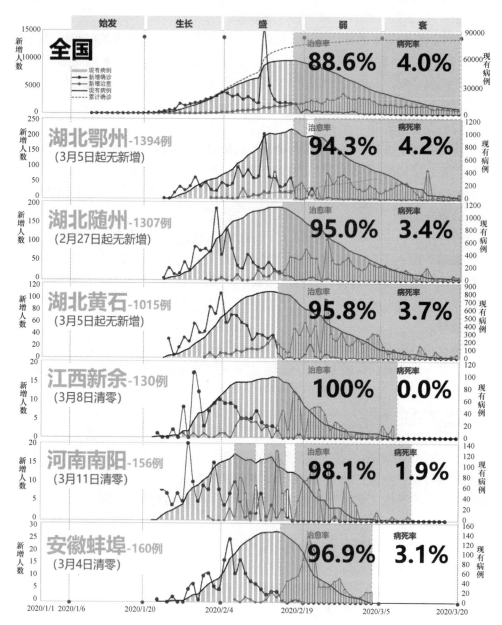

图 5-4-7 典型发展型城市的疫情动态

（截至 2020 年 3 月 20 日）

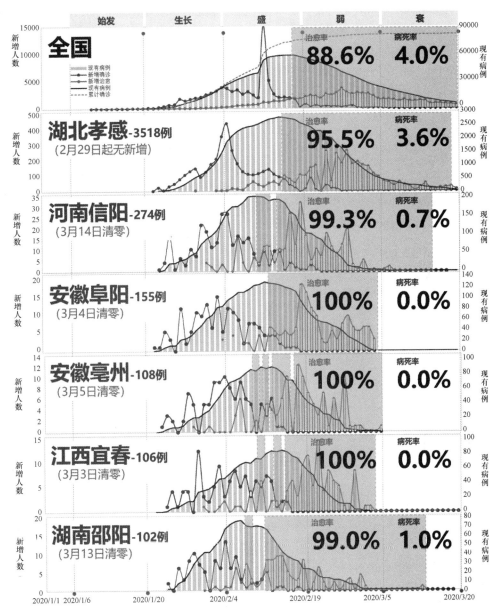

图 5-4-8 典型起步型城市的疫情动态
（截至 2020 年 3 月 20 日）

4.2.2 不同规模城市的疫情趋势特征

城市规模与疫情管控难度、管理有效性等有一定关系。为此，本研究按照 2014 年《关于调整城市规模划分标准的通知》将我国城市分成五类七档：特大城市、超大城市、大城市（Ⅰ类、Ⅱ类）、中等城市和小城市（Ⅰ类、Ⅱ类），分析各类城市出现拐点及患者全治愈的时间特征。

（1）拐点时间特征

绘制上述 18 个城市的拐点信号-治愈率分析图（图 5-4-9）。可以看出，中小城市出现拐点信号的时间不早于 2 月 11 日。

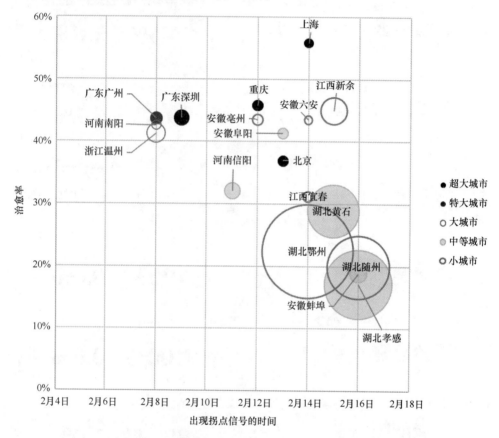

图 5-4-9　不同规模城市出现拐点时间与当时治愈率比较
（图中气泡大小与每万人确诊人数城正比，图中数据截至 2020 年 2 月 18 日）

北、上、深和重庆 4 个超大城市先后于 2 月 9 日—14 日出现拐点，并且在 2 月 18 日治愈率均超过 35%。特大城市广州、大城市南阳、温州的总体特征较为一致，是 18 个城市中最早在 2 月 8 日出现拐点信号的城市，且现有病例数持续下降，治愈率均高于 40%。

（2）全治愈时间特征

按照我国各城市确诊病例全部治愈的时间，分析各类城市在不同节气时的全治愈城市数量特征分析图（图 5-4-10）。可以看出，中小城市率先在 2 月 19 日前出现病例全治愈城市，此类城市累计确诊人数均低于 12 例、每十万人确诊人数

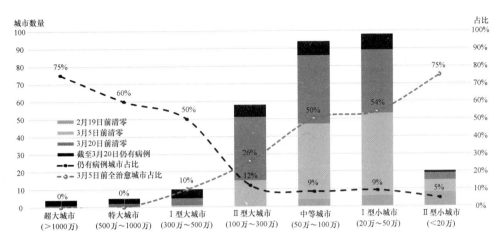

图 5-4-10 不同规模城市的确诊病例全治愈时间特征
（括号中数值为城区人口数量范围）

均少于 0.6 例/十万人，除三门峡出现 1 例病亡，其余城市的治愈率均为 100%。

到 3 月 5 日前后，大城市、中小城市的病例全治愈城市数量较多。总体而言，在 3 月 5 日前全治愈城市占比随着城市规模的降低而增大，Ⅱ型小城市的病例全治愈城市比重已达到 75%，中等城市与Ⅰ类小城市的病例全治愈城市比重已超过 50%。

受流动人口比重大、累计确诊人数基数大及境外输入确诊病例等影响，超大城市、特大城市及Ⅰ类大城市在 3 月 20 日时仍未实现病例全部治愈，甚至出现回升，这些城市中仍有病例城市占比较高。例如 4 个超大城市中，仅重庆实现病例全治愈，北、上、深仍有病例并缓慢增加。

4.3 疫情趋势的影响因素及相关性分析

综合以上分析可以看出，总体而言我国城市防疫措施到位，各类城市先后进入由"盛"转"衰"的阶段。当 2020 年 2 月 18 日全国疫情出现拐点信号时（新增治愈＞新增确诊），我国除港澳台外的 31 个省市自治区中，西藏（仅 1 例确诊并治愈）、青海、甘肃、上海、湖南、宁夏、海南等 7 个省市自治区的治愈率超过 50%，14 个超过 40%。其中青海、宁夏、浙江、江苏等 9 个省、自治区的病死率为 0（图 5-4-11）。

结合前述城市疫情趋势特征分析及治愈率较高省市的历史趋势，本书试图探讨防疫强度、城市规模等因素对疫情发展趋势的影响。

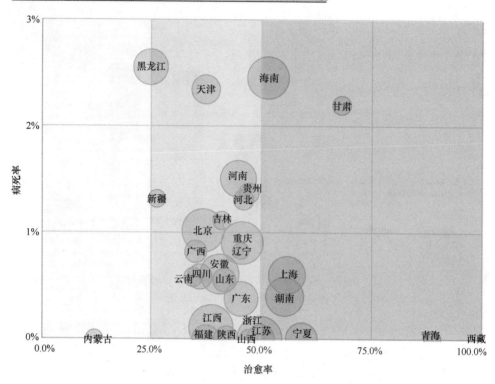

图 5-4-11　全国疫情出现拐点信号时（2020 年 2 月 18 日）除湖北外
30 个省市自治区（不含港澳台）的新冠肺炎治愈率、病死率
注：图中气泡大小与每万人确诊人数成正比

4.3.1　城市防疫强度

从前述数据可以看出，提升型城市管理措施及时到位，效果较好，最先进入拐点。例如浙江省温州市，虽然是本次新冠病毒肺炎的第二重灾区，浙江省于 1 月 23 日最早启动一级响应，温州市也在 2 月 1 日成为最先发布全城封闭式管理、全市范围实行村（居）民出行管控措施的城市，因此在本研究的 18 个城市中，温州市最早进入"拐点"。

此外，及时有效的管控措施，在疫情防控中也起到较为显著的效果。例如河南省自春节（大年初一）开始，就对人员进出进行管控，以村、小区为单位，严禁人员出入，同时禁止一切文化娱乐活动，对春节期间的走亲访友进行禁止。本研究中选取的河南信阳与南阳，也是率先出现拐点的代表性城市，其中发展型城市南阳出现拐点的时间点，与提升型城市中的第一批城市同步。

4.3.2　城市特征要素

从公布的各个城市的新冠肺炎确诊、治愈出院等数据来看，城市之间存在较大差异，为了研究城市社会经济及公共服务水平与疫情特征的关系，本研究选取城市属性特征数据进行相关分析研究。包括与武汉爆发地的关系，人口密度、气候特征、空气质量环境、水环境、固废、经济水平、交通、公共服务、公共绿地等指标（选取优地指标）。相关分析使用相关系数表示分析项之间的关系；首先判断是否有关系（有 * 号则表示有关系，否则表示无关系）；接着判断关系为正相关或者负相关（相关系数大于 0 为正相关，反之为负相关）；最后判断关系紧密程度（通常相关系数大于 0.4 则表示关系紧密）。

（1）每万人确诊人数的相关因素

通过研究分析表明（表 5-4-1），空气质量与疫情传播显著相关，空气质量优良率与确诊人数、每万人确诊人数负相关；$PM_{2.5}$ 及 PM_{10} 与每万人确诊人数正相关，SO_2、CO 及 NO_2 浓度与病死率正相关。因此，在控制疫情的时候需考虑空气质量的因素。

每万人确诊人数相关因素　　　　　　　　　表 5-4-1

		Pearson 相关系数：与每万人确诊人数		
		全国近 300 个城市	湖北之外近 280 个城市	累计确诊>10 人的 180 个城市
与爆发地关系	从武汉迁入强度	0.497**	0.027	0.027
	与武汉距离	−0.365**	−0.184	−0.184
人口密度	人口密度	−0.159	−0.117	−0.117
	常住人口	0.358**	−0.288*	−0.288*
气候特征	Sun_Feb	−0.125	−0.246	−0.246
	Temp_Jan	−0.063	0.207	0.207
空气质量	空气质量优良率	−0.495**	0.306*	0.306*
	$PM_{2.5}$_Feb	0.407**	−0.158	−0.158
	PM_{10}_Feb	0.366**	−0.103	−0.103
	SO_2_Feb	−0.131	−0.091	−0.091
	CO_Feb	−0.077	−0.236	−0.236
	NO_2_Feb	0.284	−0.243	−0.243
	O_3_Feb	0.198	0.089	0.089
水环境	污水处理率	0.281**	0.198	0.198
	建成区排水管道密度	0.314**	0.072	0.072
	公共供水普及率	−0.111	0.129	0.129
固废	生活垃圾无害化处理率	0.160	0.117	0.117
经济	人均 GDP	0.301**	0.126	0.126
	职工平均工资	0.245	−0.011	−0.011
	第三产业占比	0.071	−0.066	−0.066
道路路网	人均道路面积	0.046	−0.001	−0.001
	建成区路网密度	−0.017	−0.176	−0.176
公共服务	每万人拥有病床数	0.112	−0.134	−0.134
	每百人公共图书馆藏书	0.084	0.006	0.006
	每万人拥有公共汽电车	0.232	0.069	0.069
公园绿地	人均公园绿地面积	−0.086	0.174	0.174
	建成区绿化覆盖率	0.206	0.303*	0.303*

* $p<0.05$　** $p<0.01$

(2) 治愈率的相关因素

研究表明,优地指数及可持续竞争力与疫情规模性具有较为紧密联系,可考虑与人口流动性相关,将常住人口总数与疫情传播进行相关性分析,可以看出疫情与人口密度的相关性不显著,每万人拥有公共汽电车与确诊人数显著相关,考虑其原因可能是公共交通加速疫情传播,污水处理率与每万人确诊人数显著相关,其污水处理能力越强将会降低每万人的确诊人数。研究发现,人均公园绿地面积、每百人公共图书馆藏书与治愈率显著正相关,可见城市生态环境改善、人的精神层次文化水平的提升也将对身体的免疫能力具有一定的关联关系(表5-4-2)。

治愈率相关因素 表 5-4-2

		Pearson 相关系数:与治愈率		
		全国近 300 个城市	湖北之外近 280 个城市	累计确诊>10 人的 180 个城市
与爆发地关系	从武汉迁入强度	−0.060	0.013	0.013
	与武汉距离	0.390**	0.064	0.064
人口密度	人口密度	−0.159	0.027	0.027
	常住人口	−0.135	−0.004	−0.004
气候特征	Sun_Feb	0.167	−0.034	−0.034
	Temp_Jan	−0.227	0.044	0.044
空气质量	空气质量优良率	0.080	−0.001	−0.001
	$PM_{2.5}$_Feb	−0.101	0.007	0.007
	PM_{10}_Feb	−0.025	−0.011	−0.011
	SO_2_Feb	0.076	−0.222	−0.222
	CO_Feb	0.047	0.159	0.159
	NO_2_Feb	−0.013	−0.175	−0.175
	O_3_Feb	0.094	0.055	0.055
水环境	污水处理率	0.088	0.047	0.047
	建成区排水管道密度	−0.075	0.077	0.077
	公共供水普及率	−0.346**	0.002	0.002
固废	生活垃圾无害化处理率	0.109	0.212	0.212
经济	人均 GDP	−0.026	0.076	0.076
	职工平均工资	0.018	0.117	0.117
	第三产业占比	−0.105	0.169	0.169
道路路网	人均道路面积	0.235	−0.148	−0.148
	建成区路网密度	−0.169	0.180	0.18
公共服务	每万人拥有病床数	0.285	0.379**	0.379**
	每百人公共图书馆藏书	0.355**	0.139	0.139
	每万人拥有公共汽电车	−0.108	−0.044	−0.044
公园绿地	人均公园绿地面积	0.530**	−0.227	−0.227
	建成区绿化覆盖率	0.198	−0.056	−0.056

* $p<0.05$　** $p<0.01$

4.3.3 中医结合治疗方式

从 31 个省市自治区的治愈率数据来看，在全国疫情出现拐点信号时（2 月 18 日），甘肃、宁夏的治愈率超过 50%，治愈率甚至超过医疗水平较高的上海、北京等地区，从两个省份的疫情进程图来看，分别于 2 月 10 日、11 日出现拐点信号，稍晚于浙江省，但是其治愈率却远高于浙江、河南（图 5-4-12）。

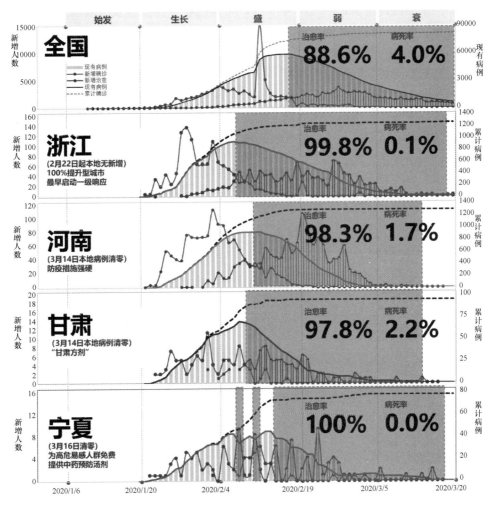

图 5-4-12 浙江、河南、甘肃、宁夏的疫情动态
（数据截至 2020 年 3 月 20 日）

在甘肃、宁夏两个省份，中医均较早参与到患者治疗当中，宁夏还为高危易感人群免费提供中药预防汤剂。从 2 与 18 日甘肃省卫生健康委的网站上可以看到，"甘肃省总结形成的系列中医药预防和治疗方剂已运送到武汉，免费为医务

工作者和患者使用"。

4.4　新冠肺炎疫情与城市发展特征关联探讨

　　通过流行病学的内容，考虑年龄分布和性别比、时空分布，通过新冠肺炎的发病流行曲线分析显示，总体呈现爆发流行模式，2019年12月发病的病例，可能为小范围暴露传播模式，2020年1月，可能是扩散传播模式。限制人员流动、减少接触、多渠道高频率地传播关键的预防信息（例如，洗手、戴口罩和求医信息），以及动员多部门快速反应，有助于遏制疫情。

　　一些重要的科学问题仍待回答，包括传染期的确定、传播途径的识别、有效治疗和预防方法的开发，以及药物和疫苗的研发。由于太阳、地球、月亮以及其他星体的空间位置总是在不规则地连续变化，同时造成宇宙能量的不断变化。发生疫情的时候，需要进一步对城市的基本特征、所处气候等进行综合的研究，寻找规律，给出具体方案。

5 总　　结
5　Summary

　　我国城市的总体建设过程模式趋同，根据2020年的评估结果，有92个城市属于提升型城市（第一象限），占总城市数量的31.9％；发展型城市（第二象限）共有106个，占比为36.8％，生态宜居城市建设成效进一步提升的发展空间较大；起步型城市（第三象限）共有87个，占被评城市的30.2％，这些城市的发展模式仍相对粗放，生态宜居建设成效较差，仍需改善城市生态宜居状况；本底型城市占比为1％。总体而言，我国的低碳生态建设力度较强，但无论是起步型、发展型还是提升型城市，生态宜居成效仍然滞后于生态宜居建设力度，二者的匹配程度较低，仅有42个城市建设成效得分（结果指数）高于行为强度得分（过程指数）。

　　通过运用相关性分析检验结果指标与过程指标之间的相关关系不难发现，可持续发展指数、城市品牌名片、职工平均工资均与人均GDP、第三产业占比、政府工作网站评分、建成区绿化覆盖率及文化、医疗、公共交通平均水平显著正相关（显著水平达到0.01）。此研究是对相关关系特征的初步探索和尝试，其中对一些数据内在的关联关系的剥离会在更深入的研究中进一步讨论。

　　通过全国及优地指数各类城市中受影响较大典型城市的疫情发展数据，研究城市疫情发展趋势与城市发展特征规律不难发现，疫情的存在与衰胜和地区、四时与岁运有关。新冠肺炎始于1月上旬，在大多数城市均从1月下旬开始快速传播与增长，并在2月下旬前后达到拐点；除湖北省城市外，29个城市每十万人确诊人数超过2例/十万人，其中提升型城市数量＞发展型城市数量＞起步型城市数量，提升型城市共13个，占比达到45％。因此，顺应自然规律，限制人员流动、减少接触、动员多部门快速反应等措施，有助于巩固疫情防控所取得的效果。

后　记

　　国土空间规划相关文件发布，城乡统筹、生态宜居、和谐发展是新时代下我国城市规划与建设的基本目标，低碳生态城市建设是当前应对城市人口膨胀、资源枯竭、环境恶化、气候变化等问题的可持续发展手段，旨在实现城市生态化与低碳化的融合、社会系统与自然系统的融合、城市空间的多样性与紧凑性、复合性与共生性的融合。

　　《中国低碳生态城市发展报告2020》以"高质量城市发展"为主题，以"低碳生态城市"为抓手整合资源，全面推进低碳生态视角下的城市规划。低碳生态视角下的城市规划以其高度的综合性、战略性和政策性，实现优化城市资源要素配置、调整城市空间布局、协调各项事业建设、完善城市功能、建设优质人居环境的功能，改变以往片面重视城市规模和增长速度的定式思维模式，转向对城市增长容量和生态承载力的重视，同时关注提升居民生活质量，不断改善人居环境，提高城市的可持续发展水平。2019年，国内外建设低碳生态城市的过程中取得了丰富的研究和实践成果，在探索的道路上大胆突破，但同时，也可以看到面临的多方挑战。报告通过对这些理念、经验与实践的总结，以期帮助、促进和推动未来低碳生态城市的建设，更加突出建设以生态文明为纲、宜居人文为本的高质量城市和可持续的人类住区。

　　《中国低碳生态城市发展报告2020》是中国城市科学研究会生态城市研究专业委员会联合相关领域专家学者，以约稿及学术资料查询、问卷调研的方式组织编写完成的。委员会设立了报告编委会和编写组，广泛获取相关动态信息、定期沟通报告方向和进展。为了使报告更好地反映低碳生态城市建设、发展的最新动态，全面透析发展的热点问题，追踪实践和探索的年度进展，委员会组织编委会和编写组多次召开专门会议，听取专家学者对于年度报告框架的意见，确定了2020年度报告的主题：高质量城市发展。报告根据创新、协调、绿色、开放、共享发展理念的指引，深化城市新型城镇化绿色转型之路，强调对人文需求与城市评价的总结和分析，寻求城市低碳生态化途径。期间通过专家约稿、访谈、问卷调查、学术交流等形式对报告进行补充和完善，并最终于2020年8月底成稿。

　　本报告是中国城市科学研究会组织编写的系列年度报告之一，在借鉴了之前十年的编写经验基础上，对中国低碳生态城市的发展与研究成果进行了系统总结与集中展示，形成了包含最新进展、认识与思考、方法与技术、实践与探索、中国城市生态宜居发展指数（优地指数）报告五部分在内的、体现逻辑层次的研究报告。报告吸纳了相关领域众多学者的最新研究成果，尤其得到了国务院参事仇保兴博士和中国城市科学研究会何兴华博士的指导和支持，在此，再次对为本报告作出贡献的各位专家学者致以诚挚的谢意。

本报告作为探索性、阶段性成果，欢迎各界参与低碳生态城市规划建设的读者朋友提出宝贵意见，并欢迎到中国城市科学研究会生态城市研究专业委员会微信公众号（中国生态城市研究专业委员会@chinaecoc）、网站中国生态城市网（http：//www.chinaecoc.org.cn/）或新浪微博（@中国生态城市）交流。

我国发展站在了新的历史起点上，中国特色社会主义进入了新的发展阶段，"新常态"下我国城镇化呈现出一些突出的特征和挑战，低碳生态城市是生态文明建设和绿色发展的必然选择，是促使人—城市—资源—生态协同可持续的关键举措，进一步加强国际交流与合作，及时总结探索与实践的经验与教训，中国将同有使命担当的世界各国一道探索绿色低碳发展，在未来持续推进低碳、生态、可持续的城市发展体系、模式与建设机制。